COLECCION Llave de la ciencia



# DICCIONARIO DE MATEMATICAS

Traducción:
**Jesús María Castaño**

Director de la Colección
**John Daintith, B.Sc., Ph.D.**

GRUPO EDITORIAL norma EDUCATIVA

**Keys Facts Dictionary of Mathematics.**
Publicado por Intercontinental Book Productions
Limited, Maidenhead, Inglaterra

Colección **Llave de la Ciencia**

Diccionario de **Matemáticas**
Diccionario de **Física**
Diccionario de **Biología**
Diccionario de **Química**

Primera edición, 1982
Primera reimpresión, 1982
Segunda reimpresión, 1983
Tercera reimpresión, 1985
Cuarta reimpresión, 1986
Quinta reimpresión, 1987
Sexta reimpresión, 1988
Séptima reimpresión, 1989
Octava reimpresión, 1989
Novena reimpresión, 1990
Décima reimpresión, 1991
Décima primera reimpresión, 1992
Décima segunda reimpresión, 1995
Décima tercera reimpresión, 1997
Décima cuarta reimpresión, 1997
Décima quinta reimpresión, 1998
Décima sexta reimpresión, 1999



Impreso por Géminis
Calle 12 A No. 38-45 Santa Fe de Bogotá
Enero 1999

Impreso en Colombia — Printed in Colombia

ISBN: 958-04-0495-X

# PREFACIO

El presente diccionario hace parte de una serie destinada al uso escolar y se propone servir a estudiantes tanto de matemáticas elementales como superiores hasta un nivel medio; esperamos que también sea útil a otros estudiantes de ciencias afines y a todos los que están interesados en la materia.

Contiene definiciones concisas de más de 1500 palabras seleccionadas en diversos programas escolares. Además, hemos incluido ilustraciones claras donde quiera que sean útiles y, al final interesantes tablas. Se ha tratado de abarcar todos los conceptos utilizados a nivel escolar, pero nos agradaría recibir comentarios sobre omisiones graves o bien acerca del contenido de cualquiera de las definiciones dadas.

Agradecemos a todas las personas que han cooperado en la producción de este diccionario, así como a las que nos aportaron su ayuda y consejo.

Farrill Southern B.Sc. M.Sc.

# COMO UTILIZAR EL DICCIONARIO

*Palabras de encabezamiento* Están impresas en negrita. Los sinónimos del término vienen inmediatamente después de la palabra de encabezamiento y entre paréntesis. Por ejemplo:

**simbólica, lógica** (lógica formal) Rama de la lógica en la cual...

Aquí 'lógica formal' es simplemente otra manera de llamar la 'lógica simbólica'. El mismo estilo se usa para abreviaturas. Por ejemplo:

**armónico simple, movimiento** (m.a.s.) Movimiento que se puede...

'm.a.s.' es abreviatura corriente de movimiento armónico simple.

*Señales del nivel* En todo el diccionario hemos tratado de separar en el texto dos niveles utilizando la señal †. Al leer una definición, la información hasta la señal (†) es adecuada para un nivel elemental. La información después de † es apropiada para un nivel avanzado. Por ejemplo, la primera parte de la definición de 'ecuación diferencial'

Es una ecuación que contiene derivadas...
...da la ecuación original.

es información de nivel elemental. El resto del artículo:

†Las ecuaciones como la que se ha visto y que sólo contienen...

es información de nivel avanzado.

Al utilizar estas señales de nivel hay que observar dos cosas:

(1) Ciertas palabras tienen dos o más definiciones separadas numeradas 1, 2, etc. Cada definición está tratada como un artículo enteramente separado desde el punto de vista del nivel.

(2) Las referencias cruzadas (véase más adelante) todas están colocadas al final de la definición independientemente del nivel.

*Referencias cruzadas* Envían al lector a otros artículos en los cuales puede hallar más información. Todas las referencias cruzadas están colocadas al final de la definición. A menos que sigan directamente a un texto de nivel superior o estén marcadas específicamente, se aplican a ambos niveles de contenido.

# A

**ábaco** Instrumento de cálculo que consiste en hileras de bolitas ensartadas en alambre y montadas en un marco. Para contar en la aritmética elemental se puede utilizar un ábaco con nueve bolitas en cada hilera. Las contenidas en el alambre inferior representan los dígitos 1, 2, ... 9; las siguientes las decenas 10, 20, ... 90; después las centenas 100, 200, ... 900 y así sucesivamente. Por ejemplo, el número 342 se anotaría, empezando con todas las bolitas a la derecha, pasando al lado izquierdo dos bolitas de la hilera inferior, cuatro de la segunda y tres de la tercera. En algunos países se emplean todavía ábacos de diversos tipos para hacer cuentas; los expertos abacistas pueden calcular con ellos muy rápidamente.

**Abeliano, grupo** (grupo conmutativo) †Grupo cuya operación es conmutativa. Por ejemplo, si la operación es la multiplicación y los elementos del grupo son los números racionales, entonces el conjunto se denomina grupo Abeliano porque para dos elementos cualesquiera $a$ y $b$, $a \times b = b \times a$, y los tres números, $a$, $b$ y $a \times b$ son elementos del conjunto. Todos los grupos cíclicos son grupos Abelianos. *Véase también* grupo, grupo cíclico.

**abierta, curva** Curva cuyos extremos no se encuentran, como la parábola o la hipérbola. *Compárese* con curva cerrada.

**abierto, conjunto** †Conjunto definido por límites no incluidos dentro del mismo. El conjunto de los números racionales mayores que 0 y menores que 10, o sea $\{x: 0 < x < 10; x \in \mathbf{R}\}$, y el conjunto de los puntos interiores a un círculo pero sin incluir la circunferencia, son ejemplos de conjuntos abiertos. *Compárese* con conjunto cerrado.

**abierto, intervalo** Conjunto de números entre dos números dados (extremos) sin incluir éstos; por ejemplo, los números reales mayores que 1 y menores que 4,5. El intervalo abierto entre dos números reales $a$ y $b$ se escribe $]a, b[$. Sobre una recta numérica, es costumbre que los extremos de un intervalo abierto se rodeen con un círculo. *Compárese* con intervalo cerrado. *Véase también* intervalo.

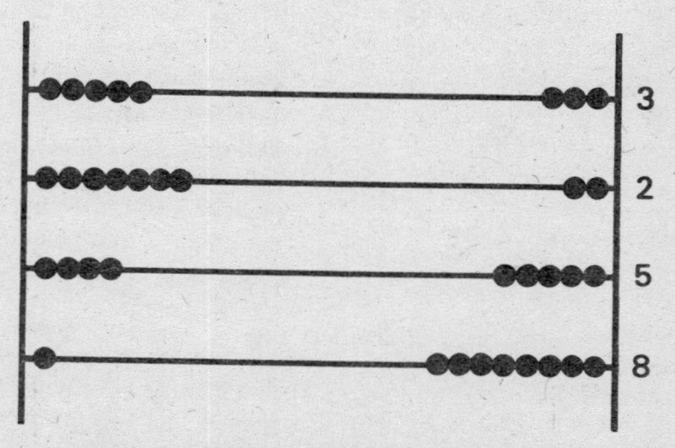


Abaco con el número 3258 representado al lado derecho.

**abscisa** Coordenada horizontal o coordenada $x$ en un sistema de coordenadas cartesianas/rectangulares de dos dimensiones. *Véase* coordenadas cartesianas.

**absoluta, convergencia** †Convergencia de la suma de los valores absolutos de los términos de una serie de términos positivos y negativos. Por ejemplo, la serie:

$1 - (1/2)^2 + (1/3)^3 - (1/4)^4 + \ldots$

es absolutamente convergente porque

$1 + (1/2)^2 + (1/3)^3 + (1/4)^4 + \ldots$

es también convergente. Una serie convergente pero tal que la serie de los valores absolutos de sus términos sea divergente, se denomina *condicionalmente convergente*. Por ejemplo

$1 - 1/2 + 1/3 - 1/4 + \ldots$

es condicionalmente convergente porque

$1 + 1/2 + 1/3 + 1/4 + \ldots$

es divergente. *Véase también* serie convergente.

**absoluto** Número o medida que no dependen de un valor normal de referencia. Por ejemplo, la densidad absoluta se mide en kilogramos por metro cúbico, pero la densidad relativa es la relación de la densidad a una densidad normal (es decir, la densidad de una sustancia de referencia en condiciones normales). *Compárese* con relativo.

**absoluto, error** Diferencia entre el valor medido de una cantidad y su valor verdadero. *Compárese* con error relativo. *Véase también* error.

**absoluto, máximo** *Véase* punto máximo.

**absoluto, mínimo** *Véase* punto mínimo.

**absoluto, valor** Módulo de un número real o de un número complejo. Por ejemplo, el valor absoluto de $-2{,}3$, que se escribe $|-2{,}3|$ es 2,3. †El valor absoluto de un número complejo es también su módulo, por ejemplo, el valor absoluto de $2 + 3i$ es $\sqrt{2^2 + 3^2}$, *Véase también* módulo.

**acción** Antiguamente, *fuerza*. *Véase* reacción.

**acciones** El capital de una sociedad anónima, aportado por muchas personas, se divide en partes iguales llamadas acciones. Estas se representan en títulos negociables, que pueden ser nominativos o al portador. Las acciones ordinarias (o comunes) dan derecho a voz y voto en la asamblea general, a una parte proporcional de los activos al tiempo de la liquidación, y a una participación en las utilidades, participación que se paga en forma de un dividendo. Pueden ganar mucho si los negocios han sido muy buenos, o no ganar nada si a la compañía no le ha ido bien. En cambio las acciones privilegiadas (o preferidas) tienen derecho preferencial a una cuota fija de las utilidades, pero no pueden ganar más aunque los negocios hayan sido muy buenos. También tienen un derecho preferencial para su reembolso en caso de liquidación. En muchos países no tienen voz ni voto en la dirección de la compañía. El inversionista en realidad presta su capital a la compañía a cambio de un dividendo. Por eso aunque las acciones se emiten por un valor nominal determinado, p. ej. \$100 c/u, su precio en el mercado puede variar, pues depende de las condiciones de la oferta y la demanda de acciones y sobre todo de los tipos de interés. Si éste es 24%, nadie pagará más de \$50 por una acción que esté dando un dividendo de \$12 aunque su valor nominal sea \$100 (puesto que 12 = 24% de 50). Si el interés baja a 6% el precio de la acción subirá a \$200 (pues 12 = 6% de 200). *Ver* dividendo.

**aceleración** Símbolo: $a$ Variación instantánea de la velocidad con respecto al tiempo. La unidad SI es el metro por segundo por segundo ($\mathrm{m\,s^{-2}}$). Un cuerpo que se mueve en línea recta con veloci-

dad creciente tiene aceleración positiva. Un cuerpo que se mueve en una trayectoria curva con celeridad uniforme (constante) también tiene aceleración, ya que la velocidad, que es un vector que depende de la dirección, está variando. En el caso de un movimiento circular, la aceleración es $v^2/r$ y está dirigida hacia el centro del círculo (radio $r$).
Para la aceleración constante:

$$a = (v_2 - v_1)/t$$

$v_1$ es la velocidad inicial al comenzar a contarse el tiempo, $v_2$ es la velocidad al cabo del tiempo $t$. (Esta es una de las ecuaciones del movimiento.)
†La ecuación anterior da la aceleración media durante el intervalo de tiempo $t$. Si la aceleración no es constante

$$a = \mathrm{d}v/\mathrm{d}t, \text{ o bien } \mathrm{d}^2x/\mathrm{d}t^2.$$

*Véase también* leyes del movimiento de Newton.

**acoplamiento** Límite común. Es el área o lugar en el que se encuentran e interactúan dos dispositivos o sistemas. Hay acoplamiento simple entre las dos partes de un enchufe eléctrico. Un acoplamiento mucho más complicado de circuitos electrónicos es la conexión entre el procesador central de un ordenador y cada una de las unidades periféricas. El acoplamiento hombre-máquina es el que existe entre personas y máquinas, comprendidos los ordenadores. Para que haya buen acoplamiento, que sea eficaz, se han introducido dispositivos tales como las unidades de representación visual y los lenguajes de programación fácilmente inteligibles.

**acre** Unidad de área igual a 4840 yardas cuadradas. Equivale a 0,404 68 hectárea.

**actuario** Experto en estadística, que calcula riesgos de seguros y los relaciona con las primas que se hayan de pagar.

**acumulada, distribución** *Véase* función de distribución.

**acumulada, frecuencia** †Frecuencia total de todos los valores hasta el límite superior del intervalo de clase, considerado e incluido dicho límite. *Véase también* tabla de frecuencias.

**achatado** Esferoide cuyo diámetro polar es menor que el ecuatorial. La Tierra, por ejemplo, no es una esfera perfecta sino un esferoide achatado. *Compárese* con alargado. *Véase también* elipsoide.

**adición** Símbolo: + Operación para hallar la suma de dos o más cantidades. En aritmética, la adición de números es conmutativa (4 + 5 = 5 + 4), asociativa (2 + (3 + 4) = (2 + 3) + 4) y el elemento neutro es 0 (5 + 0 = 5). La operación inversa de la adición es la sustracción. En la *adición de vectores*, la dirección de éstos afecta a la suma. Se suman dos vectores haciendo que el extremo del uno sea el origen del otro, de modo que formen dos lados de un triángulo. La longitud y dirección del tercer lado es el vector suma. La *adición de matrices* sólo puede efectuarse entre matrices de igual número de filas y columnas, y la suma tiene las mismas dimensiones. Los elementos que ocupan posiciones correspondientes en cada matriz se suman aritméticamente. *Véase también* adición de matrices, suma, suma de vectores.

**adición, fórmulas de** †Igualdades que expresan las funciones trigonométricas de la suma o la diferencia de dos ángulos por las funciones de los ángulos componentes; por ejemplo:

$\operatorname{sen}(x + y) = \operatorname{sen}x \cos y + \cos x \operatorname{sen}y$

$\operatorname{sen}(x - y) = \operatorname{sen}x \cos y - \cos x \operatorname{sen}y$

$\cos(x + y) = \cos x \cos y - \operatorname{sen}x \operatorname{sen}y$

$\cos(x - y) = \cos x \cos y + \operatorname{sen}x \operatorname{sen}y$

$\tan(x + y) =$
$(\tan x + \tan y)/(1 - \tan x \tan y)$

$\tan(x - y) =$
$(\tan x - \tan y)/(1 + \tan x \tan y)$

Se emplean para simplificar expresiones trigonométricas, al resolver una ecuación. De las fórmulas de adición se derivan las siguientes:

Las *fórmulas del ángulo doble*:
$\text{sen}(2x) = 2\,\text{sen}x \cos x$
$\cos(2x) = \cos^2 x - \text{sen}^2 x$
$\tan(2x) = 2\tan x/(1 - \tan^2 x)$
Las *fórmulas del ángulo mitad*:
$\text{sen}(x/2) = \sqrt{(1 - \cos x)/2}$
$\cos(x/2) = \sqrt{(1 + \cos x)/2}$
$\tan(x/2) = \text{sen}x/(1 + \cos x) = (1 - \cos x)/\text{sen}x$
Las *fórmulas de productos*:
$\text{sen}x \cos y = \frac{1}{2}[\text{sen}(x + y) + \text{sen}(x - y)]$
$\cos x\, \text{sen}y = \frac{1}{2}[\text{sen}(x + y) - \text{sen}(x - y)]$
$\cos x \cos y = \frac{1}{2}[\cos(x + y) + \cos(x - y)]$
$\text{sen}x\, \text{sen}y = \frac{1}{2}[\cos(x - y) - \cos(x + y)]$

**adjunta** (de una matriz) † *Véase* cofactor.

**adyacente** 1. Uno de los lados que forman ángulo en un triángulo. En un triángulo rectángulo es el lado que va desde el vértice del ángulo dado hasta el del ángulo recto. En trigonometría se utilizan los cocientes de este lado adyacente por los otros lados para definir las funciones coseno y tangente del ángulo.
2. Dos lados de un polígono que tienen un vértice común.
3. Dos ángulos que tienen un mismo vértice y un lado común y los otros dos lados son opuestos.
4. Dos caras de un poliedro que tienen una arista común.

**agudo** Angulo menor que uno recto, o sea inferior a 90° (o a $\pi/2$ radianes). *Compárese* con obtuso.

**aislado, punto** †Punto que satisface a la ecuación de una curva, pero que no está sobre el arco principal de ella. Por ejemplo, la ecuación $y^2(x^2 - 4) = x^4$ tiene una solución en $x = 0$ y $y = 0$, pero no existe solución real en ningún punto del entorno de origen, así que el origen es un punto aislado. *Véase también* punto doble.

**aislado, sistema** *Véase* sistema cerrado.

**alabeada, curva** Curva en el espacio, definida en coordenadas cartesianas tridimensionales por tres funciones:

$$x = f(t)$$
$$y = g(t)$$
$$z = h(t)$$

o bien por dos ecuaciones de la forma:

$$F(x, y, z) = 0$$
$$G(x, y, z) = 0$$

**alargado** Esferoide cuyo diámetro polar es mayor que el ecuatorial. *Compárese* con achatado.

**aleatoria, variable** (variable de azar, variable estocástica) Cantidad que puede tomar cualquiera de varios valores imprevistos. Una *variable aleatoria discreta*, $X$, tiene un conjunto definido de valores posibles $x_1, x_2, x_3, \ldots x_n$ con probabilidades respectivas $p_1, p_2, p_3, \ldots p_n$. Como $X$ ha de tomar uno de los valores de este conjunto, entonces $p_1 + p_2 + \ldots + p_n = 1$.
Si $X$ es una *variable aleatoria continua*, puede tomar cualquier valor de un intervalo continuo. Las probabilidades de que ocurra un valor dado $x$ están dadas por una *función de densidad de probabilidades* $f(x)$. En un gráfico de $f(x)$ el área bajo la curva y entre dos valores $a$ y $b$ es la probabilidad de que $X$ quede entre $a$ y $b$. El área total bajo la curva es 1.

**aleatorio, acceso** Método de organización de la información en el dispositivo de memoria de un ordenador, de tal manera que una pieza de información sea directamente accesible en el mismo tiempo que cualquiera otra más o menos. La memoria principal, las unidades de disco y las unidades de tambor operan todas por acceso aleatorio y por eso se denomina memoria de acceso aleatorio (RAM: *random access memory*). En cambio, una unidad de cinta magnética opera más lentamente por *acceso serial*: sólo puede recuperarse una pieza determinada de información pasando por todos los bloques de datos precedentes sobre la cinta. *Véase también* disco, tambor, cinta magnética, memoria.

**aleatorio, error** *Véase* error.

**aleatorio, muestreo** *Véase* muestreo.

**álgebra** Rama de las matemáticas en la cual se utilizan símbolos para representar números o variables en operaciones aritméticas. Por ejemplo, la relación

$$3 \times (4 + 2) = (3 \times 4) + (3 \times 2)$$

pertenece a la aritmética y es aplicable solamente a este conjunto particular de números. En cambio la igualdad:

$$x(y + z) = xy + xz$$

es una expresión algebraica, cierta para cualesquiera tres números $x, y, z$. Lo anterior es el enunciado de la ley distributiva de la multiplicación respecto de la suma; enunciados similares pueden hacerse para las leyes asociativa y conmutativa.

Gran parte del álgebra elemental consiste en métodos de manipulación de ecuaciones para darles forma más cómoda. Por ejemplo, la ecuación:

$$x + 3y = 15$$

puede modificarse restando $3y$ de ambos miembros, y así se tiene

$$x + 3y - 3y = 15 - 3y$$

$$\text{o sea} \quad x = 15 - 3y$$

El efecto es el de trasladar un término $(+3y)$ de un miembro al otro de la ecuación, cambiándole de signo. Análogamente, una multiplicación en un miembro de la ecuación se convierte en división cuando se pasa el término al otro miembro; por ejemplo:

$$xy = 5$$

se torna en:

$$x = 5/y$$

El álgebra elemental es una generalización de la aritmética. También existen otras formas de *álgebra superior* en las que se trata de entidades matemáticas diferentes de los números. Por ejemplo, el álgebra de matrices tiene que ver con relaciones entre matrices; el álgebra vectorial con vectores; el álgebra de Boole es aplicable a proposiciones lógicas y conjuntos, etc. Un álgebra consiste en un conjunto de entidades matemáticas (como matrices o conjuntos) y operaciones (como la adición o la inclusión de conjuntos) junto con reglas formales para las relaciones entre las entidades matemáticas. Un sistema semejante se denomina *estructura algebraica*.

**ALGOL** *Véase* programa.

**algoritmo** †Procedimiento mecánico para efectuar un cálculo dado o resolver un problema en una sucesión de etapas. Un ejemplo es el método corriente de división por etapas. Otro es el algoritmo de Euclides para hallar el máximo común divisor de dos enteros positivos.

**alternada, serie** Serie cuyos términos son alternadamente positivos y negativos, por ejemplo:

$S_n = -1 + 1/2 - 1/3 + 1/4 - \ldots + (-1)^n/n$

Una serie semejante es convergente si el valor absoluto de cada término es menor que el del precedente. El ejemplo dado es una serie convergente. Una serie alternada puede construirse con la suma de dos series, una de términos positivos y otra de términos negativos. En ese caso, si ambas series son convergentes, la serie alternada también lo es, aunque el valor absoluto de cada término no sea siempre menor que el del término que le precede. Por ejemplo, la serie:

$S'_n = 1/2 + 1/4 + 1/8 + \ldots + 1/2^n$

y la serie

$S''_n = -1/2 - 1/3 - 1/4 - 1/5 - \ldots (-1)/(n + 1)$

son ambas convergentes, y así, la serie de su suma:

$$S_n = S'_n + S''_n =$$

$1/2 - 1/2 + 1/4 - 1/3 + 1/8 - 1/4 + \ldots$

también es convergente.

**alternativa** *Véase* disyunción.

**alternos, ángulos** Son los dos ángulos

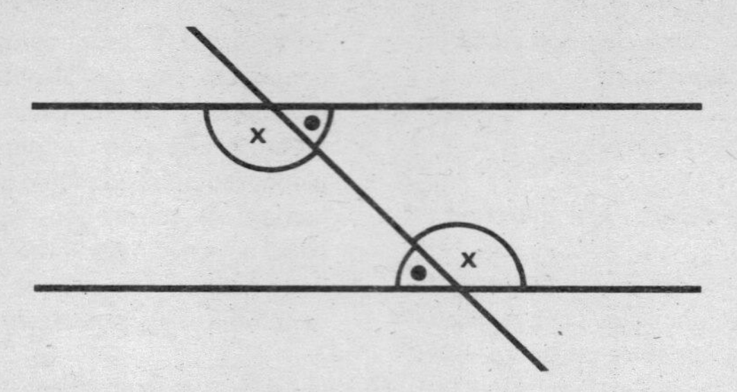


Angulos alternos formados por una recta que corta a dos paralelas.

iguales formados por dos paralelas con una recta que las corte. Por ejemplo, los dos ángulos agudos de la letra Z son ángulos alternos.

**alto nivel, lenguaje de** *Véase* programa.

**altura** Es la distancia perpendicular de la base de una figura (por ejemplo, un triángulo, pirámide o cono) al vértice opuesto.

**ambiguo** Que tiene más de un significado, valor o solución posibles.

**amortiguada, oscilación** †Oscilación cuya amplitud decrece progresivamente con el tiempo. *Véase* amortiguamiento.

**amortiguamiento** Reducción de la amplitud de una vibración con el tiempo debida a alguna forma de resistencia. Un péndulo que oscila termina por detenerse, una cuerda que se pulsa no vibra durante mucho tiempo; en ambos casos las fuerzas resistivas internas o externas reducen progresivamente la amplitud y llevan el sistema al equilibrio.
†En muchos casos, la fuerza o fuerzas de amortiguamiento son proporcionales a la velocidad del objeto. Pero deberá haber siempre transferencia de energía del sistema vibrante para vencer la resistencia. Donde conviene el amortiguamiento (como al llevar a reposo la aguja de instrumentos de medida), la situación óptima se da cuando el movimiento se anula en el menor tiempo posible, sin vibración: es el *amortiguamiento crítico*. Si la fuerza resistiva es tal que el tiempo necesario es menor que éste, hay *sobreamortiguamiento*. Y al contrario, hay *subamortiguamiento* si ese tiempo es mayor con vibraciones de amplitud decreciente.

**amperio** Símbolo: A. En el SI es la unidad fundamental de corriente eléctrica y se define como la corriente constante que, circulando por dos conductores rectos paralelos e infinitos de sección circular insignificante, situados a un metro de distancia en el vacío, produce una fuerza entre los conductores de $2 \times 10^{-7}$ newton por metro.

**ampliación** Proyección geométrica que da una imagen mayor (o menor si el factor de escala es menor que 1) que la figura original pero semejante a ésta. *Véase también* proyección.

**amplitud** 1. Valor máximo de una cantidad variable con respecto a su valor medio o valor de base. En el caso de un movimiento armónico simple –una onda o vibración– es la mitad del valor máximo de cresta a cresta.
2. En un conjunto de datos, es la diferencia entre los valores máximo y mínimo del conjunto. Es una medida de dispersión. En percentiles, la amplitud es

$P_{100} - P_0$. *Compárese* con rango intercuartil, rango semi-intercuartil.

**análisis** Parte de la matemática que utiliza el concepto de límite.

**analítica, geometría** Utilización de sistemas de coordenadas y métodos algebraicos en geometría. En un sistema de coordenadas cartesianas en el plano, un punto es representado por un par de números y una curva por una ecuación que relaciona un conjunto de puntos. Así, las propiedades geométricas de curvas y figuras pueden estudiarse mediante el álgebra.

**analogía** Semejanza general entre dos problemas o métodos. Se emplea para indicar los resultados de un problema a partir de los resultados conocidos de otro.

**analógico, ordenador** Tipo de ordenador en el cual la información numérica (generalmente denominada datos) está representada por una cantidad, que suele ser un voltaje y que varía continuamente. Esta cantidad variable es un análogo de los datos reales, es decir, cambia de la misma manera que éstos, pero es más fácil de tratar en las operaciones matemáticas efectuadas por el ordenador analógico. Los datos provienen de un proceso, experimento, etc.; podrían consistir en la temperatura o presión variables en un sistema o en la velocidad variable del flujo de un líquido. Puede haber varios conjuntos de datos, cada uno de ellos representado por un voltaje variable.

†Los datos se convierten en voltaje o voltajes análogos y entonces pueden efectuarse cálculos y otros tipos de operaciones matemáticas, especialmente la solución de ecuaciones diferenciales, con los voltajes, y por tanto con los datos que estos representan, lo cual es posible seleccionando en el ordenador un grupo de dispositivos electrónicos a los cuales se aplican los voltajes. Estos dispositivos operan sobre los voltajes sumándolos, multiplicándolos, integrándolos, etc., a gran velocidad según sea necesario. El voltaje resultante es proporcional al resultado de las operaciones. Entonces, puede alimentarse un aparato registrador que produzca una gráfica u otra forma de registro permanente. O bien puede emplearse para controlar el proceso que produce los datos que entran al ordenador.

Los ordenadores analógicos operan en tiempo real y son utilizados, por ejemplo, en el control automático de ciertos procesos industriales y en variados experimentos científicos. Efectúan operaciones matemáticas mucho más complicadas que los ordenadores digitales, pero son menos precisos y flexibles en el tipo de cosas que pueden hacer. *Véase también* ordenador, ordenador híbrido.

**anarmónico, oscilador** †Sistema cuya vibración, aún siendo periódica, no puede describirse con movimientos armónicos simples (es decir, movimientos sinusoidales). En tales casos, el período de oscilación no es independiente de la amplitud.

**ångstrom** Símbolo: Å Unidad de longitud definida como $10^{-10}$ metro. El ångstrom se emplea en ocasiones para expresar longitudes de onda de luz o de radiación ultravioleta o para tamaños de moléculas.

**angular, aceleración** Símbolo: $\alpha$ †Es la aceleración de giro de un objeto en torno a un eje, o sea la variación instantánea de la velocidad angular con el tiempo:

$$\alpha = d\omega/dt$$

o bien

$$\alpha = d^2\theta/dt^2$$

donde $\omega$ la velocidad angular y $\theta$ el desplazamiento angular. La aceleración angular es análoga a la aceleración lineal. *Véase* movimiento de rotación.

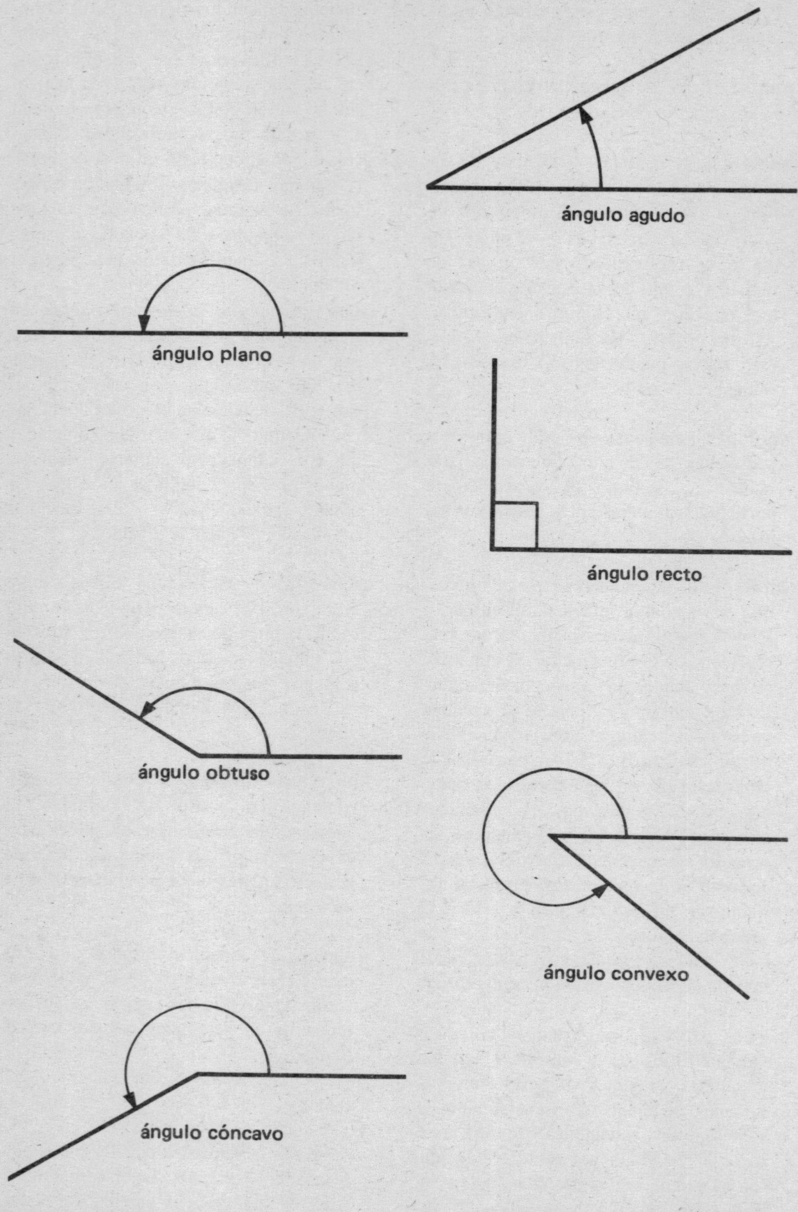


Tipos de ángulos

**angular, desplazamiento** Símbolo: $\theta$ Es el desplazamiento por rotación de un objeto en torno a un eje. Si el objeto (o un punto del mismo) se mueve del punto $P_1$ al $P_2$ en un plano perpendicular al eje, $\theta$ es el ángulo $P_1OP_2$ siendo O el punto en que el plano perpendicular corta al eje. *Véase también* movimiento de rotación.

**angular, frecuencia** (pulsatancia) Símbolo: $\omega$ Número de rotaciones completas por unidad de tiempo. † La frecuencia angular suele emplearse para describir las vibraciones. Así, un movimiento armónico simple de frecuencia $f$ puede representarse por un punto que se mueve en una trayectoria circular a velocidad constante. El pie de una perpendicular trazada del punto a un diámetro del círculo se desplaza con movimiento armónico simple. La frecuencia angular de este movimiento es igual a $2\pi f$, donde $f$ es la frecuencia del movimiento armónico simple. La unidad de frecuencia angular, como la de frecuencia, es el hertz.

**angular, momento** Símbolo: $L$ † Es el producto del momento de inercia de un cuerpo por su velocidad angular. El momento angular es análogo al momento lineal, siendo el momento de inercia el equivalente de la masa en el movimiento de rotación. *Véase también* movimiento de rotación.

**angular, velocidad** Símbolo: $\omega$ Variación instantánea del desplazamiento angular: $\omega = \mathrm{d}\theta/\mathrm{d}t$. *Véase también* movimiento de rotación.

**ángulo** (ángulo plano) Relación espacial entre dos rectas. Si dos rectas son paralelas, su ángulo es nulo. Los ángulos se miden en grados o en radianes. Una vuelta completa son 360 grados (360°). Una recta forma un ángulo de 180° y un ángulo recto son 90°.
El ángulo entre una recta y un plano es el ángulo que forma la recta con su proyección ortogonal sobre el plano.
El ángulo de dos planos es el formado por rectas perpendiculares a la arista común por un punto de ésta –una recta en cada plano. El ángulo de dos curvas que se cortan es el de sus tangentes en el punto de intersección.

**ángulo doble, fórmulas del** † *Véase* fórmulas de adición.

**ángulo mitad, fórmulas del** † *Véase* fórmulas de adición.

**antecedente** En lógica, es la primera parte de un enunciado condicional, proposición o enunciado de la cual se dice que implica otra. Por ejemplo, en el enunciado ‘si está lloviendo, entonces las calles están mojadas’, ‘está lloviendo’ es el antecedente. *Compárese* con consecuente. *Véase también* implicación.

**antilogaritmo** (antilog) Función recíproca de la función logaritmo. En logaritmos vulgares, el antilogaritmo de $x$ es $10^x$. En logaritmos naturales el antilogaritmo de $x$ es $e^x$. *Véase también* logaritmo.

**antinodo** Punto de máxima vibración en una onda estacionaria. *Compárese* con nodo. *Véase también* onda estacionaria.

**antinomia** *Véase* paradoja.

**antiparalela** Paralela dirigida en sentido contrario.

**anualidad** Renta con la cual una compañía de seguros paga al beneficiario sumas fijas regulares de dinero como réditos por sumas que se le han abonado en cuotas o en un solo total. Una *anualidad incondicional* se paga durante un número fijo de años, al contrario de la anualidad que sólo es pagadera mientras el beneficiario esté vivo.

**año-luz** Símbolo: al Unidad de distancia utilizada en astronomía y que se define como la distancia que la luz recorre en un año. Es aproximadamente igual a $9{,}460\,5 \times 10^{15}$ metros.

**aplicación** *Véase* función.

**aplicadas, matemáticas** Estudio de las técnicas matemáticas empleadas para resolver problemas. Estrictamente hablando, consisten en la aplicación de las matemáticas a un sistema 'real'. Por ejemplo, la geometría pura es el estudio de entidades –rectas, puntos, ángulos, etc.– con base en ciertos axiomas. El empleo de la geometría Euclidiana en topografía, arquitectura, navegación o ciencias es geometría aplicada. El término 'matemáticas aplicadas' se emplea especialmente en mecánica –el estudio de las fuerzas y el movimiento. *Compárese* con matemáticas puras.

**Apolonio, teorema de** Igualdad que relaciona la longitud de una mediana de un triángulo con las de los lados que parten del mismo vértice. Si $a$ es la longitud de uno de los lados y $b$ la del otro, y si el tercer lado queda dividido en dos segmentos iguales $c$ por la mediana de longitud $m$, entonces:

$$a^2 + b^2 = 2m^2 + 2c^2$$

**apotema** Segmento que va del centro de un polígono regular al punto medio del lado.

**apoyo, punto de** Punto en torno al cual gira la palanca.

**aproximación** Ajuste en las cifras de un número después de separar las que sobran, con el fin de aminorar el error resultante de modo que la inexactitud inevitable consiguiente en los cálculos con ese número no supere a un determinado *error de aproximación*. Por ejemplo, al separar del número 2,871 329 71 sus tres últimas cifras quedaría 2,871 32 pero la aproximación sería 2,871 33.

**arco** Parte de una curva continua. Si se divide la circunferencia de un círculo en dos partes desiguales, la más pequeña es el *arco menor* y la más grande el *arco mayor.*

**arcocosecante** (arc cosec) †Recíproca de la cosecante. *Véase* funciones trigonométricas recíprocas.

**arcocoseno** (arc cos) †Recíproca del coseno. *Véase* funciones trigonométricas recíprocas.

**arcocotangente** (arc cot) †Recíproca de la cotangente. *Véase* funciones trigonométricas recíprocas.

**arcosecante** (arc sec) †Recíproca de la secante. *Véase* funciones trigonométricas recíprocas.

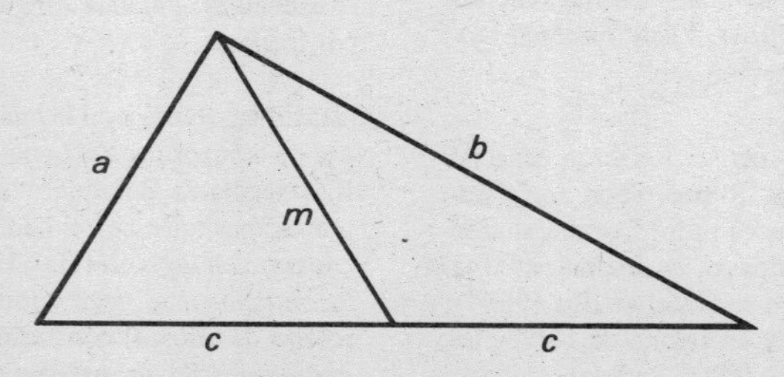


Teorema de Apolonio: $a^2 + b^2 = 2m^2 + 2c^2$.

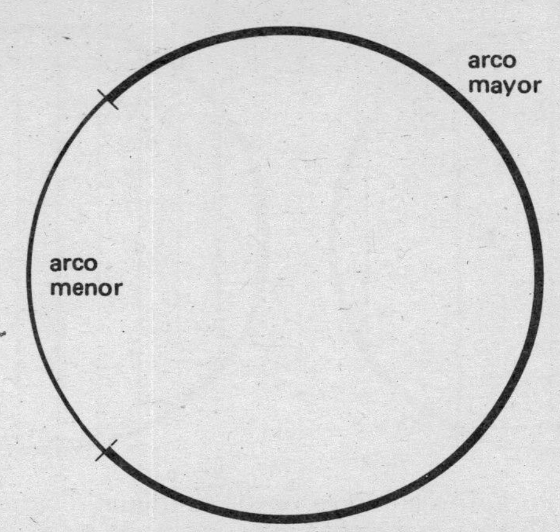


Arco: arcos mayor y menor de un círculo.

**arc cosech** †Recíproca de la cosecante hiperbólica. *Véase* funciones hiperbólicas recíprocas.

**arcoseno** (arc sen) †Recíproca del seno. *Véase* funciones trigonométricas recíprocas.

**ar cosh** †Recíproca del coseno hiperbólico. *Véase* funciones hiperbólicas recíprocas.

**arcotangente** (arc tan) †Recíproca de la tangente. *Véase* funciones trigonométricas recíprocas.

**ar coth** †Recíproca de la cotangente hiperbólica. *Véase* funciones hiperbólicas recíprocas.

**área** Unidad métrica de superficie igual a 100 metros cuadrados. Equivale a 119,60 sq yd. *Véase también* hectárea.

**área** Símbolo: $A$ Extensión superficial de una figura plana o de una superficie, medida en unidades de longitud al cuadrado. La unidad SI de área es el metro cuadrado ($m^2$). El área de un rectángulo es el producto de su largo por su ancho. Un área de forma más complicada puede estimarse superponiéndole una cuadrícula y contando los cuadros enteros y partes de éstos que cubre.

†Las fórmulas de las áreas pueden encontrarse por cálculo integral.

**Argand, diagrama de** *Véase* número complejo.

**argumento** (amplitud) †En un número complejo escrito en la forma $r(\cos\theta + i\,\mathrm{sen}\theta)$, el ángulo $\theta$ es el argumento. Es, pues, el ángulo que forma el vector que representa al número complejo con el eje horizontal en un diagrama de Argand. *Véase también* número complejo, módulo.

**argumento** En lógica, sucesión de proposiciones o enunciados que parten de un conjunto de premisas (supuestos iniciales) y terminan en una conclusión. Razonamiento. *Véase también* lógica.

**arista** Recta donde se encuentran dos caras de un sólido. El cubo tiene ocho aristas.

**aritmética** Estudio de las técnicas necesarias para operar con números con el fin de resolver problemas que contengan

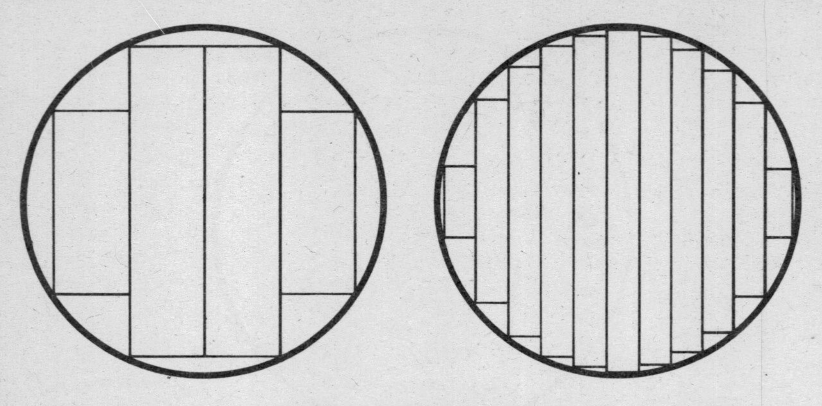

Un área de contorno curvo se puede averiguar dividiéndola en rectángulos. Cuanto más rectángulos, mejor es la aproximación.

información numérica. Supone también un conocimiento de la estructura del sistema numérico y facilidad para cambiar los números de una forma a otra; por ejemplo, la conversión de fracciones ordinarias a decimales y viceversa.

**aritmética, media** *Véase* media.

**aritmética, progresión** Sucesión en la cual la diferencia entre dos términos consecutivos es constante. Por ejemplo $\{9, 11, 13, 15, \ldots\}$ La diferencia entre términos consecutivos se denomina *diferencia común*. La fórmula del $n$-ésimo término de una progresión aritmética es:

$$n_n = a + (n-1)d$$

donde $a$ es el primer término y $d$ la diferencia común. *Compárese* con progresión geométrica. *Véase también* serie aritmética, sucesión.

**aritmética, serie** Suma de términos en progresión aritmética. Por ejemplo 3 + 7 + 11 + 15 + ... La fórmula general de una serie aritmética es:

$$S_n = a + (a + d) + (a + 2d) + \ldots + [a + (n-1)d] = \Sigma [a + (n-1)d]$$

En el ejemplo dado, el primer término $a$ es 3, la diferencia común $d$ es 4 y por tanto el $n$-ésimo término, $a + (n-1)d$, es $3 + (n-1)4$. La suma de $n$ términos de una serie aritmética es $n/2[2a + (n-1)d]$ o sea $\frac{n}{2}(a + 1)$ siendo 1 el último ($n$-ésimo) término. *Compárese* con serie geométrica. *Véase* también serie.

**aritmética, sucesión** Progresión aritmética.

**aritmética y lógica, unidad** (UAL) *Véase* procesador central.

**armónica, media** *Véase* media.

**armónica, progresión** †Conjunto ordenado de números cuyos inversos difieren en una constante, por ejemplo 1, 1/2, 1/3, 1/4, ..., $1/n$. Los inversos de los términos de una progresión armónica forman una progresión aritmética y viceversa. *Véase también* progresión aritmética.

**armónica, serie** Suma de términos en progresión armónica; por ejemplo 1 + 1/2 + 1/3 + 1/4 + ...

**armónica, sucesión** Progresión armónica.

**armónico, análisis** †Estudio de funciones matemáticas mediante series trigonométricas. *Véase* series de Fourier.

**armónico, movimiento** †Sucesión que se repite con regularidad y puede expresarse como suma de un conjunto de ondas sinusoidales. Cada onda sinusoidal componente representa un posible movimiento armónico simple. La vibración compleja de fuentes de sonido (con tonos fundamentales y armónicos), por ejemplo, es un movimiento armónico igual que la onda sonora producida. *Véase también* movimiento armónico simple.

**armónico simple, movimiento** (m.a.s.) Movimiento que se puede representar como onda sinusoidal. Ejemplos de ello son la oscilación simple (vibración) de un péndulo o una fuente sonora, y la variación que ocurre en un movimiento ondulatorio simple. El movimiento armónico simple se presenta cuando el sistema, separado de la posición central, experimenta una fuerza de restitución proporcional al desplazamiento respecto de esa posición.

†La ecuación del movimiento de un sistema semejante puede escribirse:

$$m\,\mathrm{d}^2x/\mathrm{d}t^2 = -\lambda x$$

siendo $\lambda$ una constante. Durante el movimiento hay intercambio de energía cinética y potencial, siendo constante la suma de ambas (si no hay amortiguamiento). El período ($T$) está dado por

$$T = 1/f$$

o bien

$$T = 2\pi/\omega$$

donde $f$ es la frecuencia y $\omega$ la pulsatancia.

Otras relaciones son las siguientes:

$$x = x_0 \operatorname{sen} \omega t$$

$$\mathrm{d}x/\mathrm{d}t = \pm\,\omega\sqrt{x_0^2 - x^2}$$

$$\mathrm{d}^2x/\mathrm{d}t^2 = -\,\omega^2 x$$

donde $x_0$ es el desplazamiento máximo, es decir, la amplitud de la vibración. En el caso del movimiento angular, como ocurre en el péndulo, se empleará $\theta$ en vez de $x$.

Un movimiento armónico simple puede representarse por el movimiento de un punto a velocidad constante sobre una trayectoria circular. La proyección del punto sobre un eje que pase por un diámetro describe un movimiento armónico simple. Esto se utiliza en un método para representar movimientos armónicos simples mediante vectores rotatorios (*fasores*).

**Arquimedes, principio de** La fuerza hacia arriba que se ejerce sobre un cuerpo total o parcialmente sumergido en un fluido es igual al peso del fluido desplazado por el cuerpo. La fuerza ascensional o de *flotación* es debida a que la presión en un fluido (líquido o gas) aumenta con la profundidad. Si el objeto desplaza un volumen $V$ de fluido de densidad $\rho$, entonces:

$$\text{fuerza ascensional } u = V\rho g$$

donde $g$ es la aceleración de la gravedad. Si la fuerza ascensional sobre el objeto es igual al peso del mismo, éste flotará.

**ar sech** †Recíproca de la secante hiperbólica. *Véase* funciones hiperbólicas recíprocas.

**ar senh** †Recíproca del seno hiperbólico. *Véase* funciones hiperbólicas recíprocas.

**ar tanh** †Recíproca de la tangente hiperbólica. *Véase* funciones hiperbólicas recíprocas.

**ascensional, empuje** Fuerza hacia arriba que se ejerce sobre un objeto sumergido en un fluido. En un fluido en campo gravitacional, la presión aumenta con la profundidad. La presión en puntos diferentes sobre el objeto será por tanto diferente y la resultante estará dirigida verticalmente hacia arriba. *Véase también* principio de Arquimedes.

**asimetría** Grado de la ausencia de simetría en una distribución. Si la curva de frecuencia tiene una larga cola hacia la derecha (izquierda) y una cola corta hacia la izquierda (derecha) se dice asimétrica hacia la derecha (izquierda) o de asimetría positiva (negativa). La asimetría puede medirse bien sea por la primera medida de asimetría de Pearson, que es (media - moda) dividido por la desviación típica, o bien por la segunda medida de asimetría de Pearson equivalente, dividida por la desviación típica.

**asimétrica** Figura que no puede dividirse en dos partes que sean la una simétrica de la otra. La letra R, por ejemplo, es asimétrica, como todo objeto sólido que tenga característica de izquierdo o derecho. *Compárese* con simétrica.

**asíntota** Recta hacia la cual se aproxima una curva indefinidamente. La hipérbola, por ejemplo, tiene dos asíntotas. En coordenadas cartesianas bidimensionales, la curva de ecuación $y = 1/x$ tiene por asíntotas las rectas $x = 0$ y $y = 0$, pues $y$ se hace infinitamente pequeña sin llegar a cero al aumentar $x$, y viceversa.

**asociativa** Operación independiente de la agrupación. Una operación * es asociativa si $a*(b*c) = (a*b)*c$ para cualesquiera valores de $a$, $b$ y $c$. En la aritmética usual, la adición y la multiplicación son operaciones asociativas, a lo cual se hace referencia a veces como *ley asociativa de la adición* y *ley asociativa de la multiplicación*. La sustracción y la división no son asociativas. *Véase también* conmutativa, distributiva.

**astronómica, unidad** (ua, UA) Distancia media entre el Sol y la Tierra, que se emplea como unidad de distancia en astronomía para medidas dentro del sistema solar. Es aproximadamente igual a $1{,}496 \times 10^{11}$ metros.

**atmósfera, presión de la** Presión en un punto cerca de la superficie de la Tierra

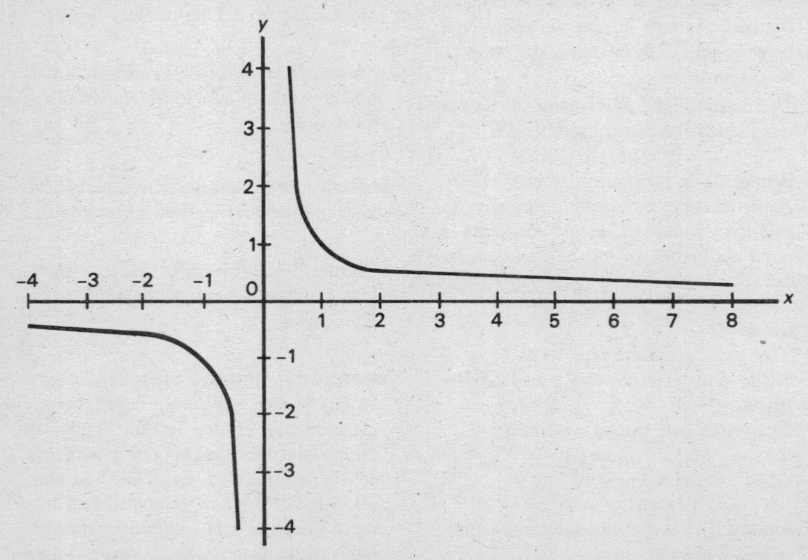


El eje $x$ y el eje $y$ son asíntotas de esta curva.

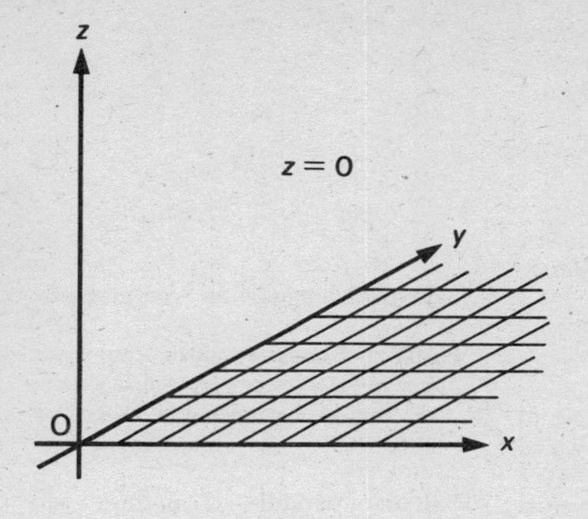


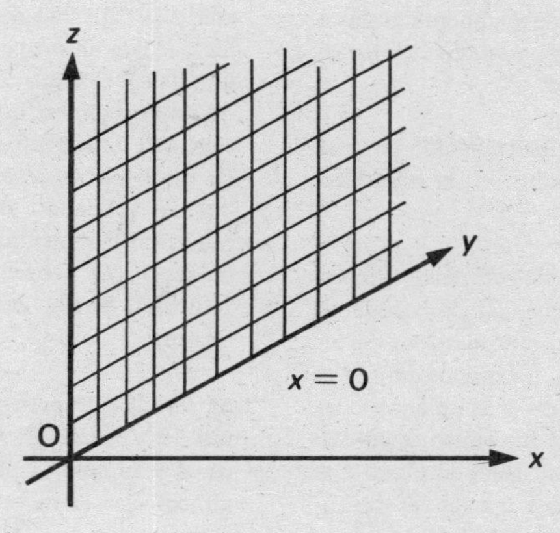


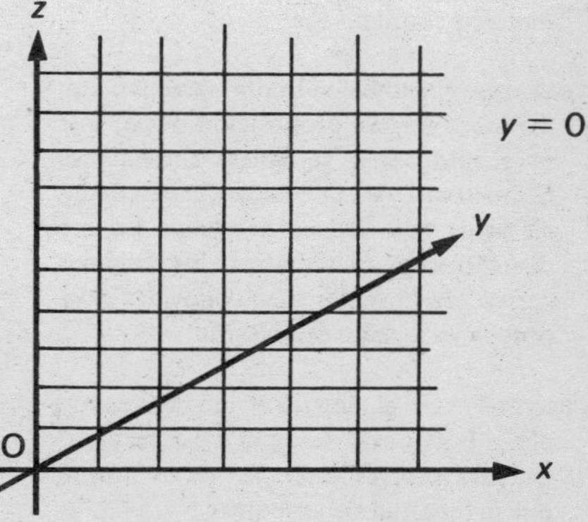


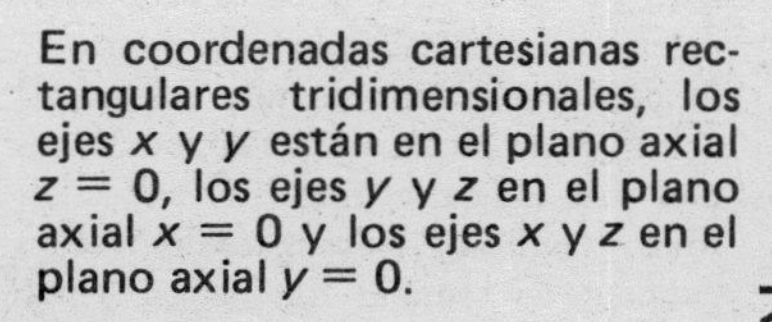
En coordenadas cartesianas rectangulares tridimensionales, los ejes $x$ y $y$ están en el plano axial $z = 0$, los ejes $y$ y $z$ en el plano axial $x = 0$ y los ejes $x$ y $z$ en el plano axial $y = 0$.

debida al peso del aire sobre ese punto. Su valor varía alrededor de los 100 kPa (100 000 newton por metro cuadrado).

**atmosférica, presión** *Véase* presión de la atmósfera.

**ato-** Símbolo: a Prefijo que indica $10^{-18}$. Por ejemplo, 1 atometro (am) = $10^{-18}$ metros.

**átomo-gramo** *Véase* mol.

**áurea, sección** División de un segmento de longitud $l$ en dos segmentos $a$ y $b$ tales que $l/a = a/b$, es decir, que $a/b = (1 + \sqrt{5})/2$. Las proporciones basadas en la sección áurea son especialmente gratas a la vista y se ofrecen en muchas pinturas, edificios, diseños, etc.

**áureo, rectángulo** Rectángulo en el cual los lados están en la relación: $(1 + \sqrt{5})/2$.

**axial, plano** Plano de referencia fijo en un sistema tridimensional de coordenadas. Por ejemplo, en coordenadas cartesianas rectangulares, los planos definidos por $x = 0$, $y = 0$ y $z = 0$ son planos axiales. La abscisa $x$ de un punto es su distancia perpendicular desde el plano $x = 0$ y las coordenadas $y$ y $z$ son las distancias perpendiculares desde los planos $y = 0$ y $z = 0$ respectivamente. *Véase también* coordenadas.

**axioma** (postulado) En un sistema matemático o lógico, proposición inicial que se acepta como verdadera sin haberse demostrado y de la cual se pueden deducir otros enunciados o teoremas. En una demostración matemática, los axiomas suelen ser fórmulas bien conocidas cuya prueba ya ha sido establecida.

**azimut** †Es el ángulo $\theta$ medido en un plano horizontal desde el eje $x$ en coordenadas polares esféricas. Es lo mismo que la longitud de un punto.

# B

**bajo nivel, lenguaje de** *Véase* programa.

**balística** Estudio del movimiento de objetos impulsados por una fuerza externa (es decir, el movimiento de los proyectiles).

**balístico, péndulo** †Dispositivo para medir la cantidad de movimiento (o velocidad) de un proyectil (por ejemplo de una bala). Consiste en un péndulo pesado que es golpeado por el proyectil. La cantidad de movimiento se puede calcular midiendo el desplazamiento del péndulo y aplicando el principio de constancia de la cantidad de movimiento. Si la masa del proyectil es conocida, su velocidad puede averiguarse inmediatamente.

**bar** Unidad de presión que se define como $10^5$ pascal. El *milibar* (mb) es más usual y se emplea para medir la presión atmosférica en meteorología.

**barn** Símbolo: b †Unidad de área que se define como $10^{-28}$ metro cuadrado. Se emplea a veces para expresar la sección efectiva de los átomos o de los núcleos en la dispersión o absorción de partículas.

**barras, diagrama de** Gráfico que consiste en barras de longitudes proporcionales a las cantidades de un conjunto de datos. Es utilizable cuando un eje no puede tener escala numérica, por ejemplo, para indicar cuántas flores rosadas, rojas, amarillas y blancas resultan de un paquete de semillas mezcladas. *Véase también* gráfico.

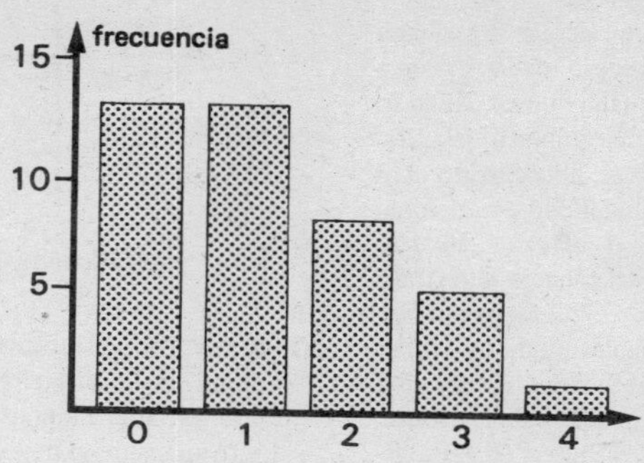


Este diagrama de barras muestra los resultados obtenidos cuando se preguntó a un grupo de 40 estudiantes de escuela cuántos libros habían leído la semana anterior. 13 no habían leído ninguno, 13 habían leído uno, 8 habían leído dos, 5 habían leído tres, 1 había leído cuatro y ninguno había leído cinco o más.

**barril** Unidad de capacidad utilizada en EE.UU. para medir sólidos. Es igual a 7056 pulgadas cúbicas (0,115 6 $m^3$).

**basculante, circuito** †*Véase* circuito biestable.

**base** 1. En geometría, es el lado inferior de un triángulo u otra figura plana, o bien la cara inferior de una pirámide u otro sólido. La altura se mide desde la base y perpendicularmente a ella.
2. En un sistema de numeración, es el número de símbolos diferentes que se utilizan, comprendido el cero. Por ejemplo, en el sistema decimal de numeración la base es diez. Se agrupan diez unidades, diez decenas, etc., y se representan por la cifra 1 en posiciones sucesivas. En el sistema binario, la base es dos y los símbolos empleados son 0 y 1.
3. En los logaritmos, es el número que, elevado al exponente igual al valor del logaritmo, da un número dado. En los logaritmos vulgares, la base es 10; por ejemplo, el logaritmo en base 10 de 100 es 2 puesto que:

$$\log_{10} 100 = 2$$

o sea que $100 = 10^2$

**base, vectores de** †En dos dimensiones, son dos vectores no paralelos cuyos múltiplos escalares se suman para formar cualquier vector del mismo plano. Por ejemplo, el vector unitario **i** y el vector unitario **j** en las direcciones de los ejes $x$ y $y$ de un sistema de coordenadas cartesianas son vectores de base. El vector de posición **OP** del punto P(2,3) es igual a 2**i** + 3**j**. Análogamente, en tres dimensiones un vector puede escribirse como suma de múltiplos de tres vectores de base. *Véase* vector.

**BASIC** *Véase* programa.

**Bayes, teorema de** †Fórmula que expresa la probabilidad de intersección de dos o más conjuntos como producto de las probabilidades separadas de cada uno. Se emplea para calcular la probabilidad de que un suceso dado $B_i$ haya ocurrido cuando se sabe que ha ocurrido por lo menos uno del conjunto $\{B_1, B_2, \ldots B_n\}$ y que también ha ocurrido otro suceso $A$. Esta probabilidad condicional se escribe $P(B_i/A)$. $B_1, B_2, \ldots B_n$ forman una partición del espacio muestral $s$ tal que $B_1 \cup B_2 \cup \ldots \cup B_n = s$ y que $B_i \cap B_j = \phi$ para cualesquiera $i$ y $j$. Si se conocen las probabilidades de $B_1, B_2, \ldots B_n$ y todas las probabilidades condicionales $P(A|B_j)$, entonces $P(B_i|A)$ viene dada por

$$P(B_i)P(A|B_i)/P(B_j)P(A|B_j)$$

**bel** *Véase* decibel.

**Bernoulli, prueba de** †Experimento en el cual se presentan dos resultados posibles. Por ejemplo, al lanzar una moneda.

**Bessel, funciones de** †Conjunto de funciones denotadas por la letra $J$, que son soluciones de la ecuación de Laplace en coordenadas polares cilíndricas. Las soluciones forman una serie infinita y están tabuladas. *Véase también* ecuación en derivadas parciales.

**beva-** Símbolo: B Prefijo utilizado en EE.UU para indicar $10^9$, así que equivale al prefijo giga- del SI.

**bicondicional** Símbolo: ↔ o ≡ En lógica, la relación *si y sólo si* (que suele abreviarse *ssi*) que hay entre dos proposiciones o enunciados $P$ y $Q$ solamente cuando ambos son verdaderos o falsos. Es también la relación de equivalencia lógica; la verdad de $P$ es condición necesaria y suficiente para que $Q$ sea verdadera (y viceversa). En la ilustración se ofrece la tabla de verdad que define la bicondicional. *Véase también* tablas de verdad.

| P | Q | P ≡ Q |
|---|---|---|
| V | V | V |
| V | F | F |
| F | V | F |
| F | F | V |

Bicondicional

**bicuadrada, ecuación** Ecuación polinomial en la cual el grado más elevado de la variable indeterminada es cuatro. La forma general de una ecuación bicuadrada en una indeterminada $x$ es
$ax^4 + bx^3 + cx^2 + dx + e = 0$
donde $a$, $b$, $c$, $d$ y $e$ son constantes. A veces se escribe en forma reducida
$x^4 + bx^3/a + cx^2/a + dx/a + e/a = 0$
En general, hay cuatro valores de $x$ que satisfacen a la ecuación bicuadrada. Por ejemplo,
$2x^4 - 9x^3 + 4x^2 + 21x - 18 = 0$
puede descomponerse en factores:
$(2x + 3)(x - 1)(x - 2)(x - 3) = 0$
y sus soluciones (o raíces) son $-3/2$, 1, 2 y 3. En un gráfico de coordenadas cartesianas, la curva
$y = 2x^4 - 9x^3 + 4x^2 + 21x - 18$
corta al eje $x$ en $x = -3/2$, $x = 1$, $x = 2$ y $x = 3$. *Compárese* con ecuación cúbica, ecuación cuadrática.

**bidimensional** Que tiene longitud y anchura pero no profundidad. Las figuras planas como círculos, cuadrados y elipses pueden describirse en un sistema de coordenadas que sólo utilice dos variables, por ejemplo, coordenadas cartesianas bidimensionales con ejes $x$ y $y$. *Véase también* plano.

**biestable, circuito** †Circuito eléctrico que tiene dos estados estables. El circuito permanece en un estado hasta cuando se le aplique un impulso adecuado, que lo hará pasar al otro estado. Los circuitos biestables son utilizados extensamente en el equipo del ordenador para acumular datos y para contar. Por lo general, tienen dos terminales de entrada a los cuales se pueden aplicar los impulsos. Un impulso en una entrada hace que el circuito cambie de estado y permanezca así hasta que un impulso en la otra entrada lo haga asumir el estado alterno. Estos circuitos suelen llamarse también *basculantes*.

**bifurcación** (salto) Desviación con respecto a la ejecución secuencial normal de las instrucciones de un programa de ordenador. El control se transfiere así a otra parte del programa en lugar de pasar en estricta secuencia o sucesión de una instrucción a la siguiente. †La bifurcación será *incondicional*, o sea que siempre ocurrirá, o bien será *condicional*, es decir, que la transferencia del control dependerá del resultado de alguna prueba aritmética o lógica. *Véase también* bucle.

**binaria, operación** Proceso matemático que combina dos números, cantidades, etc., para dar un tercero. Por ejemplo, la multiplicación de dos números en la aritmética es una operación binaria. *Compárese* con operación unaria.

**binario** Que denota dos o se basa en dos. Un número binario consta únicamente de dos cifras distintas, 0 y 1, en vez de las diez del sistema decimal. Cada cifra representa una unidad, doses, cuatros, ochos, dieciseises, etc., en vez de unidades, decenas, centenas, etc. Por ejemplo, 2 se escribe 10, 3 es 11, 16 ($= 2^4$) es 10 000. Los ordenadores hacen cálculos utilizando números binarios. Las cifras 1 y 0 corresponden a condiciones on/off o high/low en un circuito conmutador electrónico. *Compárese* con decimal, hexadecimal.

**binomial, coeficiente** †Factor que multiplica a las variables en un término de un desarrollo binomial. Por ejemplo, en $(x + y)^2 = x^2 + 2xy + y^2$, los coeficientes binomiales son 1, 2 y 1 respectivamente. En general, el $r$-ésimo término del desarrollo de $(x + y)^n$ tiene por coeficiente binomial

$$n!/[r!\,(n - r)!]$$

lo cual se escribe con la notación ${}_nC_r$. *Véase* desarrollo binomial.

**binomial, desarrollo** †Desarrollo de una expresión de la forma $(x + y)^n$, siendo $x$ y $y$ números reales cualesquiera y $n$ un número entero. La fórmula general, llamada *teorema del binomio*, es

$$(x + y)^n = x^n + nx^{n-1}y + [n(n-1)/2!]x^{n-2}y^2 + \ldots + y^n$$

Si, por ejemplo, $n = 2$, entonces $(x + y)^n = x^2 + 2xy + y^2$. Si $n = 3$, entonces $(x + y)^n = x^3 + 3x^2y + 3xy^2 + y^3$. Si $y$ es menor que $x$ y menor que uno, entonces $n$ es muy grande y los primeros términos del desarrollo son aproximadamente iguales a toda la serie. Por ejemplo,

$$(2 + 0{,}02)^8 = 2^8 + 8 \times 2^7 \times 0{,}02 + [(8 \times 7)/(2 \times 1)]2^6 \times (0{,}02)^2 + \ldots = 256 + 20{,}48 + 0{,}7168 + \ldots$$

o sea aproximadamente 277.
*Véase también* coeficiente binomial.

**binomial, distribución** †Es la distribución del número de resultados favorables en un experimento en el cual hay dos resultados posibles, o sea éxito y fracaso. La probabilidad de $k$ éxitos es

$$p(k,n,q) = n!/k!(n-k)! \times p^n \times q^{n-k}$$

donde $p$ es la probabilidad de éxito y $q$ $(= 1 - p)$ es la probabilidad de fracaso en cada prueba. Estas probabilidades están dadas por los términos del desarrollo binomial de $(p + q)^n$. La distribución tiene media $np$ y varianza $npq$. Si $n$ es grande y $p$ pequeño, se puede aproximar por una media de distribución de Poisson $np$. Si $n$ es grande y $p$ no está cerca de 0 o de 1, se la puede aproximar por una distribución normal con media $np$ y varianza $npq$.

**binomio** Expresión algebraica formada por dos monomios. Por ejemplo, $2x + y$ y $4a + b = 0$ son binomios. *Compárese* con monomio, trinomio.

**binomio, teorema del** †*Véase* desarrollo binomial.

**birrectángulo** †Que tiene dos ángulos rectos. *Véase* triángulo esférico.

**bisector** Plano que divide un diedro en dos diedros iguales.

**bisectriz** Recta que divide un ángulo en dos ángulos iguales.

**bit** Abreviatura de *bi*nary digi*t*, es decir, de una de las cifras o dígitos 0 ó 1 utilizadas en notación binaria. Los bits son las unidades básicas de información en los ordenadores puesto que pueden representar los estados de un sistema de dos valores. Por ejemplo, el paso de un impulso eléctrico por un conductor podría representarse por 1 en tanto que 0 indicaría que no pasa impulso alguno. Asimismo, los dos estados de magnetización de las zonas magnetizadas, por ejemplo, de una cinta magnética, se pueden representar por 1 o por 0. *Véase también* notación binaria, byte, palabra.

**biunívoca, correspondencia** Función o aplicación entre dos conjuntos de tal modo que cada elemento del primero se aplica en uno y sólo un elemento del segundo, y viceversa. Por ejemplo, el conjunto de orejas izquierdas y el conjunto de orejas derechas están en correspondencia biunívoca. El conjunto de padres y el conjunto de los hijos no lo están. *Véase también* función, isomorfismo.

**bivariable** †Que contiene dos cantidades variables. Un vector del plano, por ejemplo, es bivariable pues tiene magnitud y dirección.
Una variable aleatoria bivariable $(X, Y)$ tiene la probabilidad conjunta $P(x,y)$; es decir, que la probabilidad de que $X$ y $Y$ tengan los valores $x$ y $y$ respectivamente es igual a $P(x) \times P(y)$, cuando $X$ y $Y$ son independientes.

**Bliss, teorema de** †Teorema que relaciona la integral definida de un producto de dos funciones con el límite de una serie. Si $f(x)$ y $g(x)$ son continuas en el intervalo $a \leqslant x \leqslant b$, y el intervalo se subdivide en intervalores menores, en el $k$-ésimo subintervalo de $x$, $\Delta_k x$, pueden tomarse dos puntos cualesquiera $x_k$ y $x_l$. El teorema de Bliss dice que ya sean distintos o coincidentes los puntos $x_k$, $x_l$:

$$\lim \Sigma f(x_k) \cdot g(x_l)\Delta_k x = \int_a^b f(x) \cdot g(x)dx$$

**Board of Trade unit** (BTU) †Unidad de energía equivalente al kilowatt-hora ($3{,}6 \times 10^6$ joules) que se utilizaba anteriormente para la venta de electricidad en el Reino Unido.

**Boole, álgebra de** Sistema de lógica matemática que se vale de símbolos y de la teoría de conjuntos para representar operaciones lógicas en forma matemática. Fue el primer sistema de lógica que utilizó métodos algebraicos para combinar los símbolos en demostraciones y deducciones. Se han perfeccionado varios sistemas y se emplean en teoría de probabilidades y en los ordenadores.

**Briggs, logaritmos de** *Véase* logaritmo.

**British thermal unit** (Btu) †Unidad de energía igual a $1{,}055\,06 \times 10^3$ joules. Se definía anteriormente como el calor necesario para elevar la temperatura de una libra de agua sin aire en un grado Fahrenheit a la presión normal. Se empleaban versiones ligeramente diferentes de la unidad según fueran las temperaturas entre las cuales se medía el aumento de un grado.

**bruto** 1. Peso de mercancías en el cual se incluye el de los contenedores o del empaque.
2. Beneficios calculados antes de deducir costos generales, gastos y (por lo general) los impuestos. *Compárese* con neto.

**BTU** †*Véase* Board of Trade unit.

**Btu** †*Véase* British thermal unit.

**bucle** Secuencia de instrucciones en un programa de ordenador que se efectúa bien un número determinado de veces o bien repetidamente hasta que se cumpla cierta condición. *Véase también* bifurcación.

**bushel** Unidad de capacidad que, por lo general, se usa para sustancias sólidas. En el Reino Unido es igual a 8 galones. En EE.UU. es igual a 64 pintas áridas o sea 2150,42 pulgadas cúbicas.

**byte** (octeto) Subdivisión de una palabra en informática, que suele ser el número de bits que representan una sola letra, número u otro caracter. En la mayoría de los ordenadores, un byte consiste en un número fijo de bits, ocho por lo general (de ahí llamarlo octeto). En ciertos ordenadores los bytes pueden tener sus propias direcciones en la memoria. *Véase también* bit, carácter, palabra.

# C

**cadena, regla de derivación en** Regla que expresa la derivada de una función $z = f(x)$ por otra función de la misma variable, $u(x)$, siendo $z$ también función de u. Esto es:

$$dz/dx = (dz/du)(du/dx)$$

Esta regla se denomina derivación de una función de función

†Dada una función $z = f(x_1, x_2, x_3, \ldots)$ de varias variables, en la que cada una de las variables $x_1$, $x_2$, $x_3$ ... es a su vez función de una sola variable $t$, la derivada $dz/dt$, llamada *derivada total*, está dada por la regla de derivación en cadena para la derivación parcial, que es:

$$dz/dt = (\partial z/\partial x_1)(dx_1/dt) + (\partial z/\partial x_2)(dx_2/dt) + \ldots$$

**caída libre, aceleración de la** (aceleración de la gravedad) Símbolo: $g$ Aceleración constante de una masa que cae libremente (sin rozamiento) en el campo gravitacional de la Tierra. La aceleración está dirigida hacia la superficie de la Tierra. $g$ es una medida de la intensidad del campo gravitacional –la fuerza sobre la unidad de masa. La fuerza sobre una masa $m$ es su peso $W$, siendo $W = mg$.

†El valor de $g$ varía con la distancia de la superficie de la Tierra. Cerca de la superficie es poco menos de 10 metros por segundo por segundo (9,806 65 m $s^{-2}$ es el valor normal). Varía con la latitud debido, en parte, a que la Tierra no es perfectamente esférica (está achatada en la cercanía de los polos).

**cálculo, regla de** Dispositivo de cálculo en el cual se emplean escalas logarítmicas para multiplicar números. La mayoría de las reglas de cálculo también tienen escalas fijas que indican cuadrados, cubos y funciones trigonométricas. La precisión de la regla de cálculo suele ser de tres cifras significativas. Una escala está marcada a lo largo de la unión entre una sección media deslizante y una parte exterior fija. Para multiplicar dos números, por ejemplo, 2,1 × 3,2, se hace coincidir el cero de la sección deslizante con el 2,1 de la parte exterior. Coincidiendo con 3,2 en la escala interior se leerá el producto 3,2 × 2,1. *Véase también* escala logarítmica.

**calibración** Señalamiento de una escala en un instrumento de medida. Por ejemplo, un termómetro puede calibrarse en grados Celsius marcando el punto de congelación del agua (0°C) y el punto de ebullición del agua (100°C).

**caloría** Símbolo: cal Unidad de energía aproximadamente igual a 4,2 joules. Anteriormente se denominaba así la ener-

Unidades SI fundamentales y suplementarias

| *cantidad física* | *nombre de la unidad SI* | *símbolo de la unidad* |
|---|---|---|
| longitud | metro | m |
| masa | kilogramo | kg |
| tiempo | segundo | s |
| corriente eléctrica | ampere | A |
| temperatura termodinámica | kelvin | K |
| intensidad luminosa | candela | cd |
| cantidad de sustancia | mol | mol |
| *ángulo plano | radián | rad |
| *ángulo sólido | esteradián | sr |

*unidades suplementarias

Unidades derivadas SI con nombres especiales

| *cantidad física* | *nombre de la unidad SI* | *símbolo de la unidad SI* |
|---|---|---|
| frecuencia | hertz | Hz |
| energía | joule | J |
| fuerza | newton | N |
| potencia | watt | W |
| presión | pascal | Pa |
| carga eléctrica | coulomb | C |
| diferencia de potencial eléctrico | volt | V |
| resistencia eléctrica | ohm | Ω |
| conductancia eléctrica | siemens | S |
| capacitancia eléctrica | farad | F |
| flujo magnético | weber | Wb |
| inductancia | henry | H |
| densidad de flujo magnético | tesla | T |
| flujo luminoso | lumen | lm |
| iluminancia (iluminación) | lux | lx |
| dosis absorbida | gray | Gy |

Múltiplos y submúltiplos decimales empleados con unidades SI

| *submúltiplo* | *prefijo* | *símbolo* | *múltiplo* | *prefijo* | *símbolo* |
|---|---|---|---|---|---|
| $10^{-1}$ | deci- | d | $10^{1}$ | deca- | da |
| $10^{-2}$ | centi- | c | $10^{2}$ | hecto- | h |
| $10^{-3}$ | mili- | m | $10^{3}$ | kilo- | k |
| $10^{-6}$ | micro- | μ | $10^{6}$ | mega- | M |
| $10^{-9}$ | nano- | n | $10^{9}$ | giga- | G |
| $10^{-12}$ | pico- | p | $10^{12}$ | tera- | T |
| $10^{-15}$ | femto- | f | $10^{15}$ | peta- | P |
| $10^{-18}$ | ato- | a | $10^{18}$ | exa- | E |

gía necesaria para elevar la temperatura de un gramo de agua en un grado Celsius. Como la capacidad térmica específica del agua varía con la temperatura, esta definición no es precisa. †La caloría media o caloría termoquímica ($cal_T$) se define como 4,184 joules y la caloría tabular internacional ($cal_{TI}$) como 4,186 8 joules. Anteriormente, la caloría media se definía como la centésima parte del calor necesario para elevar un gramo de agua de 0°C a 100°C y la caloría a 15°C como el calor necesario para elevar su temperatura de 14,5°C a 15,5°C.

**campo** Región en la cual una partícula o cuerpo ejerce una fuerza sobre otra partícula o cuerpo a través del espacio. En un campo gravitacional, se supone que una masa afecta las propiedades del espacio circundante de modo que otra masa en esa región experimenta una fuerza. La región se define entonces como un 'campo de fuerzas'. Los campos eléctrico, magnético y electromagnético pueden describirse de manera parecida. †El concepto de campo fue introducido para explicar la acción a distancia.

**canal** Ruta a lo largo de la cual puede ir información en un sistema informático o en un sistema de comunicaciones, especialmente entre la memoria y una cinta magnética o unidad de disco.

**cancelación** Simplificación de un factor común al numerador y denominador o bien de la misma cantidad en ambos miembros de una ecuación algebraica. Por ejemplo, $xy/yz$ puede simplificarse cancelando $y$ y queda $x/z$. La ecuación $z + x = 2 + x$ se simplifica a $z = 2$ cancelando (restando) $x$ de ambos miembros.

**candela** Símbolo: cd Unidad fundamental SI de intensidad luminosa, definida como la intensidad (en la dirección perpendicular) de la radiación del cuerpo negro de una superficie 1/600 000 metros cuadrados a la temperatura del platino en fusión y a una presión de 101 325 pascal.

**canónica, forma** (forma normal) En el álgebra de matrices, es la matriz diagonal obtenida por una serie de transformaciones de otra matriz cuadrada del mismo orden.
*Véase también* matriz diagonal, matriz cuadrada.

**cantidad de movimiento, conservación de la** *Véase* ley de la cantidad de movimiento constante.

**cantidad de movimiento constante, ley de la** (ley de la conservación de la cantidad de movimiento (lineal) o del momento lineal). Es el principio según el cual la cantidad de movimiento lineal total de un sistema no puede cambiar si no actúa una fuerza exterior.

$$\begin{pmatrix} 1 & 0 & 0 \\ 3 & 2 & 0 \\ 0 & 0 & 2 \end{pmatrix} \longrightarrow \begin{pmatrix} -3 & 0 & 0 \\ 3 & 2 & 0 \\ 0 & 0 & 2 \end{pmatrix} \text{ multiplicar la fila 1 por } -3$$

$$\begin{pmatrix} -3 & 0 & 0 \\ 3 & 2 & 0 \\ 0 & 0 & 2 \end{pmatrix} \longrightarrow \begin{pmatrix} -3 & 0 & 0 \\ 0 & 2 & 0 \\ 0 & 0 & 2 \end{pmatrix} \text{ sumar la fila 1 a la fila 2}$$

Reducción de una matriz a forma canónica.

**capital** 1. Suma total de los activos de una persona o compañía, incluidos el efectivo en caja, las inversiones, los bienes muebles, terrenos, edificios, maquinaria y productos terminados y no terminados.
2. Suma de dinero tomada o dada en préstamo cuyos intereses se pagan o se reciben. *Véase* interés compuesto, interés simple.
3. Cuantía total de dinero con que contribuyen los accionistas al formarse una compañía, o la cuantía aportada a una sociedad por los socios.

**cara** Superficie plana del exterior de una figura sólida. Un cubo tiene seis caras idénticas.

**carácter** Cada uno de los símbolos de un conjunto que se representan en un ordenador. Puede ser una letra, un número, un signo de puntuación o un símbolo especial. Un carácter se almacena o se trata en el ordenador como un grupo de bits (es decir, de dígitos binarios). *Véase también* bit, byte, palabra, memoria.

**característica** *Véase* logaritmo.

**característica** † *Véase* eliminante.

**cardinal, número** Cada uno de los números enteros que se emplean para contar o indicar el número total de elementos de un conjunto. Esto es, 1, 2, 3, . . . *Compárese* con número ordinal.

**cardioide** †Epicicloide que sólo tiene un bucle, formada por la trayectoria de un punto de un círculo que rueda en torno a la circunferencia de otro de igual radio. *Véase* epicicloide.

**carga** Fuerza generada por una máquina. *Véase* máquina.

**cartesianas, coordenadas** Método para definir la posición de un punto por sus distancias desde un punto fijo (origen) en la dirección de dos o más rectas. Sobre una superficie plana, dos rectas, llamadas el eje $x$ y el eje $y$, forman la base de un sistema de coordenadas cartesianas bidimensionales. El punto en donde se cortan es el origen. Una cuadrícula imaginaria queda entonces formada por paralelas a los ejes a distancia de una unidad de longitud. El punto (2, 3) por ejemplo, es el punto en el cual la paralela al eje $y$ a dos unidades en la dirección del eje $x$ corta a la paralela al eje $x$ a tres unidades en la dirección del eje $y$. Por lo general el eje $x$ es horizontal y el $y$ la perpendicular al mismo. Estas son las llamadas *coordenadas rectangulares*. Si los ejes no se cortan en ángulo recto, las coordenadas se denominan *oblicuas*.
†En tres dimensiones se agrega un tercer eje, el $z$, para definir la altura o profundidad de un punto. Las coordenadas en un punto son entonces los tres números $(x, y, z)$. Un sistema dextrorso es tal que si el pulgar derecho señala en la dirección del eje $x$, entonces los dedos de la mano se doblan en la dirección en la cual el eje $y$ tendría que girar para señalar en la misma dirección que el eje $z$. Un sistema sinistrorso es la imagen especular del dextrorso. En un sistema rectangular, los tres ejes son perpendiculares entre sí. *Véase también* coordenadas, coordenadas polares.

**catenaria** †Curva plana formada por un cable flexible y uniforme suspendido de dos puntos. Por ejemplo, un alambre de tender ropa atado a dos postes y que cuelga libremente sin carga entre ellos sigue una catenaria. La catenaria es simétrica respecto de un eje perpendicular a la recta que une los dos puntos de suspensión. En coordenadas cartesianas, la ecuación de la catenaria que tiene su eje de simetría por eje $y$ y que corta al eje $y$ en $y = a$, es

$$y = (a/2)(e^{x/a} + e^{-x/a}).$$

**catenoide** †Superficie curva formada al

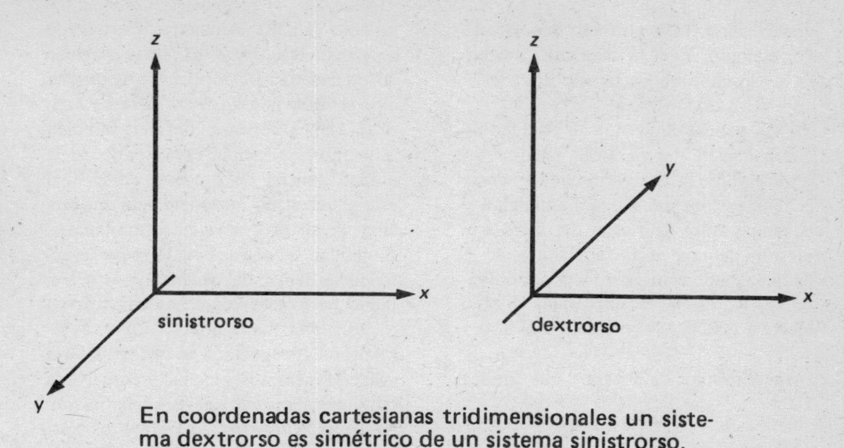


En coordenadas cartesianas tridimensionales un sistema dextrorso es simétrico de un sistema sinistrorso.

y
P(*a*,*b*)
ordenada de P
=*b* unidades
O
x
abscisa de P =*a* unidades

Coordenadas cartesianas rectangulares bidimensionales donde se indica la localización de un punto P (*a*, *b*).

girar una catenaria en torno a su eje de simetría.

**cateto** Cada uno de los lados del ángulo recto en un triángulo rectángulo.

**celeridad** Símbolo: c Distancia recorrida por unidad de tiempo: $c = d/t$. La celeridad es una cantidad escalar; el vector equivalente es la velocidad –una cantidad vectorial igual al desplazamiento por unidad de tiempo.

†El uso puede inducir a confusión y es corriente encontrar la palabra 'velocidad'

donde sería más correcto 'celeridad'. Por ejemplo, $c_0$ es la celeridad de la luz en el espacio libre, no su velocidad.

**Celsius, grado** Símbolo: °C Unidad de diferencia de temperatura igual a un centésimo de la diferencia que hay entre la temperatura del agua en ebullición y la temperatura de fusión del hielo a la presión de una atmósfera. Antes se le llamaba grado centígrado y es equivalente a 1 K. En la escala Celsius el agua hierve a 100°C y se congela a 0°C.

**centi-** Símbolo: c Prefijo que indica $10^{-2}$.

**central, cónica** Cónica con centro de simetría, por ejemplo la elipse o la hipérbola.

**central, fuerza** †Fuerza que actúa sobre cualquier objeto afectado según una recta desde un origen. Por ejemplo, el movimiento de fuerzas eléctricas entre partículas cargadas son fuerzas centrales; las fuerzas de rozamiento no lo son.

**central, proyección** (proyección cónica) Transformación geométrica en la cual una recta que va desde un punto (llamado *centro de proyección*) a cada punto de la figura se prolonga hasta el punto en que corta al segundo plano (imagen). Estos puntos forman la imagen de la figura original. Cuando se forma una imagen fotográfica de una película utilizando una ampliadora, es este el tipo de proyección que ocurre. La fuente luminosa está en el centro de proyección, los rayos de luz son las rectas, la película es el primer plano y la pantalla o punto es el segundo. En este caso, los dos planos suelen ser paralelos, pero no siempre es así en la proyección central. *Véase también* proyección, proyección de Mercator, proyección ortogonal, proyección estereográfica.

**central, procesador** (unidad central de proceso (UCP)) Dispositivo electrónico muy complejo que es el centro nervioso de un ordenador. Consiste en la *unidad de control* y la *unidad aritmética y lógica* (UAL). A veces se considera también la memoria principal como parte de la unidad central de proceso, en la cual está almacenado un programa o una sección de un programa en forma binaria. La unidad de control vigila todas las actividades dentro del ordenador, interpretando las instrucciones que constituyen el programa. Cada instrucción es automáticamente aportada en forma sucesiva desde la memoria principal y conservada temporalmente en una pequeña memoria llamada *registro*. Los circuitos electrónicos analizan la instrucción y deciden la operación que ha de efectuarse y la posición exacta o posición en la memoria de los datos sobre los cuales se ha de efectuar la operación, la cual es realmente ejecutada por la UAL, utilizando también circuitos electrónicos y un conjunto de registros. Puede ser un cálculo aritmético, como la adición de dos números, o bien una operación lógica como seleccionar o comparar datos. Este proceso de buscar, analizar y ejecutar instrucciones se repite en el orden necesario hasta que se ejecuta una instrucción de suspensión.

Al progresar la tecnología, el tamaño de los procesadores centrales ha disminuido considerablemente. Ahora es posible conformar un procesador central en una hojuela de silicón de unos cuantos milímetros cuadrados de área o en un pequeño número de hojuelas. Es lo que se llama un *microprocesador. Véase también* ordenador.

**centrífuga, fuerza** Fuerza que se supone actúa radialmente hacia afuera sobre un cuerpo que se mueve en una curva. En realidad, no hay fuerza real que actúe; se dice que la fuerza centrífuga es 'ficticia' y es mejor evitar valerse de ella. La idea surge del efecto de la inercia sobre un objeto que se mueve en una curva. Si un vehículo se moviliza en torno a una desviación, por ejemplo, es forzado en una trayectoria curva por el rozamiento entre las ruedas y la vía. Sin este rozamiento (que está dirigido hacia el centro de la curva) el vehículo seguiría en línea recta. El conductor también se mueve en la curva obligado por el rozamiento con el asiento, limitado por el cinturón de seguridad o 'empujado por la puerta'. Al conductor le parece que hay una fuerza de dirección radial hacia afuera que empuja su cuerpo: la fuerza centrífuga. En realidad no es así; si el conductor es despedido del vehículo seguirá un movimiento hacia adelante en línea recta según una tangente de la curva. A veces se dice que la fuerza centrífuga es una 'reacción' a la fuerza centrípeta, lo cual no es cierto. La 'reacción' a la fuerza centrípeta es un empuje hacia afuera sobre la superficie de la vía por las llantas del vehículo. *Véase también* fuerza centrípeta.

**centrípeta, fuerza** Fuerza que hace que un objeto se mueva en una trayectoria curva en lugar de seguir en línea recta. La fuerza es aportada por ejemplo por:

– la tensión de la cuerda, sobre un objeto que se hace girar al extremo de una cuerda;

– la gravedad, sobre un objeto en órbita en torno a un planeta;

– la fuerza eléctrica, sobre un electrón de la órbita de un átomo.

†La fuerza centrípeta, para un objeto de masa $m$ con velocidad constante $v$ y trayectoria de radio $r$ es $mv^2/r$, o bien $m\omega^2 r$, siendo $\omega$ la velocidad angular. Un cuerpo que se mueve en trayectoria curva tiene una aceleración puesto que la dirección de la velocidad varía aunque la magnitud pueda permanecer constante. La aceleración, dirigida hacia el centro de la curva, es la *aceleración centrípeta* y es $v^2/r$ o $\omega^2 r$.

**centro** Punto respecto del cual es simétrica una figura geométrica.

**centroide** (centro medio) Punto de una figura o sólido en el cual estaría el centro de masa si la figura o cuerpo fueran de material de densidad uniforme. El centroide de una figura simétrica está en el centro de simetría; así, el centroide de un círculo es su centro, el de un triángulo es el punto en que concurren sus medianas.

†Para figuras o cuerpos no simétricos se emplea integración para hallar el centroide. El centroide de una línea, figura o sólido es el punto que tiene coordenadas que son los valores medios de las coordenadas de los puntos de la línea, figura o sólido. Para una superficie, las coordenadas del centroide están dadas por:

$$x = [\iint x\mathrm{d}x\mathrm{d}y]/A, \text{ etc.}$$

efectuándose la integración sobre la superficie y siendo $A$ el área. Para un volumen se emplea integral triple para obtener las coordenadas del centroide:

$$x = [\iiint x\mathrm{d}x\mathrm{d}y\mathrm{d}z]/V, \text{ etc.}$$

*Véase también* centro de masa.

**cero** Es el número que sumado a otro da una suma igual a ese otro número. Se le incluye en el conjunto de los enteros, pero no en el de los números naturales. El producto de un número por cero es cero. †Cero es el elemento neutro de la adición.

**cerrada, curva** (contorno cerrado) Curva, tal como un círculo o elipse, que forma un bucle completo. No tiene puntos extremos. †Una curva *simple* cerrada es una curva cerrada que no se cruza a sí misma. *Compárese* con curva abierta.

**cerrada, superficie** Superficie que no tiene rectas o curvas que la limiten, por ejemplo una esfera o un elipsoide.

**cerrado** Conjunto tal que los resultados de una operación dada pertenecen al mismo conjunto. Por ejemplo, el conjunto de los enteros positivos es cerrado respecto de la adición y la multiplicación. La suma o multiplicación de dos números cualesquiera del conjunto da otro entero positivo. El conjunto dicho, en cambio, no es cerrado con respecto a la división, ya que esta operación entre ciertos enteros no da un entero positivo (4/5 por ejemplo). El conjunto de los enteros positivos tampoco es cerrado respecto de la sustracción (por ejemplo, $5 - 7 = -2$). *Véase también* conjunto cerrado.

**cerrado, conjunto** †Conjunto en el cual se incluyen los límites que lo definen. El conjunto de los números racionales mayores o iguales que 0 y menores o iguales que diez, lo cual se escribe $\{x: 0 \leqslant x \leqslant 10; x \in \mathbf{R}\}$, y el conjunto de puntos sobre y dentro de un círculo son ejemplos de conjuntos cerrados. *Compárese* con conjuntos abiertos.

**cerrado, intervalo** †Conjunto que comprende los números entre dos números dados (extremos), incluidos éstos. Por ejemplo, todos los números reales mayores o iguales que 2 y menores o iguales que 5 constituyen un intervalo cerrado. El intervalo cerrado entre dos números reales $a$ y $b$ se escribe $[a,b]$. Sobre una recta numérica, los extremos se marcan con un círculo lleno. *Compárese* con intervalo abierto. *Véase también* intervalo.

**cerrado, sistema** (sistema aislado) Conjunto de uno o más objetos que pueden actuar unos sobre otros pero que no interactúan con el mundo exterior al sistema. Esto significa que no hay fuerza neta o transferencia de energía desde el exterior. Debido a esto, el momento angular del sistema, la energía, la masa y su cantidad de movimiento permanecen constantes.

**c.g.s., sistema** Sistema de unidades que emplea el centímetro, el gramo y el segundo como unidades mecánicas fundamentales. Gran parte de los trabajos científicos utilizaron en un principio este sistema, pero ahora está casi abandonado.

**cibernética** †Rama de la ciencia que se relaciona con sistemas de control, especialmente en lo que se refiere a las comparaciones entre los de las máquinas y los del hombre y otros animales. En una serie de operaciones, la información lograda en una etapa puede utilizarse para modificar realizaciones ulteriores de esa operación. Es lo que se denomina *retroalimentación* y permite a un sistema de control vigilar y, posiblemente, ajustar sus actuaciones cuando sea necesario.

**cíclico, grupo** †Es el grupo en el cual cada elemento puede expresarse como una potencia de cualquier otro elemento. Por ejemplo, el conjunto de todos los números que son potencias de 3 se podría escribir $\{\ldots 3^{1/3}, 3^{1/2}, 3, 3^2, 3^3, \ldots\}$ o bien $\{\ldots 9^{1/6}, 9^{1/4}, 9^{1/2}, 9, 9^{3/2}, \ldots\}$ o también $\{\ldots (\sqrt{3})^{2/5}, \sqrt{3}, (\sqrt{3})^2, (\sqrt{3})^4, (\sqrt{3})^6, \ldots\}$, etc. *Véase también* grupo Abeliano.

**ciclo** Conjunto de sucesos que se repiten regularmente (por ejemplo, una órbita, la rotación, la vibración, la oscilación o una onda). Un ciclo es un conjunto completo de variaciones, partiendo de un punto y volviendo al mismo de idéntica manera.

**cicloide** Curva descrita por un punto de un círculo que se desplaza sobre una recta, por ejemplo, un punto del aro de una rueda que gira sobre el suelo. Para un círculo de radio $r$ que rueda a lo largo de un eje horizontal, la cicloide engendrada es una sucesión de arcos continuos que se elevan desde el eje hasta una altura de $2r$ y vuelven a tocar nuevamente el eje en un punto cuspidal en el cual

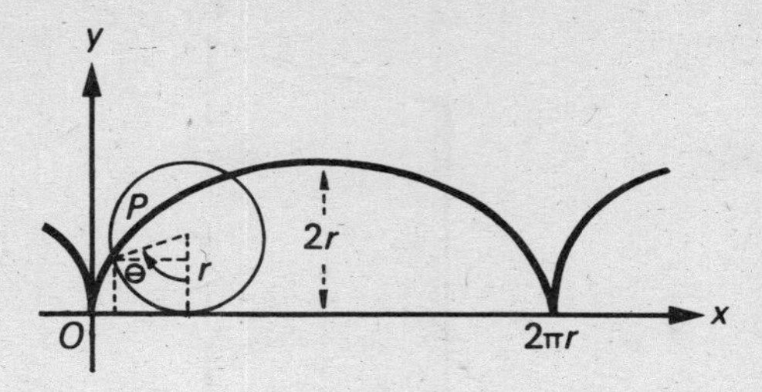


Cicloide trazada por un punto P de un círculo de radio $r$.

empieza el arco siguiente. La distancia horizontal entre cúspides sucesivas es $2\pi r$, o sea la circunferencia del círculo. La longitud de la cicloide entre cúspides sucesivas es $8r$. Si $\theta$ es el ángulo formado por el radio que va al punto $P(x, y)$ de la cicloide y el radio que va al punto de contacto con el eje $x$, las ecuaciones paramétricas de la cicloide son:

$$x = r(\theta - \operatorname{sen}\theta)$$
$$y = r(\theta - \cos\theta)$$

**científica, notación** (forma normal) Cifras escritas como producto de un número entre 1 y 10 por una potencia de 10. Por ejemplo, 2342,6 en notación científica es $2{,}3426 \times 10^3$, y 0,0042 se escribe $4{,}2 \times 10^{-3}$.

**cifra** Cada uno de los símbolos que constituyen un número. Por ejemplo, el número 3121 tiene cuatro cifras. El sistema de numeración decimal usual tiene diez cifras (0-9), en tanto que el sistema binario (de base dos) solamente necesita dos, 0 y 1. También se dice dígito.

**cilíndrica, hélica** *Véase* hélice.

**cilíndrica, superficie** *Véase* cilindro.

**cilíndricas, coordenadas polares** †Método para definir la posición de un punto en el espacio por su radio horizontal $r$ a partir de un eje vertical fijo, la dirección angular $\theta$ del radio respecto de un eje, y la altura $z$ sobre un plano horizontal fijo de referencia. Partiendo del origen $O$ del sistema de referencia, el punto $P(r, \theta, z)$ se alcanza a lo largo de un eje horizontal fijo moviéndose hasta una distancia $r$, siguiendo la circunferencia del círculo horizontal de radio $r$ con centro en $O$ hasta girar un ángulo $\theta$ y luego moviéndose verticalmente hasta una distancia $z$. Para un punto $P(r, \theta, z)$ las coordenadas cartesianas rectangulares correspondientes $(x, y, z)$ son:

$$x = r\cos\theta$$
$$y = r\operatorname{sen}\theta$$
$$z = z.$$

*Compárese* con coordenadas polares esféricas.

**cilindro** Sólido definido por una curva plana cerrada (que forma la base) con una curva idéntica paralela a ella. Todo segmento desde un punto de una de las curvas al punto correspondiente de la otra curva es un *elemento* del cilindro. Si uno de estos elementos se mueve paralelamente a sí mismo en torno a la base, describe una superficie lateral curva. La recta es una *generatriz* del cilindro y la curva plana cerrada que forma la base es la llamada *directriz*.

Si las bases son círculos, el cilindro es un *cilindro circular*. Si las bases tienen centro, la recta que los une es un eje del cilindro. Un *cilindro recto* es el que tiene su eje perpendicular a la base; en otro caso el cilindro se denomina *oblicuo*. El

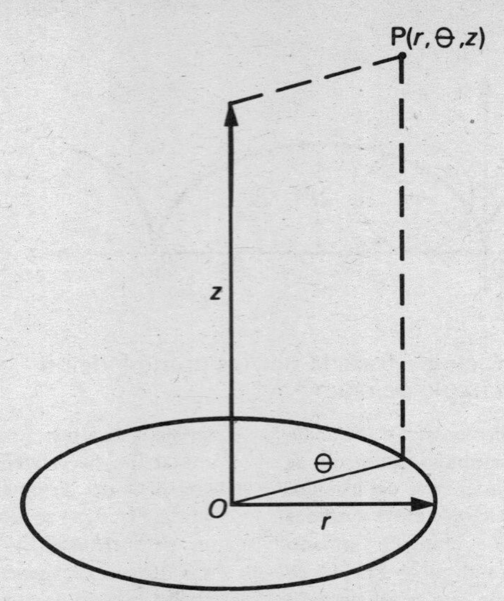


Un punto P$(r, \theta, z)$ en coordenadas polares cilíndricas.

volumen de un cilindro es $Ah$, donde $A$ es el área de la base y $h$ la altura (la distancia perpendicular entre las bases). Para un cilindro circular recto, la superficie lateral curva tiene por área $2\pi rh$, siendo $r$ el radio.
Si la generatriz es una recta que se extiende indefinidamente, describe una superficie que se llama *superficie cilíndrica*.

**cinemática** Estudio del movimiento de los cuerpos sin considerar su causa. *Véase también* mecánica.

**cinética, energía** Símbolo: $T$ Trabajo que puede efectuar un objeto en virtud de su movimiento. Para un objeto de masa $m$ que se mueve con velocidad $v$, la energía cinética está dada por $mv^2/2$, lo cual da el trabajo que el objeto ejecutaría llegando al reposo. †La energía cinética de rotación de un objeto de momento de inercia $I$ y velocidad angular $\omega$ está dada por $I\omega^2/2$. *Véase también* energía.

**cinético, rozamiento** *Véase* rozamiento.

**cinta** *Véase* cinta magnética, cinta de papel.

**circular, cilindro** Cilindro de base circular. *Véase* cilindro.

**circular, cono** Cono cuya base es un círculo. *Véase* cono.

**circular, medida** Medida de un ángulo en radianes.

**circular, mil** *Véase* mil.

**circular, movimiento** Forma de movimiento periódico (o cíclico); es el de un objeto que se mueve en una trayectoria circular. Para que esto sea posible, debe actuar una fuerza central positiva. †Si el objeto tiene una velocidad uniforme $v$ y el radio del círculo es $r$, la velocidad angular ($\omega$) es $v/r$. Hay una aceleración hacia el centro del círculo (la acelera-

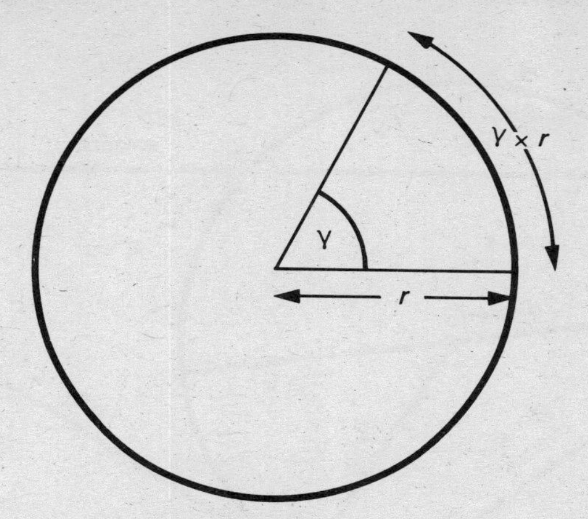


La medida circular: en un círculo de radio $r$ y circunferencia $2\pi r$, el ángulo $\gamma$ radianes subtiende un arco de longitud $\gamma \times r$.

ción centrípeta) igual a $v^2/r$ o bien $\omega^2 r$. *Véase también* fuerza centrípeta, movimiento de rotación.

**circulares, funciones** † *Véase* trigonometría.

**círculo** Figura plana que forma una curva cerrada que consiste en todos los puntos que están a una distancia dada (el radio $r$) de un punto dado del plano, el centro del círculo. El diámetro de un círculo es el doble de su radio; la circunferencia es $2\pi r$ y el área es $\pi r^2$. En coordenadas cartesianas, la ecuación de un círculo con centro en el origen es

$$x^2 + y^2 = r^2$$

El círculo es la curva que encierra la mayor área posible dentro de un perímetro de longitud dada.

**circuncentro** Centro del círculo circunscrito.

**circunferencia** Es el contorno o la longitud del contorno de una curva cerrada llamada círculo. La circunferencia de un círculo es igual a $2\pi r$, siendo $r$ el radio del círculo.

**circunscrita** Figura geométrica en torno a otra, la cual queda encerrada en la primera. Por ejemplo, en un cuadrado puede trazarse un círculo que pase por los vértices, el llamado círculo circunscrito y se dice entonces que el cuadrado está *inscrito* en el círculo. Análogamente, todo polígono regular tiene un círculo circunscrito, una pirámide rectangular, un cono circunscrito, etc.

**circunscrito, círculo** Círculo que pasa por todos los vértices de un polígono inscriptible, el cual se define entonces como *inscrito* en el círculo. El punto de la figura que es el centro del círculo se llama *circuncentro*.

†En un triángulo de lados $a$, $b$ y $c$, el radio $r$ del círculo circunscrito está dado por:

$r = abc\sqrt{s(s-a)(s-b)(s-c)}$

donde $s = (a+b+c)/2$.

**clase** Agrupación de datos que se toma como uno de los constituyentes de una

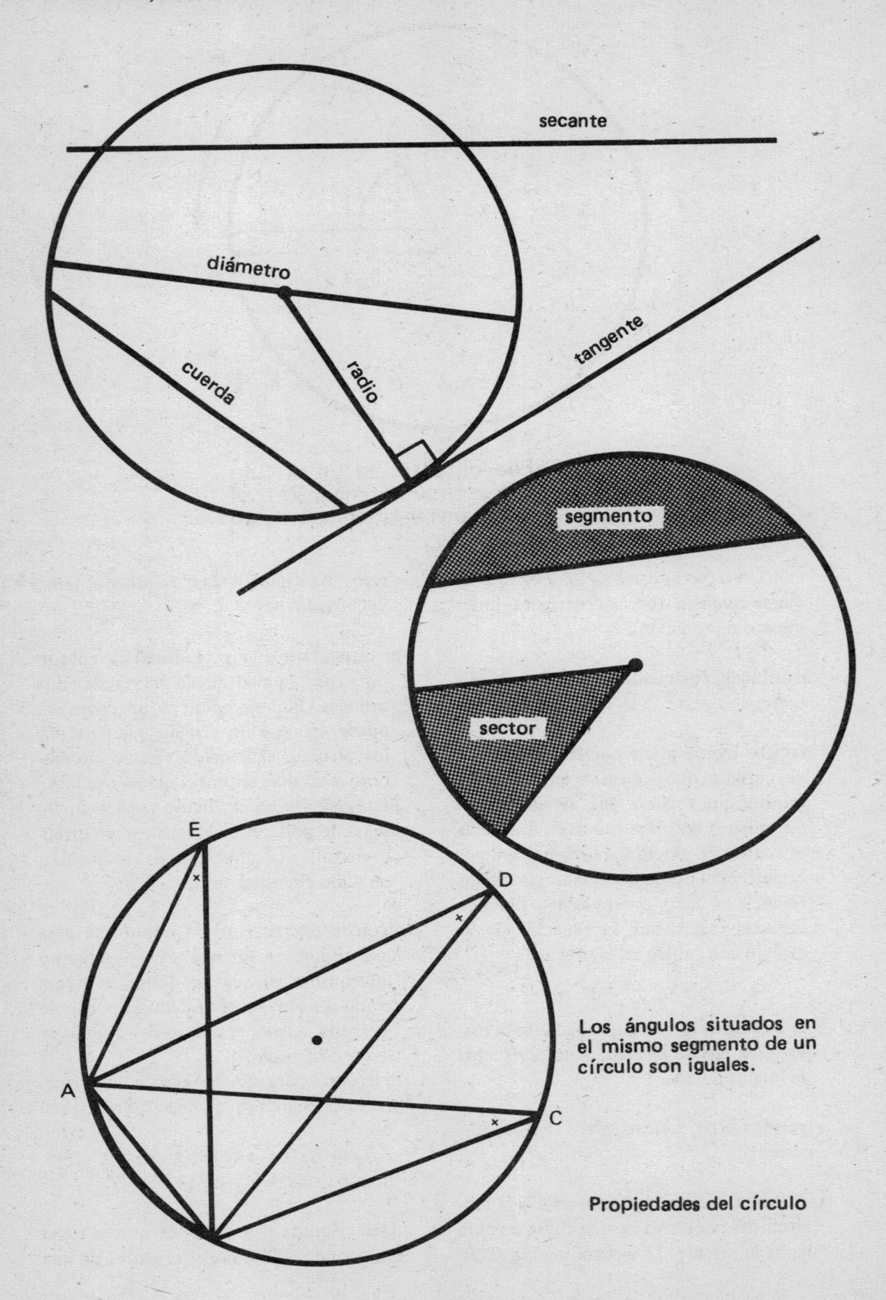


Propiedades del círculo

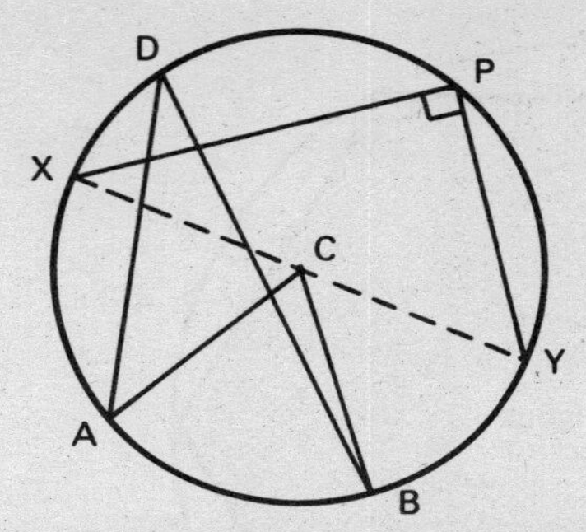


Un ángulo inscrito, o sea con su vértice en la circunferencia, es igual mitad del ángulo central que abarca el mismo arco: $A\hat{C}B = 2A\hat{D}B$
El ángulo inscrito en un semicírculo es recto: $X\hat{P}Y\ (= \frac{1}{2}\ X\hat{C}Y) = 90°$

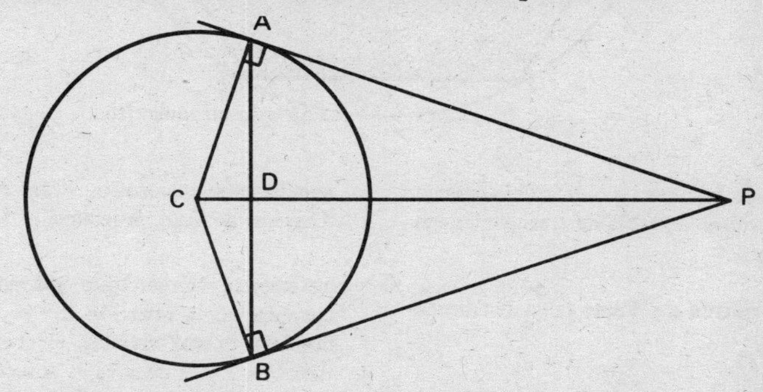


Los segmentos de tangente desde un punto exterior:
(1) son iguales, $PA = PB$
(2) subtienden ángulos iguales en el centro, $P\hat{C}A = P\hat{C}B$
(3) la recta del punto al centro pasa por el punto medio de la cuerda

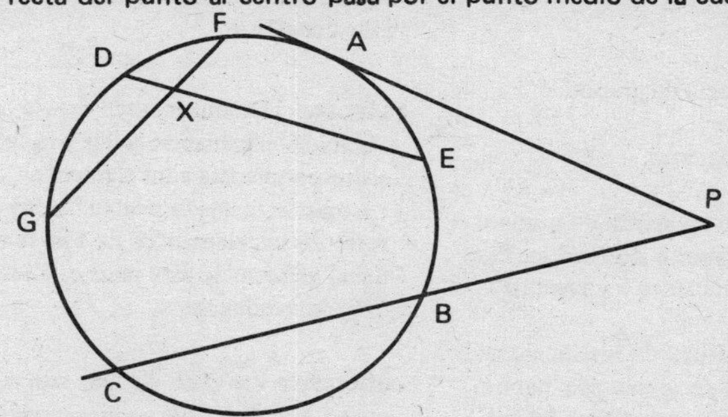


Una tangente y una secante desde un punto exterior: $PC \cdot PB = PA^2$
Dos cuerdas que se cortan: $FX \cdot GX = DX \cdot XE$

Propiedades del círculo

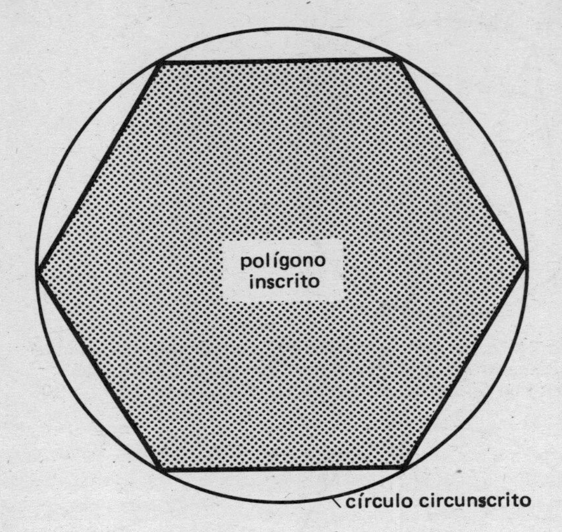


tabla de frecuencias o de un histograma. *Véase también* tabla de frecuencias, histograma.

**clase, marca de** *Véase* tabla de frecuencias.

**clásica, mecánica** Sistema de mecánica basado en las leyes del movimiento de Newton, y en la cual no se tienen en cuenta efectos de relatividad o de la teoría de los cuanta.

**clausura** *Véase* teoría de grupos.

**COBOL** *Véase* programa.

**cociente** Resultado de dividir un número por otro. Puede haber o no residuo. Por ejemplo, 16/3 da cociente 5 y residuo 1.

**codificación** Escritura de instrucciones en un lenguaje de programación para el ordenador. La persona que hace la codificación empieza con una descripción o diagrama que representa la tarea que se va a efectuar en el ordenador. Luego la convierte en una secuencia ordenada y precisa de instrucciones en el lenguaje que haya seleccionado. *Véase también* diagrama de flujo, programa.

**coeficiente** Número que multiplica. Por ejemplo, en la ecuación $2x^2 + 3x = 0$, donde $x$ es una variable, el coeficiente de $x^2$ es 2 y el de $x$ es 3. A veces no se conoce el valor del coeficiente, pero se sabe que permanece constante al variar $x$, por ejemplo, en $ax^2 + bx = 0$, $a$ y $b$ son *coeficientes constantes.* *Véase también* constante.

**cofactor** †Determinante de la matriz obtenida, eliminando la fila y la columna correspondientes a un elemento.
La matriz formada por todos los cofactores de los elementos de una matriz se llama *adjunta* de esta matriz. *Véase también* determinante.

**coherente** (se dice de una teoría, sistema o conjunto de proposiciones) Que no da lugar a contradicciones. La aritmética, por ejemplo, es un sistema lógico coherente, ya que ninguno de sus axiomas ni de los teoremas que de éstos se derivan de acuerdo con las reglas del razonamiento son contradictorios. *Véase* contradicción.

**coherentes, unidades** †Sistema o subconjunto de unidades (por ejemplo las unidades SI) en el cual las unidades derivadas se obtienen multiplicando o dividiendo entre sí unidades fundamentales sin intervención de ningún factor numérico.

**colatitud** †*Véase* coordenadas polares esféricas.

**colineales** Que están sobre la misma recta. Dos puntos, por ejemplo, son siempre colineales porque por ellos pasa una recta. Análogamente, dos vectores son colineales si son paralelos y actúan en el mismo punto.

**columna, matriz** *Véase* vector columna.

**columna, vector** (matriz columna) cierto número ($m$) de cantidades dispuestas en una sola columna, es decir, una matriz $m \times 1$. Por ejemplo, el vector que define el desplazamiento del punto $(x,y,z)$ desde el origen de un sistema de coordenadas se suele escribir como vector columna.

**combinación** †Todo subconjunto o parte de un conjunto dado independientemente del orden de los elementos. Si $r$ objetos se toman de entre $n$ objetos y cada objeto sólo se puede tomar una vez, el número de combinaciones diferentes es

$$n!/[r!(n-r)!]$$

que se escribe ${}_nC_r$ o bien $C(n,r)$. Por ejemplo, si en una clase hay 15 estudiantes y solamente 5 libros, entonces cada libro tiene que ser compartido por 3 estudiantes. El número de maneras como puede hacerse esto –o sea el número de combinaciones de a 3 de los 15– es $15!/3!12! = 455$. El número total de posibles subconjuntos de cualquier número es ${}_nC_0 + {}_nC_1 + \ldots + {}_nC_n$, que, por el teorema del binomio, es $2^n$. Si cada objeto se puede tomar más de una vez, el número de combinaciones diferentes es entonces ${}_{n+r-1}C_r$. *Véase también* factorial, permutación.

**compartido, tiempo** Método de operación en los sistemas de ordenadores en el cual, aparentemente, se ejecutan en forma simultánea varios trabajos en vez de uno después de otro (como en proceso por lotes). Esto se logra transfiriendo cada programa a su turno desde la memoria complementaria a la principal y permitiéndole operar por breve tiempo. El tiempo compartido es especialmente útil para programas que son controlados por los usuarios en los terminales. Les permite a todos interactuar con el ordenador de manera aparentemente simultánea, siempre que no sean demasiados. *Compárese* con proceso por lotes.

**compás** Instrumento para trazar círculos. Está formado por dos brazos rectos que se articulan en un punto. En un extremo hay una punta aguda que se coloca en el centro del círculo y en el otro extremo hay un lápiz u otro dispositivo trazador que describe la circunferencia cuando se hace girar el compás en torno a la punta aguda. En el *compás de barras*, que se usa para trazar grandes círculos, la punta aguda y la trazadora están fijadas en los extremos de una barra horizontal.

**compatibles, ecuaciones** Conjunto de ecuaciones que pueden satisfacerse, por lo menos, por un conjunto de valores de las variables. Por ejemplo, las ecuaciones $x + y = 2$ y $x + 4y = 6$ se satisfacen para $x = 2/3$ y $y = 4/3$ y son por lo tanto compatibles. Las ecuaciones $x + y = 4$ y $x + y = 9$ son incompatibles.

**compilador** *Véase* programa.

**complejo, número** †Número con parte real y parte imaginaria. La parte imaginaria es un múltiplo de la raíz cuadrada de menos uno (i). Ciertas ecuaciones algebraicas no tienen solución real. Por ejemplo, $x^2 + 4x + 6 = 0$ tiene las soluciones $x = -2 + \sqrt{-2}$ y $x = -2 - \sqrt{-2}$. Si se amplía el sistema de números para que incluya a $i = \sqrt{-1}$, todas las ecuaciones algebraicas tienen entonces solu-

$$A = \begin{pmatrix} a & b & c \\ d & e & f \\ g & h & i \end{pmatrix}$$

$$a' = \begin{vmatrix} e & f \\ h & i \end{vmatrix} = ei - hf$$

$$b' = \begin{vmatrix} d & f \\ g & i \end{vmatrix} = di - gf$$

$$c' = \begin{vmatrix} d & e \\ g & h \end{vmatrix} = dh - ge$$

Cofactores $a'$, $b'$ y $c'$ de los elementos $a$, $b$ y $c$ en una matriz $A$ $3 \times 3$.

$$\begin{pmatrix} a' & b' & c' \\ d' & e' & f' \\ g' & h' & i' \end{pmatrix}$$

La adjunta de $A$.

$$\begin{pmatrix} x \\ y \\ z \end{pmatrix}$$

Vector columna que define el desplazamiento de un punto ($x$, $y$, $z$) desde el origen de un sistema de coordenadas cartesianas.

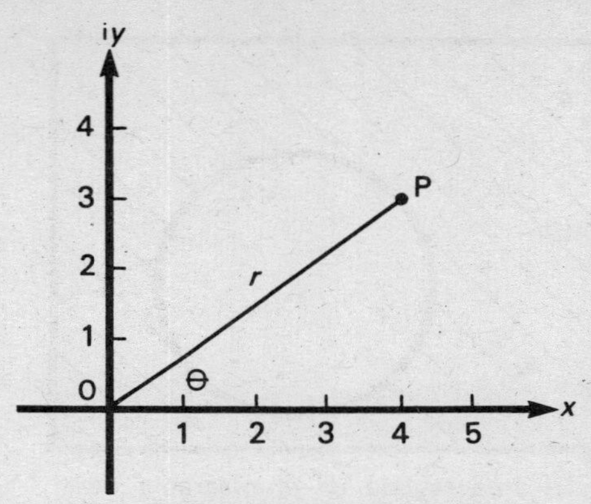


El punto P(4, 3) en un diagrama de Argand representa el número complejo $z = 4 + 3i$. En forma polar es $z = r(\cos\theta + i\,\text{sen}\,\theta)$.

ción. En tal caso, las ecuaciones aquí son $x = -2 + i\sqrt{2}$ y $x = -2 - i\sqrt{2}$. La parte real es $-2$ y la parte imaginaria es $+i\sqrt{2}$ o $-i\sqrt{2}$.

Los números complejos suelen representarse en un *diagrama de Argand*, que se parece a un gráfico en coordenadas cartesianas pero en el cual el eje horizontal representa la parte real del número y el vertical la parte imaginaria. Todo número complejo puede entonces escribirse en función de un ángulo $\theta$, igual que las coordenadas cartesianas pueden transformarse en polares. Así pues, $r(\cos\theta + i\,\text{sen}\theta)$ es equivalente a $x + iy$, con $x = r\cos\theta$ y $y = r\,\text{sen}\theta$. $r$ es el módulo del número complejo y $\theta$ es el argumento (o amplitud). También se puede escribir el número complejo en forma exponencial, $r = e^{i\theta}$.

**complementaria, memoria** *Véase* memoria, cinta magnética, disco.

**complementarios, ángulos** Son dos ángulos que suman un recto (90° ó $\pi/2$ radianes). *Compárese* con ángulos suplementarios.

**complemento** Conjunto de los elementos que no están en un conjunto dado. Si el conjunto es $A = \{1, 2, 3\}$ y el conjunto universal es el de los números naturales, el complemento, que se escribe $A'$, es $\{4, 5, 6, \ldots\}$. *Véase* diagrama de Venn.

**completación del cuadrado** Manera de resolver ecuaciones de segundo grado dividiendo ambos miembros por el coeficiente del término cuadrático y añadiendo una constante de modo que la ecuación pueda expresarse como cuadrado de otra expresión. Por ejemplo, para resolver $3x^2 + 6x + 2 = 0$:

$$x^2 + 2x + 2/3 + 0$$
$$(x + 1)^2 - 1 + 2/3 = 0$$
$$x + 1 = +\sqrt{(1/3)} \text{ ó } -\sqrt{(1/3)}$$
$$x = -1 + \sqrt{(1/3)} \text{ ó } x = -1 - 1/3$$

*Véase también* ecuación cuadrática.

**componentes, fuerzas** *Véase* vectores componentes.

**componentes, vectores** Las componentes de un vector dado (tal como una fuerza o una velocidad) son dos o más vectores que tienen igual efecto que dicho vector. Es decir, que el vector dado es la resultante de las componentes. To-

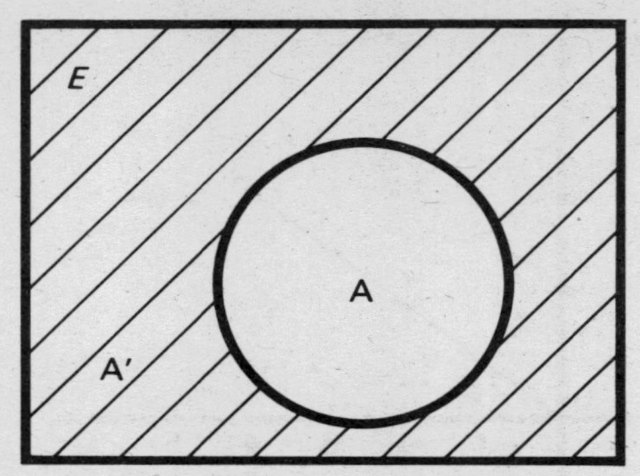


El área rayada en el diagrama de Venn es el complemento A' del conjunto A.

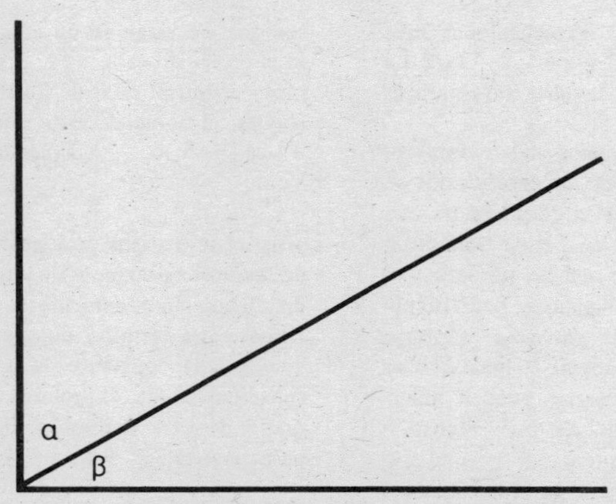


Angulos complementarios: $\alpha + \beta = 90°$

do vector tiene un conjunto infinito de componentes. Algunos se emplean más que otros en un caso determinado, sobre todo pares de componentes perpendiculares. La componente de un vector dado (V) en una dirección dada es la proyección del vector sobre esa dirección, o sea $V\cos\theta$ siendo $\theta$ el ángulo del vector con la dirección. *Véase* vector.

**componentes, velocidades** *Véase* vectores componentes.

**compresión** Fuerza que tiende a comprimir un cuerpo (por ejemplo una barra) en una dirección. La compresión actúa en sentido opuesto a la tensión.

**compuesta, proposición** *Véase* proposición.

**compuesto, interés** Es el interés que produce un capital cuando el interés de cada período se agrega al capital original a medida que se va produciendo. Así que el capital, y por tanto el interés que rinde, aumentan año por año. Si $P$ es el capital (la cuantía original de dinero invertido), $R$ por ciento la tasa anual de interés y $n$ el número de períodos de imposición, entonces el interés compuesto es

$$P(1 + R/100)^n$$

†Esta fórmula es una progresión geométrica cuyo primer término es $P$ (cuando $n = 0$) y cuya razón o cociente común es $(1 + R/100)$.

**compuesto, número** Entero que tiene más de un factor primo. Por ejemplo, $4 (= 2 \times 2)$, $6 (= 2 \times 3)$, $10 (= 2 \times 5)$ son números compuestos. Los números primos y $+1$ y $-1$ no son compuestos.

**computador** *Véase* ordenador.

**común, cociente** Es la razón constante entre los términos sucesivos de una progresión geométrica o de una serie geométrica.

**común, denominador** Número entero que es múltiplo común de los denominadores de dos o más fracciones. Por ejemplo, 6 y 12 son denominadores comunes de 1/2 y 1/3. El *mínimo común denominador* (MCD) es el menor número que sea múltiplo común de los denominadores de dos o más fracciones. Por ejemplo, el MCD de 1/2, 1/3 y 1/4 es 12. Cuando se van a sumar o restar fracciones se expresan con su MCD:
$1/2 + 1/3 + 1/4 = 6/12 + 4/12 + 3/12 = 13/12$

**común, diferencia** Es la diferencia constante entre dos términos sucesivos de una progresión aritmética o de una serie aritmética.

**común factor** 1. Número entero que divide exactamente a dos o más números dados. Por ejemplo, 7 es factor común de 14, 49 y 84. Como 7 es el número más grande que divide a los tres exactamente, es el *máximo factor común*. *Véase también* factor, factor primo.
2. Número o variable por el cual están multiplicadas varias partes de una expresión. Por ejemplo, en $4x^2 + 4y^2$, 4 es un factor común de $x^2$ y de $y^2$; y por la ley distributiva de la multiplicación respecto de la adición,

$$4x^2 + 4y^2 = 4(x^2 + y^2).$$

**común, múltiplo** Entero que es múltiplo de varios números. Por ejemplo, 100 es múltiplo común de 5, 25 y 50. El *mínimo común múltiplo* (MCM) de varios números es el número más pequeño que sea múltiplo común de ellos; en este caso es 50.

**común, tangente** Recta tangente a dos o más curvas. También se utiliza el término para referirse a la longitud del segmento que une dos puntos de tangencia.

**cóncava** Curvada hacia adentro. Por ejemplo, la superficie interna de una esfera hueca es cóncava. Análogamente en dos dimensiones, el borde interno de la circunferencia de un círculo es cóncavo. *Polígono cóncavo* es un polígono que tiene uno o más ángulos internos superiores a 180°. *Compárese* con convexa.

**concéntricos** Son dos círculos o dos esferas que tienen el mismo centro. Por ejemplo, una esfera hueca consiste en dos superficies esféricas concéntricas. *Compárese* con excéntricos.

**condición** En lógica, es una proposición o enunciado $P$ que tiene que ser verdadero para que otra proposición $Q$ sea verdadera. Si $P$ es una *condición necesaria*, entonces $Q$ no podría ser verdadera sin serlo $P$. Si $P$ es una *condición suficiente*, entonces siempre que $P$ sea verdadera también $Q$ será verdadera, pero no al contrario. Por ejemplo, para que un cuadrilátero sea rectángulo debe

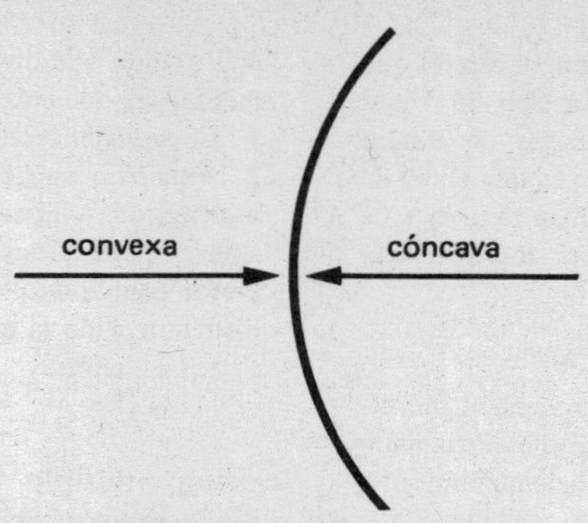


Curvatura cóncava y convexa

cumplir la condición necesaria de que dos de sus lados sean paralelos, pero ello no es condición suficiente. Una condición suficiente para que un cuadrilátero sea rombo, es que todos sus lados tengan una longitud de 5 cm, pero esta no es condición necesaria. Para que un rectángulo sea cuadrado, es condición necesaria y suficiente que todos sus lados sean iguales.

En términos formales, si $P$ es una condición necesaria de $Q$, entonces $Q \rightarrow P$. Si $P$ es una condición suficiente, entonces $P \rightarrow Q$. Si $P$ es condición necesaria y suficiente de $Q$, entonces $P \equiv Q$. *Véase también* bicondicional, implicación, lógica simbólica.

**condicional** (enunciado condicional, proposición condicional) Todo enunciado del tipo *si. . .entonces. . .* *Véase* implicación.

**condicional, convergencia** †*Véase* convergencia absoluta.

**condicional, ecuación** *Véase* ecuación.

**condicional, probabilidad** *Véase* probabilidad.

**conexidad** Número de cortes necesarios para separar una figura en dos partes. Por ejemplo, un rectángulo, un círculo y una esfera son de conexidad uno. Un disco plano con un agujero o un toro tienen conexidad dos. *Véase también* topología.

**confianza, intervalo de** †Intervalo del cual se espera, con un grado de confianza previamente fijado, que contenga el valor de un parámetro que se está estimando. Por ejemplo, en un experimento binomial, el intervalo de confianza del $\alpha\%$ de que la probabilidad de éxito $p$ quede entre $P - a$ y $P + a$, donde

$$a = z\sqrt{P(1-P)/N}$$

$N$ es el tamaño de la muestra, $P$ la proporción de éxitos en la muestra y $z$ viene dado en una tabla de áreas bajo la curva normal típica. $P$ quedará dentro de este intervalo $\alpha$ veces de cada 100.

**conforme, representación** †Transformación geométrica que no modifica los ángulos de intersección entre rectas o curvas. Por ejemplo, la proyección de Mercator es una representación conforme en la cual todo ángulo entre una línea de la superficie esférica y una línea de latitud o de longitud serán los mismos sobre el mapa.

**conformes, matrices** *Véase* matriz.

**congruencia** Es el estado de ser congruentes dos cosas.

**congruentes** Figuras idénticas en tamaño y forma. Dos figuras planas congruentes pueden hacerse coincidir por un movimiento que no les altere el tamaño. Dos círculos son congruentes si tienen el mismo radio. La condición para que dos triángulos sean congruentes es:

(1) Que dos lados y el ángulo que forman en uno de ellos sean iguales a los dos lados y el ángulo que forman en el otro. O bien:

(2) Que dos ángulos y el lado adyacente en uno de ellos sean iguales a los dos ángulos y el lado adyacente en el otro. O bien:

(3) Que los tres lados del uno sean iguales a los tres lados del otro.

†En geometría del espacio, dos figuras son congruentes si se pueden hacer coincidir en el espacio.

A veces se emplea la expresión *directamente congruentes* para describir figuras idénticas; figuras *indirectamente congruentes* son las simétricas entre sí. *Compárese* con semejantes.

**cónica** Curva plana definida de tal modo que todos los puntos de la curva disten de un punto fijo (el *foco*) y de una recta fija (la *directriz*), distancias que estén en una razón constante, la cual se llama *excentricidad* de la cónica, $e$; o sea que la excentricidad es la distancia de cada punto de la curva al foco dividida por la distancia del punto a la directriz.

El tipo de cónica depende del valor de $e$; si $e$ es menor que 1, es una elipse; si $e$ es igual a 1 es una parábola y si $e$ es mayor que 1 es una hipérbola.

La definición original de las cónicas se hacía por secciones planas de una superficie cónica —de ahí el nombre de *secciones cónicas*. En una superficie cónica de ángulo en el vértice $2\theta$, la sección por un plano que forme el ángulo $\theta$ con el eje del cono (por lo tanto paralelo a la generatriz del cono) es una parábola. Una sección por un plano que forme ángulo mayor que $\theta$ con el eje es una elipse, y una sección por un plano que forme ángulo menor que $\theta$ con el eje es una hipérbola, y como este plano corta a ambos mantos del cono, la hipérbola tiene dos ramas.

†Hay varias maneras de escribir la ecuación de una cónica. En coordenadas cartesianas:

$$(1 - e^2)x^2 + 2e^2qx + y^2 = e^2q$$

donde el foco está en el origen y la directriz es la recta $x = q$ (paralela al eje $y$ a una distancia $q$ del origen). La ecuación general de una cónica (o sea la *cónica general*) es:

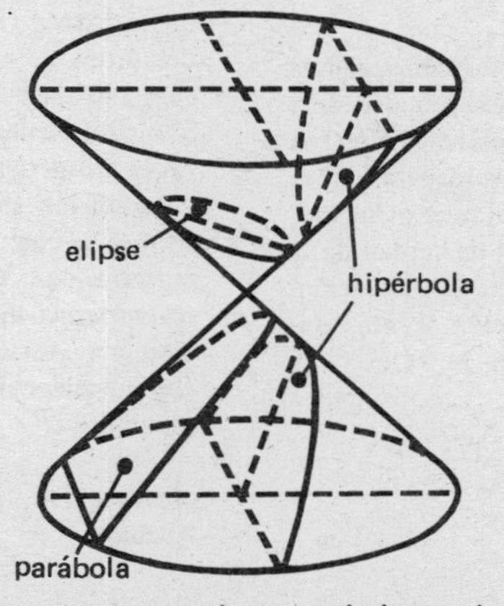


Las tres secciones cónicas: la elipse, la hipérbola y la parábola.

$ax^2 + bxy + cy^2 + dx + ey + f = 0$ siendo $a$, $b$, $c$, $d$, $e$ y $f$ constantes ($e$ no es aquí la excentricidad). Esta ecuación incluye casos degenerados (cónicas degeneradas): un punto, una recta o un par de rectas concurrentes. Un punto, por ejemplo, es una sección por el vértice de la superficie cónica. Un par de rectas que se cortan es una sección por el eje de la superficie. La tangente a la cónica general en el punto $(x_1, y_1)$ es:
$ax_1x + b(xy_1 + x_1y) + cy_1y + d(x + x_1) + e(y + y_1) + f = 0$
*Véase también* elipse, hipérbola, parábola.

**cónica, hélice** *Véase* hélice.

**cónica, proyección** †*Véase* proyección central.

**cónica, sección** *Véase* cónica.

**cónica, superficie** *Véase* cono.

**conjugadas, hipérbolas** †*Véase* hipérbola.

**conjugados, números complejos** †Son dos números complejos de la forma $x + \mathrm{i}y$ y $x - \mathrm{i}y$, que, multiplicados, dan un producto real, $x^2 + y^2$. Si el número es $z = x + \mathrm{i}y$, el complejo conjugado de $z$ es $z^* = x - \mathrm{i}y$.

**conjunción** Símbolo: $\wedge$ En lógica, es la relación *y* entre dos o más proposiciones o enunciados. La conjunción de $P$ y $Q$ es verdadera cuando $P$ es verdadera y $Q$ es verdadera, y falsa en cualquier otro caso. La definición por tabla de verdad de la conjunción se indica en la ilustración. *Compárese* con disyunción. *Véase también* tablas de verdad.

| P | Q | P ∧ Q |
|---|---|---|
| V | V | V |
| V | F | F |
| F | V | F |
| F | F | F |

conjunción

**conjunto** Es toda colección de elementos que pertenecen a una categoría bien definida. Por ejemplo, 'perro' es un miembro o *elemento* del conjunto de 'tipos de animal de cuatro patas'. El conjunto de 'días de la semana' tiene siete elementos. En notación conjuntista, esto se escribiría $n\{$lunes, martes, $\ldots\} = 7$. Este tipo de conjunto es un *conjunto finito*. Ciertos conjuntos tales como el de los números naturales $N = \{1, 2, 3, \ldots\}$ tienen un número infinito de elementos. Un segmento de recta también es un *conjunto infinito* de puntos. Otra manera de escribir un conjunto de números es mediante su definición algebraica. El conjunto de todos los números entre 0 y 10 se podría escribir $\{x: 0 < x < 10\}$. Es decir, todos los valores de una variable, $x$, tales que $x$ es mayor que cero y menor que diez. *Véase también* diagramas de Venn.

**conmensurable** Que se puede medir de la misma manera y con las mismas unidades. Por ejemplo, una regla de 30 centímetros es conmensurable con una longitud de cuerda de 1 metro, porque ambas se pueden medir en centímetros. Pero ninguna de ellas es conmensurable con un área.

**conmutativa** Operación independiente del orden de combinación. Una operación binaria * es conmutativa si $a*b = b*a$ para cualesquiera valores de $a$ y $b$. En la aritmética usual, la multiplicación y la adición son operaciones conmutativas, a lo cual se llama a veces *ley conmutativa de la multiplicación* y *ley conmutativa de la adición*. La sustracción y la división no son operaciones conmutativas. *Véase también* asociativa, distributiva.

**conmutativo, grupo** †*Véase* grupo Abeliano.

**cono** Sólido definido por una curva plana cerrada (que forma la base) y un

punto exterior al plano de la misma (el vértice). Un segmento que vaya del vértice a un punto de la curva plana genera una superficie lateral curva a medida que el punto se mueve en torno a la curva plana. La curva es la *directriz* del cono y el segmento es la *generatriz* del mismo. Todo segmento del vértice a la directriz es un *elemento* del cono.
Si la directriz es un círculo, el cono es *circular*. Si el eje es perpendicular a la base del cono, se trata de un *cono recto*; si no, el cono es *oblicuo*. El volumen de un cono es un tercio del área de la base multiplicada por la altura (perpendicular del vértice a la base). Para un cono circular recto

$$V = \pi r^2 h/3$$

donde $r$ es el radio de la base y $h$ la altura. El área de la superficie curva (lateral) de un cono circular recto es $\pi rs$, donde $s$ es la longitud de una generatriz.
†Si se emplea una recta prolongada para generar la superficie curva (es decir, prolongada más allá de la directriz y del vértice) se produce una superficie extendida con dos partes o *mantos* de cada lado del vértice. Esta es propiamente hablando la llamada *superficie cónica*.

**consecuente** En lógica, es la segunda parte de un enunciado condicional; una proposición o enunciado de la cual se dice que se sigue de otra o es implicada por otra. Por ejemplo, en el enunciado 'si Juan es feliz entonces Pedro es feliz' 'Pedro es feliz' es el consecuente. *Compárese* con antecedente. *Véase también* implicación.

**conservación, ley de** Ley que enuncia que el valor total de cierta cantidad física se conserva (es decir, permanece constante) a través de cualesquiera cambios en un sistema cerrado. Las leyes de conservación que se aplican en mecánica son las leyes de constancia de masa, constancia de energía, de cantidad de movimiento constante y de momento angular constante.

**conservación de la cantidad de movimiento, ley de la** *Véase* cantidad de movimiento constante, ley de la.

**conservación de la energía, ley de** † *Véase* energía constante, ley de la.

**conservación de la masa, ley de** *Véase* ley de la masa constante.

**conservación de la masa y la energía** Es la ley según la cual la energía total (energía de la masa en reposo + energía cinética + energía potencial) de un sistema cerrado es constante. En la mayoría de las interacciones químicas y físicas la variación de masa es demasiado pequeña por ser apreciable, de modo que la energía medible de la masa en reposo no cambia (se la considera 'positiva'). La ley, entonces, se reduce a la clásica ley de *conservación de la energía*. En la práctica, la inclusión de la masa en el cálculo solamente es necesaria en el caso de cambios nucleares o de sistemas en que intervienen velocidades muy elevadas. *Véase también* ecuación de la masa-energía, masa en reposo.

**conservación del momento angular, ley de** † *Véase* ley del momento angular constante.

**conservativa, fuerza** †Fuerza tal que si se mueve un objeto entre dos puntos, la transferencia de energía (trabajo efectuado) no depende del camino entre los puntos. Entonces debe ser verdad que si una fuerza conservativa mueve un objeto en una trayectoria cerrada (volviendo al punto de partida), la transferencia de energía es cero. La gravitación es un ejemplo de fuerza conservativa; el rozamiento es una fuerza no conservativa.

**conservativo, campo** †Campo tal que el trabajo efectuado al moverse un objeto entre dos puntos del campo sea independiente de la trayectoria seguida. *Véase también* fuerza conservativa.

**constante** Cantidad que no cambia de valor en una relación general entre variables. Por ejemplo, en la ecuación $y = 2x + 3$, donde $x$ y $y$ son variables, los números 2 y 3 son constantes. En este caso son *constantes absolutas*, pues nunca varían. A veces una constante puede tomar diversos valores en diferentes aplicaciones de una misma fórmula general. En la ecuación general de segundo grado

$$ax^2 + bx + c = 0$$

$a$, $b$ y $c$ son constantes *arbitrarias* porque no se les ha fijado ningún valor. En una integral indefinida se incluye una constante arbitraria (la *constante de integración*) porque para una función $f(x)$ la integral con respecto a $x$ tiene la forma

$$\int f(x)dx + c$$

donde el valor de la constante $c$ depende de los límites elegidos. *Véase también* integral indefinida.

**constante, ley de la cantidad de movimiento** Es el principio según el cual la cantidad de movimiento total de un sistema no puede variar a menos que actúe una fuerza exterior neta.

**constante, ley de la energía** (ley de la conservación de la energía) Es el principio de que la energía total de un sistema no puede variar a menos que reciba energía del exterior o la ceda al exterior. *Véase también* masa-energía.

**constante, ley de la masa** (ley de conservación de la masa) Es el principio según el cual la masa total de un sistema no varía a menos que se tome masa del exterior o se ceda al exterior. *Véase también* ecuación de la masa-energía.

**constante, ley del momento angular** (ley de conservación del momento angular). Es el principio de que el momento angular total de un sistema no puede variar a menos que actúe un par exterior neto sobre el sistema. *Véase también* ley de la cantidad de movimiento constante.

**contacto, punto de** Punto único en el cual se encuentran dos curvas o dos superficies curvas. Sólo hay un punto de contacto entre la circunferencia y la tangente a ella. Dos esferas tienen sólo un punto de contacto.

**continua, función** Función que no experimenta variaciones bruscas de valor al aumentar o disminuir la variable en forma continua. †Más precisamente, una función $f(x)$ es continua en un punto $x = a$ si el límite de $f(x)$ al tender $x$ a $a$ es $f(a)$. Cuando una función no cumple esta condición en un punto, se dice *discontinua* en dicho punto, o que tiene una *discontinuidad* en él. Por ejemplo, $\tan\theta$ tiene discontinuidades en $\theta = \pi/2$, $3\pi/2$, $5\pi/2, \ldots$ Una función es continua en un intervalo si no hay puntos de discontinuidad en dicho intervalo.

**contorno, condiciones de** †Dada una ecuación diferencial, son los valores de las variables en un punto o la información sobre su relación en ese punto que permiten determinar las constantes arbitrarias de la solución. Por ejemplo, la ecuación

$$d^2y/dx^2 + 4dy/dx + 3y = 0$$

tiene por solución general

$$y = Ae^{-x} + Be^{-3x}$$

donde $A$ y $B$ son constantes arbitrarias. Si las condiciones de contorno son $y = 1$ en $x = 0$ y $dy/dx = 3$ en $x = 0$, sustituyendo la primera condición se obtiene $B = 1 - A$. Derivando la solución general se tiene

$$dy/dx = -Ae^{-x} - 3Be^{-3x}$$

y sustituyendo la segunda condición de contorno se tiene entonces

$$3 = -A - 3B = 2A - 3$$

Esto es, $A = 3$ y $B = -2$. *Véase también* ecuación diferencial.

**contradicción** En lógica, una proposición, enunciado o frase que afirma algo y lo niega. Es una forma de palabras o símbolos que no puede ser verdadera; por ejemplo, 'si puedo leer el libro entonces yo no puedo leer el libro' y 'él viene y él no viene'. *Compárese* con tautología. *Véase también* lógica.

**contradicción, principio de** *Véase* principios del razonamiento.

**contrarrecíproca** En lógica, enunciado o proposición en la cual se invierten y se niegan el antecedente y el consecuente de una condicional. La contrarrecíproca de $A \rightarrow B$ es $\sim B \rightarrow \sim A$ (no B implica no A) y los dos enunciados son lógicamente equivalentes. *Véase* implicación. *Véase también* bicondicional.

**contrarreloj** Que gira en sentido contrario al movimiento de las manecillas de un reloj. *Véase* reloj, sentido del.

**control, unidad de** *Véase* unidad central de proceso.

**convergente, serie** Serie en la cual la suma de los términos después del $n$-ésimo término se hace más pequeña al aumentar $n$. Por ejemplo:

$Sn = 1 + 1/2 + 1/4 + 1/8 + \ldots + 1/2^n \ldots$

es una serie convergente. Para cada serie convergente hay una suma infinita que es el límite de la suma de $n$ términos al tender $n$ a infinito. En este caso la suma infinita es 2. *Compárese* con serie divergente. *Véase también* sucesión convergente, serie geométrica, serie.

**convergente, sucesión** Sucesión en la cual la diferencia entre cada término y el siguiente se hace menor cada vez; es decir, que la diferencia entre el término $n$-ésimo y el término $(n + 1)$-ésimo decrece al aumentar $n$. Por ejemplo, $\{1, 1/2, 1/4, 1/8, \ldots\}$ es una sucesión convergente, pero $\{1, 2, 4, 8, \ldots\}$ no lo es. Una sucesión convergente tiene un límite –un valor hacia el cual tiende el $n$-ésimo término al hacerse $n$ infinitamente grande. En el primer ejemplo dado, el límite es 0. *Compárese* con sucesión divergente. *Véase también* serie convergente, sucesión geométrica, serie.

**conversión, factor de** La relación de una medida en un conjunto de unidades a su valor numérico equivalente en otro conjunto de unidades. Por ejemplo, el factor de conversión de pulgadas a centímetros es 2,54 porque 1 pulgada = 2,54 centímetros.

**conversión, gráfico de** Gráfico que indica una relación entre dos cantidades variables. Si se conoce una cantidad, el valor correspondiente de la otra se puede leer directamente del gráfico. Por ejemplo, la presión del aire depende de la altitud sobre el nivel del mar. Puede trazarse una curva típica de la altitud respecto de la presión del aire en un gráfico. Una medida de presión del aire puede convertirse en una indicación de altitud leyendo el valor apropiado en el gráfico.

**convexa** Curvada hacia afuera. Por ejemplo, la superficie externa de una esfera es convexa. Análogamente, en dos dimensiones, la parte exterior de un círculo es su lado convexo. Un polígono *convexo* es el que no tiene ningún ángulo interior mayor que 180°. *Compárese* con cóncava.

**coordenadas** Números que definen la posición de un punto o de un conjunto de puntos. Un punto fijo, llamado *origen*, y rectas fijas, llamadas *ejes*, se utilizan como referencia. Por ejemplo, una recta horizontal y una recta vertical trazadas en una hoja podrían definirse como eje $x$ y eje $y$ respectivamente y tomar como origen el punto en que se crucen ($O$). A todo punto de la hoja puede entonces asignársele dos números –su distancia desde $O$ a lo largo del eje $x$ de izquierda a derecha, y su distancia desde $O$ hacia arriba en la dirección del eje $y$. Estos dos números serían las coordenadas $x$ y $y$ del punto. Este tipo de

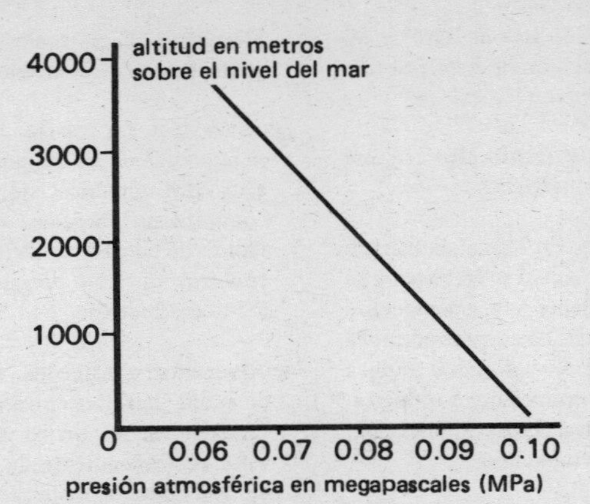


Gráfico de conversión para averiguar la altitud a partir de medidas de la presión atmosférica. (Presión atmosférica normal al nivel del mar: 1,01325 millones de pascales.)

sistema de coordenadas es el llamado sistema de coordenadas cartesianas rectangulares. Puede tener dos ejes, como en una superficie plana, por ejemplo un mapa, o tres ejes cuando también haya que especificar profundidad o altura. Otro tipo de sistema de coordenadas (coordenadas polares) expresa la posición de un punto mediante una distancia radial desde el origen (el *polo*) con su dirección expresada como un ángulo o ángulos (positivos cuando van en sentido contrario al de las manecillas del reloj), entre el radio y un eje fijo (el *eje polar*). *Véase también* coordenadas cartesianas, coordenadas polares.

**coplanarias, fuerzas** †Fuerzas que están en un mismo plano. Si sólo actúan dos fuerzas en un punto, son coplanarias. Lo mismo sucede con dos fuerzas paralelas. Pero las fuerzas no paralelas que no actúan en un punto no pueden ser coplanarias. Tres o más fuerzas no paralelas que actúan en un punto pueden no ser coplanarias. Si un conjunto de fuerzas coplanarias actúa sobre un cuerpo, su suma algebraica debe ser cero (es decir, la resultante en una dirección debe ser igual a la resultante en la dirección opuesta). En la adición no debe haber par que actúe sobre el cuerpo (el momento de las fuerzas en torno a un punto debe ser cero).

**coplanarios** Que están en un mismo plano. Todo conjunto de tres puntos, por ejemplo, puede llamarse de puntos coplanarios porque existe un plano en el cual están todos. Análogamente, dos vectores son coplanarios si hay un plano que los contenga.

**Coriolis, fuerza de** †Fuerza 'ficticia' utilizada para describir el movimiento de un objeto en un sistema en rotación. Por ejemplo, el aire que se mueve de norte a sur sobre la superficie de la Tierra, para un observador exterior a la Tierra se estaría moviendo en línea recta. Para un observador sobre la Tierra, la trayectoria aparecería curvada, pues la Tierra gira. Tales sistemas pueden describirse introduciendo una 'fuerza' tangencial de Coriolis. La idea es utilizada en meteorología para explicar la dirección de los vientos.

**corona** Es la región entre dos círculos concéntricos. El área de la corona es $\pi(R^2 - r^2)$, donde R es el radio del círculo mayor y $r$ el del círculo menor.

**correlación, coeficiente de** †Medida del grado hasta donde existe una relación lineal entre dos variables $x$ y $y$. Dado un conjunto de datos $(x_1,y_1)$, $(x_2,y_2)$, ... $(x_n,y_n)$ el coeficiente de correlación $r_{xy}$ es igual a la covarianza de $x$ y $y$ dividida por (desviación típica de $x$ multiplicada por desviación típica de $y$). Es $S_{xy}/S_xS_y$. Si el módulo de $r$ es próximo a uno, $x$ y $y$ están altamente correlacionados y una gráfica de $y$ con respecto a $x$ indica que los puntos $(x_1,y_1)$, $(x_2,y_2)$, ... $(x_n,y_n)$ están casi sobre una recta. Si $r$ es positivo, $x$ y $y$ se dicen correlacionadas positivamente, es decir, que al aumentar $x$, $y$ aumenta. Si $r$ es negativo, se dice que la correlación es inversa; al aumentar $x$ disminuye $y$. *Véase también,* covarianza, rango.

**correspondencia** *Véase* función.

**cos** *Véase* coseno.

**cosecante** (cosec) †Función trigonométrica de un ángulo igual al inverso de su seno; es decir, $\text{cosec}\alpha = 1/\text{sen}\alpha$. *Véase también* trigonometría.

**cosech** †Cosecante hiperbólica. *Véase* funciones hiperbólicas.

**coseno** (cos) Función trigonométrica de un ángulo. El coseno de un ángulo $\alpha$ ($\cos\alpha$) en un triángulo rectángulo es el cociente del lado adyacente al ángulo por la hipotenusa. Esta definición sólo se aplica a ángulos entre 0° y 90° (0 y $\pi/2$ radianes). †En general, en coordenadas cartesianas rectangulares, la coordenada $x$ de un punto de la circunferencia de un círculo de radio $r$ con centro en el origen es $r\cos\alpha$, siendo $\alpha$ el ángulo que forma el radio de ese punto con el eje $x$. Es decir, el coseno es la componente horizontal de un punto de un círculo. Cos$\alpha$ varía periódicamente igual que sen$\alpha$, pero adelantado en 90°. O sea que $\cos\alpha$ es 1 cuando $\alpha$ es 0°, baja a cero cuando $\alpha = 90°$ ($\pi/2$) y luego a $-1$ cuando $\alpha = 180°$ ($\pi$), volviendo a cero para $\alpha = 270°$ ($3\pi/2$) y luego a $+1$ nuevamente para $\alpha = 360°$ ($2\pi$). Este ciclo se repite a cada vuelta completa. La función coseno tiene las propiedades siguientes:

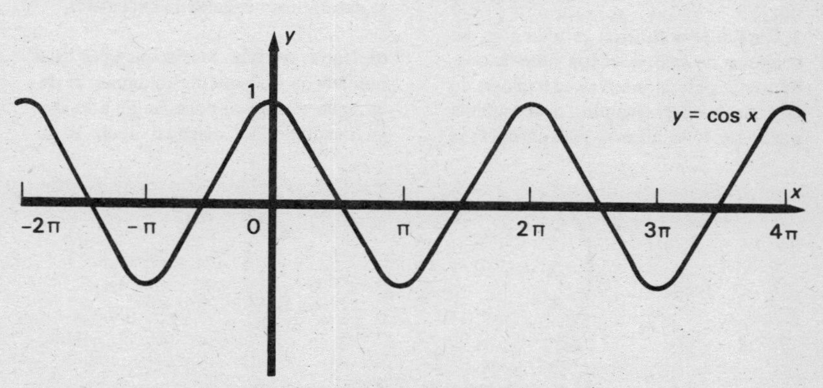


Gráfico de $y = \cos x$ con $x$ en radianes

$\cos\alpha = \cos(\alpha + 360°) = \text{sen}(\alpha + 90°)$
$\cos\alpha = \cos(-\alpha)$
$\cos(90° + \alpha) + -\cos\alpha$
La función coseno también se puede definir por una serie infinita. En el intervalo de + 1 a −1:
$\cos x = 1 - x^2/2! + x^4/4! - x^6/6! + \ldots$

**coseno, teorema del** †En todo triángulo, si $a$, $b$ y $c$ son los lados y $\gamma$ el ángulo opuesto al lado $c$, entonces

$$c^2 = a^2 + b^2 - 2ab\cos\gamma$$

**cosh** †Coseno hiperbólico. *Véase* funciones hiperbólicas.

**cot** †*Véase* cotangente.

**cota** 1. En un conjunto de números, es un valor más allá del cual no hay elementos del conjunto. Una *cota inferior* es menor o igual que todo número del conjunto. Una *cota superior* es mayor o igual que todo número del conjunto. La *mínima cota superior* (*extremo superior*) es el menor número que es mayor o igual que todo número del conjunto; y la *máxima cota inferior* (o *extremo inferior*) es el mayor número que es menor o igual que todo número del conjunto. Por ejemplo, el conjunto {0,6, 0,66, 0,666, ...} tiene como extremo superior 2/3.
2. Cota de una función es toda cota del conjunto de valores que la función puede tomar para el intervalo de valores de la variable. Por ejemplo, si la variable puede ser todo número real, entonces la función $f(x) = x^2$ tiene una cota inferior 0.

**cotangente** (cotan) †Función trigonométrica de un ángulo igual al inverso de su tangente (esto es, $\text{cotan}\alpha = 1/\tan\alpha$. *Véase también* trigonometría.

**coth** †Cotangente hiperbólica. *Véase* funciones hiperbólicas.

**coulomb** Símbolo: C Es la unidad SI de carga eléctrica, igual a la carga transportada por una corriente eléctrica de 1 amperio en 1 segundo. 1 C = 1 A s.

**covarianza** Estadígrafo que mide la asociación entre dos variables. Si, para $x$ y $y$ hay $n$ pares de valores $(x_i, y_i)$, la covarianza se define por

$$[1/(n-1)]\Sigma(x_i - x')(y_i - y')$$

donde $x'$ y $y'$ son los valores medios.

**CPU** *Véase* procesador central.

**crítico, amortiguamiento** †*Véase* amortiguamiento.

**crítico, camino** Sucesión de operaciones que se deben seguir para completar un proceso complicado, una tarea, etc., en un tiempo mínimo. Por lo general, se determina mediante un ordenador.

**cuadrada, matriz** Matriz que tiene igual número de filas que de columnas, es decir, que es una disposición de números en cuadrado. La diagonal desde la iz-

$$\begin{pmatrix} 1 & 2 & 4 \\ 3 & 5 & 11 \\ 4 & 8 & 9 \end{pmatrix}$$

Matriz cuadrada 3 × 3. La suma de los elementos de la diagonal principal es 1 + 5 + 9 = 15.

quierda superior a la derecha inferior de una matriz cuadrada se llama *diagonal principal*. La suma de los elementos de esta diagonal se llama *traza* de la matriz.

**cuadrado** 1. Segunda potencia de un número o variable. El cuadrado de $x$ es $x \times x = x^2$ ($x$ al cuadrado). El cuadrado de la raíz cuadrada de un número es igual a ese número.

2. En geometría, figura plana de cuatro lados iguales que forman ángulos rectos. Su área es el cuadrado de la longitud del lado. Un cuadrado tiene cuatro ejes de simetría –las dos diagonales, que son iguales y se cortan en su punto medio perpendicularmente, y las dos rectas que unen los puntos medios de los lados opuestos. Puede superponerse sobre sí mismo después de una rotación de 90°.

**cuadrante** 1. Una de las cuatro divisiones de un plano. En coordenadas cartesianas rectangulares, el primer cuadrante es la región a la derecha del eje $y$ y encima del eje $x$, es decir, donde $x$ y $y$ son positivas. El segundo cuadrante es la región a la izquierda del eje $y$ y encima del eje $x$, donde $x$ es negativa y $y$ positiva. El tercer cuadrante queda debajo del eje $x$ y a la izquierda del eje $y$ donde $x$ y $y$ son ambas negativas. El cuarto cuadrante queda debajo del eje $x$ y a la derecha del eje $y$, donde $x$ es positiva y $y$ es negativa. En coordenadas polares, los cuadrantes primero, segundo, tercero y cuarto quedan definidos cuando el ángulo de dirección $\theta$ es de 0° a 90° (0 a $\pi/2$); 90° a 180° ($\pi/2$ a $\pi$); 180° a 270° ($\pi$ a $3\pi/2$); y 270° a 360° ($3\pi/2$ a $2\pi$) respectivamente. *Véase también* coordenadas cartesianas, coordenadas polares.

2. Cuarto de círculo limitado por dos radios perpendiculares y un arco, cuarta parte de la circunferencia.

**cuadrática, ecuación** Ecuación polinomial en la cual la potencia más alta de la variable indeterminada es dos. La forma general de la ecuación cuadrática en la variable $x$ es

$$ax^2 + bx + c = 0$$

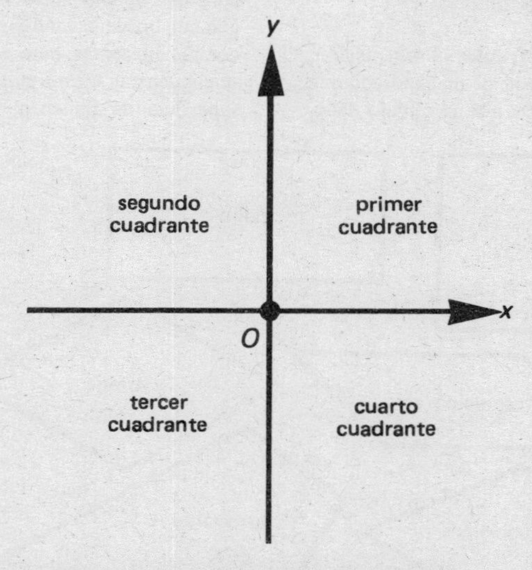


Los cuatro cuadrantes de un sistema bidimensional de coordenadas cartesianas.

donde $a$, $b$ y $c$ son constantes. También se acostumbra escribirla en la forma reducida

$$x^2 + bx/a + c/a = 0$$

En general, hay dos valores de $x$ que satisfacen a la ecuación. Estas soluciones (o raíces) vienen dadas por la fórmula

$$x = \left(-b \pm \sqrt{b^2 - 4ac}\right)/2a$$

La expresión $b^2 - 4ac$ se llama discriminante. Si es un número positivo, hay dos raíces reales. Si es cero, hay dos raíces reales e iguales. Si es negativo, no existen raíces reales. La gráfica en coordenadas cartesianas de una función cuadrática

$$y = ax^2 + bx + c$$

es una parábola, y los puntos en que cruza el eje $x$ son las soluciones de la ecuación

$$ax^2 + bx + c = 0$$

Si cruza el eje en dos puntos, hay dos soluciones o raíces reales. Si es tangente al eje en un punto, las raíces son iguales y si no cruza el eje no hay raíces reales. †En este último caso, en que el discriminante es negativo, las raíces son dos números complejos conjugados.
*Véase también* discriminante.

**cuadratura del círculo** Construcción, con regla y compás, de un cuadrado que tenga la misma área que un círculo dado. La solución es imposible ya que no existe longitud exacta del lado, que es un múltiplo del número trascendente $\sqrt{\pi}$.

**cuadrilátero** Figura plana de cuatro lados. Por ejemplo, los cuadrados, los romboides, los rombos y los trapecios son todos cuadriláteros. El cuadrado es un cuadrilátero regular.

**cuartil** †Cada uno de los tres puntos que dividen un conjunto de datos dispuestos en orden numérico en cuatro partes iguales. El primer cuartil $Q_1$, es el 25o. percentil ($P_{25}$). El segundo cuartil, $Q_2$ es la mediana ($P_{50}$). El tercer cuartil, $Q_3$ es el 75o. percentil ($P_{75}$). *Véase también* mediana, percentil.

**cuatro colores, problema de los** Problema de topología que se refiere a la división de la superficie de una esfera en regiones. El nombre viene de la operación de colorear mapas. Parece que al colorear un mapa no es necesario emplear más de cuatro colores para distinguir las regiones entre sí. Dos regiones con un borde común entre ellas exigen colores diferentes, pero dos regiones que se encuentran en un punto no. Sobre la superficie de un toro, solamente son

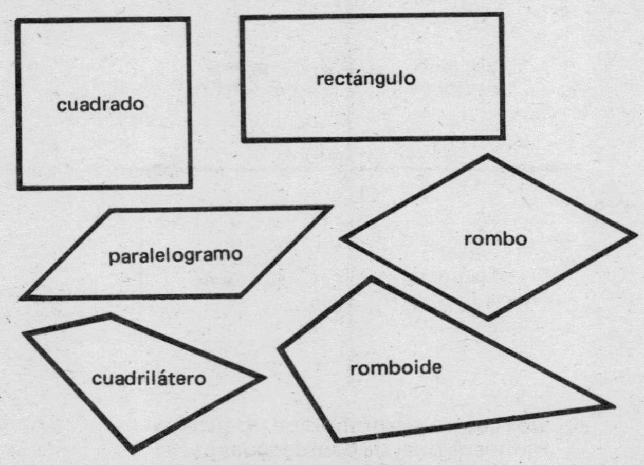


Seis ejemplos de cuadriláteros.

necesarios siete colores para distinguir las regiones.

**cúbica, ecuación** Ecuación polinomial en la cual la potencia más elevada de la variable indeterminada es tres. La forma general de la ecuación cúbica en una variable es

$$ax^3 + bx^2 + cx + d = 0$$

donde $a$, $b$, $c$ y $d$ son constantes. †Se acostumbra escribirla en forma reducida

$$x^3 + bx^2/a + cx/a + d/a = 0$$

En general, hay tres valores de $x$ que satisfacen a una ecuación cúbica. Por ejemplo,

$$2x^3 - 3x^2 - 5x + 6 = 0$$

puede descomponerse en factores así:

$$(2x + 3)(x - 1)(x - 2) = 0$$

y sus soluciones (o raíces) son, pues, $-3/2$, 1 y 2. En una gráfica en coordenadas cartesianas la curva

$$y = 2x^3 - 3x^2 - 5x + 6$$

cruza el eje $x$ en $x = -3/2$; $x = +1$ y $x = +2$.

**cúbica, raíz** Expresión cuya tercera potencia es igual a un número dado. La raíz cúbica de 27 es 3, puesto que $3^3 = 27$.

**cubo** 1. Tercera potencia de un número o variable. El cubo de $x$ es $x \times x \times x = x^3$ ($x$ al cubo).
2. En geometría, figura sólida que tiene seis caras cuadradas. El volumen de un cubo es $l^3$, siendo $l$ la longitud de una arista.

**cuerda** Segmento que une dos puntos de una curva, por ejemplo el que une dos puntos de la circunferencia de un círculo.

**cuerpo** †Conjunto de números que se pueden sumar, multiplicar, restar o dividir entre sí (salvo dividir por cero), dando por resultado un número que es elemento del mismo conjunto. Por ejemplo, el conjunto de los números racionales constituye un cuerpo.
Generalmente, un cuerpo puede definirse como un conjunto con dos operaciones: adición y multiplicación. Los elementos forman un grupo conmutativo respecto de la adición con 0 como elemento neutro. Si se excluye el 0, entonces forman un grupo conmutativo respecto de la multiplicación. Asimismo, se cumple para todos los elementos $a$, $b$ y $c$ la ley distributiva:

$$a(b + c) = ab + ac$$

*Véase también* grupo.

**curva** Conjunto de puntos que pueden unirse por una línea continua en un gráfico u otra superficie.

**curva** Conjunto de puntos que forman una línea continua. Por ejemplo, en una gráfica representada en coordenadas cartesianas, la curva de la ecuación $y = x^2$ es una parábola. Una superficie curva puede análogamente representar una función de dos variables en coordenadas tridimensionales.

**curvatura** Variación de la pendiente de la tangente a una curva con respecto a la distancia a lo largo de la curva. Para cada punto sobre una curva lisa, hay un círculo que tiene la misma tangente que la curva en dicho punto y la misma curvatura en ese punto. El radio de este círculo, llamado *radio de curvatura*, es el inverso de la curvatura, y su centro se llama *centro de curvatura*. †Si la gráfica de la función $y = f(x)$ es una curva continua, la pendiente de la tangente en un punto está dada por la derivada $dy/dx$ y la curvatura por:

$$d/dx[\arctan dy/dx]$$

**curvatura, centro de** *Véase* curvatura.

**curvatura, radio de** *Véase* curvatura.

**curvilínea, integral** †La integración de una función a lo largo de un camino dado, $C$, que puede ser un segmento de recta, una porción de curva alabeada o segmentos de varias curvas. La función se integra respecto de su vector local $\mathbf{r} = x\mathbf{i} + y\mathbf{j} + z\mathbf{k}$, que denota la posición de cada punto $P(x, y, z)$ sobre una curva $C$. Por ejemplo, la dirección y magnitud de un vector fuerza $\mathbf{F}$ que actúa sobre una partícula puede depender de la posición de la partícula en campo gravitacional o en campo magnético. El trabajo efectuado por la fuerza al mover la partícula una distancia dr es $\mathbf{F}\mathrm{dr}$. El trabajo total hecho al mover la partícula a lo largo de un camino dado desde el punto $P_1$ al punto $P_2$ es la integral curvilínea.

$$\int_{P_2}^{P_1} \mathbf{F}\mathrm{dr} = F_x\mathrm{d}x + F_y\mathrm{d}y + F_z\mathrm{d}z$$

**cúspide** 1. Punta aguda formada por una discontinuidad en una curva. Por ejemplo, dos semicírculos en contacto forman una cúspide en el punto donde se tocan.
2. Vértice de una pirámide o de un cono.

# D

**D, operador** †Es el operador diferencial $\mathrm{d}/\mathrm{d}x$. La derivada $\mathrm{d}f/\mathrm{d}x$ de una función $f(x)$ suele escribirse Df. Esta notación se emplea en la resolución de ecuaciones diferenciales. La segunda derivada $\mathrm{d}^2f/\mathrm{d}x^2$ se escribe $D^2f$, la tercera derivada, $\mathrm{d}^3f/\mathrm{d}x^3$ se escribe $D^3x$ y así sucesivamente. En cierto modo, el operador D puede tratarse como si fuera una cantidad algebraica ordinaria, si bien no tiene valor numérico. Por ejemplo, la ecuación diferencial
$\mathrm{d}^2y/\mathrm{d}x^2 + 2x\,\mathrm{d}y/\mathrm{d}x + \mathrm{d}y/\mathrm{d}x + 2xy = 0$
o bien
$D^2y + 2xDy + Dy + 2xy = 0$
puede descomponerse en factores:
$(D + 2x)(D + 1) = 0$ y entonces $(D + 2x)$

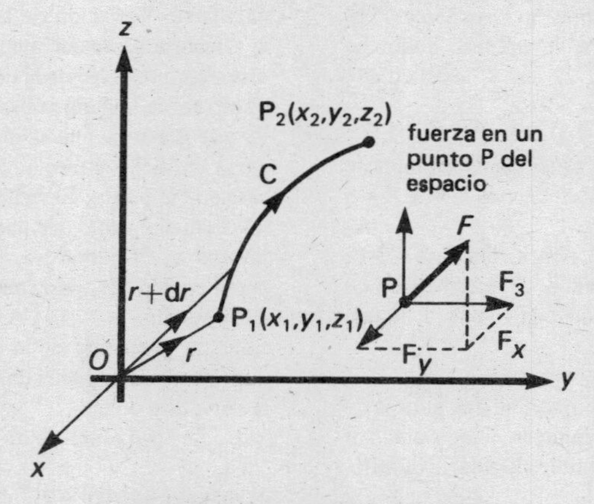


Integral curvilínea de un vector fuerza $F$ a lo largo de un camino C desde un punto $P_1$ a un punto $P_2$.

$$\int_{P_1}^{P_2} F.dr = \int_{x_1}^{x_2} F_x d + \int_{y_1}^{y_2} F_y\, dy + \int_{z_1}^{z_2} F_z dz$$

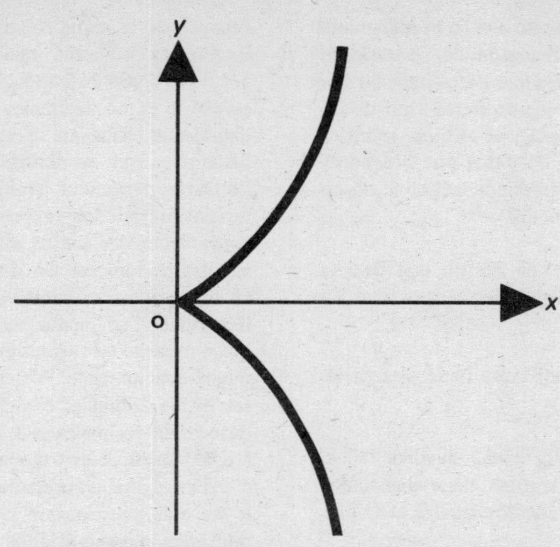


En este gráfico ocurre un punto cuspidal en el origen *o*.

opera sobre la función (D + 1). *Véase también* ecuaciones diferenciales.

**d'Alembert, criterio del cociente de** (criterio del cociente generalizado) †Método para averiguar si una serie es o no convergente. El valor absoluto del cociente de cada término por el anterior es:

$$|u_{n+1}/u_n|$$

Si el límite de este valor al tender $n$ a infinito es $l$ y este $l$ es menor que 1, entonces la serie es convergente. Si $l$ es mayor que 1, la serie es divergente. Si $l$ es igual a 1, el criterio no es concluyente y se debe utilizar otro método. *Véase también* límite.

**datos** Hechos que se refieren o describen un objeto o una idea, condición, situación, etc. En la informática, los datos pueden ser considerados como hechos sobre los cuales opera un programa frente a las instrucciones del programa. Sólo pueden ser aceptados y tratados por el ordenador si están en forma binaria. A veces, se consideran los datos como información numérica únicamente. *Véase también* programa.

**datos, banco de** Gran colección de datos organizados de un ordenador, de la cual pueden extraerse fácilmente trozos de información. *Véase también* base de datos.

**datos, base de** Gran colección de datos organizados que ofrecen un conjunto común de información para usuarios, por ejemplo en las diversas secciones de una gran organización. Se puede agregar, quitar o actualizar información según sea necesario. El manejo de una base de datos es muy complicado y costoso, por lo cual se han ideado programas de ordenador para este fin, los cuales permiten extraer la información de muchas maneras diferentes. Por ejemplo, puede solicitarse una lista alfabética de personas de cierta edad en adelante que tengan un nivel mínimo determinado de ingresos y en la cual se den sus direcciones y formas de empleo.

**datos, tratamiento de** (o procesamiento de datos) Sucesión de operaciones que se efectúan sobre datos para extraer información o lograr cierto tipo de orden. Generalmente, el término significa el tratamiento de datos por ordenadores, pero también puede incluir su observación y recolección.

**deca-** Símbolo: da Prefijo que denota 10. Por ejemplo, 1 decámetro (dam) = 10 metros (m).

**decaedro** Poliedro que tiene diez caras. *Véase* poliedro.

**decágono** Figura plana de diez lados. Un decágono regular tiene diez lados iguales y diez ángulos iguales cada uno de 36°.

**deci-** Símbolo: d Prefijo que denota $10^{-1}$. Por ejemplo, 1 decímetro (dm) = $10^{-1}$ metro (m).

**decibel** Símbolo: dB Unidad de nivel de potencia, por lo general de una onda sonora o de una señal eléctrica medida en una escala logarítmica. El umbral de audición se toma como 0 dB en las medidas de sonido. Diez veces ese nivel de potencia es 10 dB. La unidad fundamental es el *bel*, pero se usa casi exclusivamente el decibel (1 dB = 0,1 bel).
†Una potencia $P$ tiene un nivel de potencia en decibeles dado por

$$10 \log_{10}(P/P_0)$$

donde $P_0$ es la potencia de referencia.

**decimal** Que se refiere o se basa en el número diez. Los números que se utilizan de ordinario para contar forman un sistema de numeración decimal. Una *fracción decimal* es un número racional escrito como unidades, décimos, centésimos, milésimos, y así sucesivamente. Por ejemplo, 1/4 es 0,25 en notación decimal. Este tipo de fracción decimal (o simplemente decimal) es un *decimal finito* porque a partir de la tercera cifra después de la coma todas las cifras son 0. Ciertos números racionales, como 5/27 (= 0,185 185 185...) no pueden escribirse como decimales exactos, pero dan ciertas cifras que se repiten indefinidamente. Son las llamadas *fracciones decimales periódicas*. Todos los números racionales pueden expresarse ya sea como decimales finitos o bien como decimales periódicos. Un decimal que no es finito y no se repite es un número irracional y se puede tomar con cualquier número de lugares decimales, pero nunca exactamente. Por ejemplo, $\pi$ con seis cifras decimales es 3,141 593 y con siete cifras decimales es 3,141 592 7.
Medida decimal es todo sistema de medidas en el cual las unidades más grandes y las más pequeñas se obtienen como múltiplos o submúltiplos de la unidad fundamental en potencias de diez. *Véase también* sistema métrico.

**decisión, símbolo de** *Véase* diagrama de flujo.

**deducción** Serie de etapas lógicas por la cual se llega directamente a una conclusión a partir de unos enunciados iniciales (premisas). Una deducción es válida si una proposición o enunciado que afirme las premisas y niegue la conclusión es contradictoria. *Compárese* con inducción. *Véase también* contradicción.

**definición** En una medida, es la precisión con la cual el instrumento corresponde en la lectura que da a 1 verdadero valor de la cantidad que se está midiendo. *Véase también* precisión.

**deformación** Transformación geométrica que estira, encoge o tuerce una figura, pero que no rompe ninguna de sus líneas o superficies. Con más precisión suele llamarse deformación continua. *Véase también* topología, transformación.

**degenerada, cónica** †*Véase* cónica.

**definida, integral** (integral de Riemann) Resultado de la integración de una función de una variable, $f(x)$ entre dos valores determinados de $x$: $x_1$ y $x_2$. La integral definida de $f(x)$ se escribe

$$\int_{x_1}^{x_2} f(x)dx$$

Si la expresión general de la integral de $f(x)$ (su integral indefinida) es otra función de $x$, $g(x)$, la integral definida está dada por:

$$g(x_2) - g(x_1)$$

*Compárese* con integral indefinida. *Véase también* integración.

**De l'Hôpital, regla de** †Regla que dice que el límite del cociente de dos funciones de la misma variable ($x$) al tender $x$ a un valor $a$, es igual al límite del cociente de sus derivadas con respecto a $x$. Es decir, que el límite de $f(x)/g(x)$ cuando $x \to a$ es el límite de $f'(x)/g'(x)$ cuando $x \to a$.
La regla de De l'Hôpital puede emplearse para hallar los límites de $f(x)/g(x)$ en puntos en los cuales $f(x)$ y $g(x)$ son ambas nulas y por lo tanto el cociente queda indeterminado. Toda función que dé lugar a una forma indeterminada y que se pueda expresar como cociente de dos funciones, se tratará de esta manera. Por ejemplo, en

$$F(x) = (x^2 - 3)/(x - 3)$$

si se escribe

$$f(x) = (x^2 - 3)$$

y

$$g(x) = (x - 3)$$

se tiene

$$F(x) = f(x)/g(x)$$

El límite de $F(x)$ para $x \to 3$ es indeterminado (pues entonces $x - 3 = 0$). Se puede obtener empleando el límite de

$$f'(x)/g'(x) = 2x$$

al tender $x \to 3$. Así que el límite es 6.
Si $f'(x)/g'(x)$ también da una forma indeterminada en $x = a$, puede aplicarse de nuevo la regla de De l'Hôpital, derivando las veces que sea necesario.

**De Moivre, teorema de** Fórmula para calcular potencias de un número complejo. Si el número está en forma polar
$z = r(\cos\theta + i\operatorname{sen}\theta)$
entonces $z^n = r^n(\cos n\theta + i\operatorname{sen} n\theta)$

**demostración** Razonamiento lógico que indica que un enunciado, proposición o fórmula matemática es verdadero. Una demostración consiste en un conjunto de supuestos fundamentales, llamados axiomas o premisas, que se combinan de acuerdo con las reglas lógicas para deducir como conclusión la fórmula que se está demostrando. Una demostración de una proposición o fórmula $P$ es, pues, un razonamiento válido a partir de premisas verdaderas hasta llegar a $P$ como conclusión. *Véase también* demostración directa, demostración indirecta.

**denominador** *Véase* fracción.

**dependiente, variable** *Véase* variable.

**depósito** Suma de dinero que abona un comprador, ya sea para reservar mercaderías o propiedad que desea comprar en fecha posterior, o bien como la primera de varias cuotas sucesivas en un acuerdo de compra a plazos. Si el comprador decide no completar la compra, el depósito normalmente se pierde. *Véase también* compra a plazos.

**depuración** Descubrimiento, localización y corrección de errores o fallas que se presentan en programas de ordenador o en piezas del equipo del ordenador. Como los programas y el equipo son altamente complicados, la depuración puede ser una tarea tediosa y larga. †Los errores de programación pueden deberse a codificación incorrecta de una instrucción (*error de sintaxis*) o al empleo de instrucciones que no van a dar la solución requerida a un problema (*error lógico*). Por lo general, los errores de sintaxis se descubren y localizan por el compilador; los errores lógicos pueden ser más difíciles de encontrar. *Véase también* programa.

**derivación** Proceso para averiguar en qué proporción varía una cantidad variable respecto de otra. Por ejemplo, un vehículo puede ir a lo largo de una vía de la posición $x_1$ a la $x_2$ en un intervalo de tiempo de $t_1$ a $t_2$. Su velocidad media es $(x_2 - x_1)/(t_2 - t_1)$, lo cual se puede escribir $\Delta x/\Delta t$, donde $\Delta x$ representa la variación de $x$ en el tiempo $\Delta t$. Pero el vehículo puede acelerar o desacelerar en este intervalo y será necesario saber la velocidad en un instante dado $t_1$. En este caso, el intervalo de tiempo $\Delta t$ se hace infinitamente pequeño, es decir, se hace $t_2$ tan cercano como sea necesario a $t_1$. El límite de $\Delta x/\Delta t$ al tender $\Delta t$ a cero es la velocidad instantánea en el momento $t_1$. El resultado de la derivación o *derivada* de una función $y = f(x)$ se escribe $dy/dx$ o $f'(x)$. En un gráfico de $f(x)$, $dy/dx$ es en todo punto la pendiente de la tangente a la curva $y = f(x)$ en ese punto. *Véase también* integración.

**derivada** Función resultante de la derivación. *Véase* derivación.

**derivada, unidad** Unidad definida por unidades fundamentales y no directamente a partir de un valor patrón de la cantidad que mide. Por ejemplo, el newton es una unidad de fuerza que se define como un kilogramo metro segundo$^{-2}$ (kg m s$^{-2}$). *Véase también* unidades SI.

**derivadas parciales, ecuación en** †Ecuación que contiene derivadas parciales de una función con respecto a varias variables. Métodos generales de resolución solamente existen para ciertos tipos de ecuaciones lineales en derivadas parciales que se presentan en problemas de física. La ecuación de Laplace, por ejemplo, es $\frac{\partial^2\varphi}{\partial x^2} + \frac{\partial^2\varphi}{\partial y^2} + \frac{\partial^2\varphi}{\partial z^2} = 0$ e in-

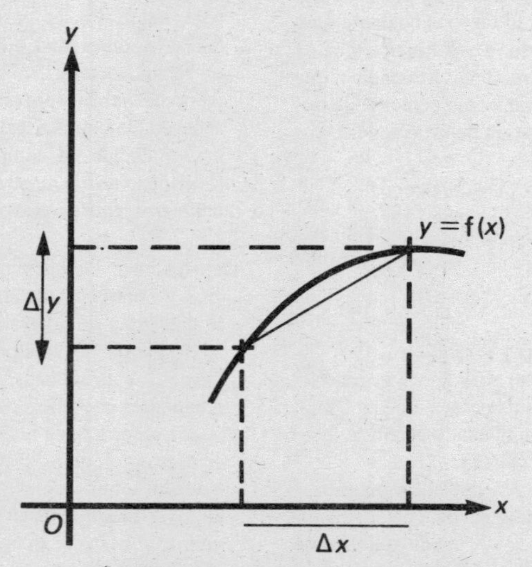


Derivación de una función $y = f(x)$. La derivada $dy/dx$ es el límite de $\Delta y/\Delta x$ cuando $\Delta x$ y $\Delta y$ se hacen infinitamente pequeños.

terviene en el estudio de los campos gravitacional y electromagnético. *Véase también* ecuación diferencial.

**desarrollable, superficie** Superficie que puede desarrollarse en un plano. La superficie lateral de un cono, por ejemplo, es desarrollable, pero la superficie esférica no lo es.

**desarrollo** Cantidad expresada como suma de una serie de términos. Por ejemplo, la expresión:

$$(x + 1)(x + 2)$$

se desarrolla en

$$x^2 + 3x + 2$$

†Con frecuencia es posible expresar una función como serie infinita convergente. La función puede aproximarse entonces con la exactitud que se desee, tomando para la suma un número suficiente de términos iniciales de la serie. Hay fórmulas generales para desarrollar ciertos tipos de expresiones. Por ejemplo, la expresión $(1 + x)^n$ se desarrolla en $a + nx + [n(n-1)/2!]x^2 + [n(n-1)(n-2)/3!]x^3 + \ldots$ donde $x$ es una variable entre $-1$ y $+1$ y $n$ es un entero.
*Véase* desarrollo binomial, determinante, series de Fourier, serie de Taylor.

**desbordamiento** †Situación que se presenta en informática cuando un número, por ejemplo el resultado de una operación aritmética, tiene mayor magnitud de la que puede representarse en el espacio que tiene asignado en un registro o en una posición de una memoria.

**descomposición de vectores** Determinación de las componentes de un vector en dos direcciones dadas, por lo general perpendiculares entre sí.

**descuento** 1. Diferencia entre el precio de emisión de una acción o título de participación y su valor nominal cuando el precio de emisión es menor que el valor nominal. *Compárese* con prima.
2. Reducción del precio de un artículo o producto por pago de contado (*descuento de contado*), por pedido considerable (*descuento al por mayor*) o para un minorista que venderá la mercancía al público (*descuento comercial*).

**desigualdad** Relación entre dos expresiones que no son iguales, que suele escribirse en dos miembros separados por los signos $>$ o $<$ que significan 'mayor que' y 'menor que' respectivamente. Por ejemplo, si $x < 4$, entonces $x^2 < 16$. Si $y^2 > 25$, entonces $y > 5$ o bien $y < -5$. Si se incluyen los valores extremos se utilizan los símbolos $\geqslant$ –mayor o igual que– y $\leqslant$ –menor o igual que. Cuando una cantidad es mucho más pequeña que otra se indica con $\ll$ o bien $\gg$. Por ejemplo, si $x$ es un número grande $x \gg 1/x$ o bien $1/x \ll x$. *Véase también* igualdad.

**deslizamiento, rozamiento de** *Véase* rozamiento.

**desplazamiento** Símbolo: $s$ Forma vectorial de la distancia, medida en metros (m) y que supone dirección y magnitud.

**desviación** *Véase* desviación media, desviación típica.

**determinante** Función que se deduce de una matriz cuadrada multiplicando y sumando entre sí los elementos para obtener un solo número. Por ejemplo, en una matriz $2 \times 2$, el determinante es $a_1b_2 - a_2b_1$, lo cual se escribe en una disposición en cuadrado dentro de dos rayas verticales. El símbolo es $D_2$ y se llama *determinante de segundo orden*. Los determinantes se presentan en la resolución de sistemas de ecuaciones. La solución de

$$a_1x + b_1y = c_1$$

y

$$a_2x + b_2y = c_2$$

es

$$x = (c_1b_1 - c_2b_2)/D_2$$

$$\begin{vmatrix} a_1 & b_1 \\ a_2 & b_2 \end{vmatrix} = a_1b_2 - a_2b_1$$

El determinante de segundo orden de una matriz 2 X 2.

$$\begin{vmatrix} a_1 & b_1 & c_1 \\ a_2 & b_2 & c_2 \\ a_3 & b_3 & c_3 \end{vmatrix} = a_1b_2c_3 - a_1b_3c_2 + a_2b_3c_1 - a_2b_1c_3 + a_3b_1c_2 - a_3b_2c_1$$

El determinante de tercer orden de una matriz 3 X 3.

$$\begin{vmatrix} a_1 & b_1 & c_1 \\ a_2 & b_2 & c_2 \\ a_3 & b_3 & c_3 \end{vmatrix} = a_1 \begin{vmatrix} b_2 & c_2 \\ b_3 & c_3 \end{vmatrix} - b_1 \begin{vmatrix} a_2 & c_2 \\ a_3 & c_3 \end{vmatrix} + c_1 \begin{vmatrix} a_2 & b_2 \\ a_3 & b_3 \end{vmatrix}$$

$$= a_1a_1' - b_1b_1' + c_1c_1'$$
$$= a_1a_1' - a_2a_2' + a_3a_3'$$

$$\begin{matrix} + & - & + \\ - & + & - \\ + & - & + \end{matrix}$$

Un determinante de tercer orden es igual a la suma, a lo largo de una fila o de una columna, de los productos de cada elemento por su cofactor. Los cofactores tienen signos positivo y negativo alternados en el esquema. Los determinantes de cuarto orden y de orden más elevado se pueden calcular de manera semejante.

y

$$y = (a_1c_2 - a_2c_1)/D_2$$

Si $a_1, a_2, b_1, b_2, c_1, c_2$ son 1, 2, 3, 4, 5, 6 respectivamente, entonces $D_2 = -2$ y

$$x = [(5 \times 4) - (6 \times 3)]/-2 = -1$$

y

$$y = [(1 \times 6) - (2 \times 5)]/-2 = 2$$

Un *determinante de tercer orden* tiene tres filas y tres columnas y se presenta de manera análoga en conjuntos de tres ecuaciones simultáneas en tres variables. El determinante de la transpuesta de una matriz, $|\widetilde{A}|$ es igual al determinante $|A|$ de la matriz. Si se cambia la posición de cualquiera de las filas o columnas de la matriz, el determinante no varía.

**diagonal** Segmento que une vértices no consecutivos de un polígono o poliedro. En un cuadrado, por ejemplo, una diagonal lo divide en dos triángulos rectángulos congruentes. En una figura sólida, poliedros por lo general, un plano diagonal es el que pasa por dos aristas no adyacentes.

**diagonal, matriz** Matriz cuadrada en la cual todos los elementos son nulos menos los de la diagonal principal, es decir el primer elemento de la primera fila, el segundo de la segunda fila y así sucesivamente. A diferencia de la mayoría de las demás matrices, las matrices diagonales

$$\begin{pmatrix} a_{11} & 0 & 0 \\ 0 & a_{22} & 0 \\ 0 & 0 & a_{33} \end{pmatrix}$$

Matriz diagonal 3 X 3.

son conmutativas en la multiplicación matricial.

**diametral** Recta o plano que forma un diámetro de una figura. Por ejemplo, la sección transversal por el centro de una esfera es un plano diametral.

**diámetro** Distancia transversal en una figura plana o en un sólido en su parte más ancha. El diámetro de un círculo o de una esfera es el doble del radio.

**diedro** Región del espacio delimitada por dos planos que se cortan. Dos planos se cortan según una recta (arista). †El *ángulo diedro* entre los dos planos es el ángulo que forman dos rectas (una en cada plano) perpendiculares a la arista en un punto de ésta. El ángulo diedro de un poliedro es el ángulo entre dos caras.

**diferencia** Resultado de la sustracción de una cantidad o expresión de otra.

**diferenciación** Derivación. Cálculo de la diferencial.

**diferencial** Variación infinitesimal de una función de una o más variables debida a una pequeña variación de las variables. Por ejemplo, si $f(x)$ es una función de $x$ y f varía en $\Delta f$ al variar $x$ en $\Delta x$, la diferencial de f, que se escribe df, se define por el límite de $\Delta f$ al hacerse $\Delta x$ infinitamente pequeño. Es decir, que $df = f'(x)dx$ donde $f'(x)$ es la derivada de f con respecto a $x$. Esta es una *diferencial total* porque tiene en cuenta las variaciones de todas las variables, una sola en este caso. †Para una función de dos variables, $f(x,y)$, la tasa de variación de f con respecto a $x$ es la derivada parcial $\partial f/\partial x$. La variación de f debida a la variación de $x$ en $dx$ y dejando $y$ constante, es la *diferencial parcial* $(\partial f/\partial x)dx$. Para toda función, la diferencial total es la suma de todas las diferenciales parciales. Para $f(x,y)$: $df = (\partial f/\partial x)dx + (\partial f/\partial y)dy$.
*Véase también* derivación, diferenciación.

**diferencial, ecuación** Es una ecuación que contiene derivadas. Ejemplo simple de ecuación diferencial es:

$$dy/dx + 4x + 6 = 0$$

Para resolver tales ecuaciones es necesario aplicar integración. La ecuación anterior puede ordenarse así:

$$dy = -(4x + 6)dx$$

e integrando ambos miembros:

$$\int dy = \int -(4x + 6)dx$$

se tiene

$$y = -2x^2 - 6x + C$$

donde $C$ es una constante de integración cuyo valor puede averiguarse si se conocen valores particulares de $x$ y $y$; por ejemplo, si $y = 1$ para $x = 0$, entonces $C = 1$, y la solución completa es

$$y = -2x^2 - 6x + 1$$

Obsérvese que la solución de una ecuación diferencial es una nueva función de $x$ que, al ser derivada con respecto a $x$, da la ecuación original. †Las ecuaciones como la que se ha visto y que sólo contienen primeras derivadas $(dy/dx)$ se dicen de *primer orden*; si contienen segundas derivadas serán de *segundo orden* y, en general, el orden de una ecuación diferencial es el de la derivada de más alto orden en la ecuación. El grado de la ecuación diferencial es la potencia más elevada de la derivada de orden más elevado.

La ecuación diferencial del ejemplo dado es de primer orden y de primer grado. Es un ejemplo de un tipo de ecuaciones resolubles por separación de las variables en cada miembro de la ecuación, de manera que cada uno de éstos se pueda integrar (es el método de solución por *separación de variables*). Otro tipo de ecuación diferencial de primer orden y primer grado es de la forma:

$$dy/dx = f(y/x)$$

Tales ecuaciones se llaman ecuaciones diferenciales homogéneas. Un ejemplo es la ecuación:

$$dy/dx = (x^2 + y^2)/x^2$$

Para resolver una ecuación homogénea se hace una sustitución: $y = mx$ donde $m$ es una función de $x$. Entonces:

$$dy/dx = m + x\,dm/dx$$

y

$$(x^2 + y^2)/x^2 = (x^2 + m^2x^2)/x^2$$

Así que la ecuación se convierte en la:

$$m + x\,dm/dx = (x^2 + m^2x^2)/x^2$$

o sea:

$$x\,dm/dx = 1 + m^2 - m$$

La ecuación puede ahora resolverse por separación de variables.

Una ecuación de la forma:

$$dy/dx + P(x)y = Q(x)$$

donde $P(x)$ y $Q(x)$ son funciones de $x$ solamente, es una *ecuación diferencial lineal*. Las ecuaciones de este tipo se pueden poner en forma resoluble multiplicando ambos miembros por la expresión:

$$\exp(\int P(x)dx)$$

que se llama *factor integrante*. Por ejemplo, la ecuación diferencial

$$dy/dx + y/x = x^2$$

es una ecuación diferencial lineal de primer orden. La función $P(x)$ es $1/x$, así que el factor integrante es:

$$\exp(\int dx/x)$$

que es $\exp(\log x) = x$. Multiplicando ambos miembros de la ecuación por $x$ se tiene:

$$x\,dy/dx + y = x^3$$

El primer miembro de la ecuación es igual a $d(xy)/dx$, así que la ecuación se convierte en

$$d(xy)/dx = x^3$$

Integrando en los dos miembros queda:

$$xy = x^4/4 + C$$

donde $C$ es una constante.

**digital** Que utiliza cifras o dígitos numéricos. Por ejemplo, un reloj digital indica el tiempo de horas y minutos en números y no como posición de manecillas en una esfera. En general, los aparatos digitales operan mediante cierto tipo de proceso de recuento, ya sea mecánico o electrónico. El ábaco es un ejemplo muy simple. Las primeras máquinas de calcular contaban mediante relevos mecánicos. Las calculadoras modernas utilizan circuitos de conmutación electrónicos.

**digital, ordenador** *Véase* ordenador.

**dígito** *Véase* cifra.

**dilatación** † Aplicación o proyección geométrica en la cual una figura es 'estirada' no necesariamente en igual proporción en cada dirección. Un cuadrado, por ejemplo, se puede aplicar en un rectángulo por dilatación, o un cubo en un paralelepípedo.

**dimensión** 1. Es el número de coordenadas necesarias para representar los puntos de una recta, figura o sólido. Una figura plana se denomina bidimensional; una figura sólida es tridimensional. En estudios más abstractos se pueden considerar espacios $n$-dimensionales.

2. Las medidas de una figura plana o de un sólido. Las dimensiones de un rectángulo son su longitud y su anchura; las dimensiones de un paralelepípedo rectángulo son su longitud, su anchura y su altura.

3. † Una de las cantidades físicas fundamentales que puede utilizarse para expresar otras cantidades. Por lo general, se eligen la masa [M], la longitud [L] y el tiempo [T]. La velocidad, por ejemplo, tiene dimensiones $[L][T]^{-1}$ (distancia

dividida por tiempo). La fuerza, según se define por la ecuación

$$F = ma$$

siendo $m$ la masa y $a$ la aceleración, tiene dimensiones $[M][L][T]^{-2}$. *Véase también* análisis dimensional.

**4.** De una matriz; es el número de filas por el número de columnas. Una matriz de 4 filas y 5 columnas es una matriz $4 \times 5$.

**dimensional, análisis** †Utilización de las dimensiones de cantidades físicas para comprobar la relación entre ellas. Por ejemplo, la ecuación de Einstein $E = mc^2$: las dimensiones de la velocidad son $[L][T]^{-1}$ y su cuadrado tendrá dimensiones $([L][T]^{-1})^2 = [L]^2[T]^{-2}$, así que $mc^2$ tiene dimensiones de $[M][L]^2[T]^{-2}$. La energía tiene también estas dimensiones ya que es una fuerza $[M][L][T]^{-2}$ multiplicada por distancia $[L]$. El análisis dimensional se emplea también para obtener las unidades de una cantidad y para sugerir nuevas ecuaciones.

**dina** Símbolo: din †Antigua unidad de fuerza utilizada en el sistema c.g.s. Es igual a $10^{-5}$N.

**dinámico, rozamiento** *Véase* rozamiento.

**diofántica, ecuación** *Véase* ecuación indeterminada.

**dirección** Propiedad de una cantidad vectorial que se acostumbra definir con referencia a un origen y ejes fijos. †La dirección de una curva en un punto es el ángulo que la tangente en ese punto hace con el eje $x$.

**dirección** *Véase* memoria.

**dirección, ángulo de** †Es el ángulo que forma una recta con uno de los ejes de un sistema de coordenadas cartesianas rectangulares. En un sistema plano, es el ángulo $\alpha$ que la recta hace con la dirección positiva del eje $x$. En tres dimensiones, hay tres ángulos de dirección, $\alpha$, $\beta$ y $\gamma$ para los tres ejes $x$, $y$ y $z$ respectivamente. Si se conocen dos ángulos de dirección, el tercero puede calcularse por la relación:

$$\cos^2\alpha + \cos^2\beta + \cos^2\gamma = 1$$

$\cos\alpha$, $\cos\beta$ y $\cos\gamma$ se llaman *cosenos directores* de la recta, y a veces se les asignan los símbolos $l$, $m$ y $n$. Tres números cualesquiera en la relación $l, m, n$ se denominan *parámetros directores* de la recta. Si se une el punto $A(x_1,y_1,z_1)$ con el punto $B(x_2,y_2,z_2)$ y llamamos $D$ la distancia AB, entonces

$$l = (x_2 - x_1)/D$$
$$m = (y_2 - y_1)/D$$
$$n = (z_2 - z_1)/D$$

**direccional, derivada** †Tasa de variación de una función con respecto a la distancia $s$ en una dirección dada, o a lo largo de una curva dada. Yendo del punto $P(x,y,z)$ en la dirección que forma ángulos $\alpha$, $\beta$ y $\gamma$ con los ejes $x$, $y$ y $z$ respectivamente, la derivada direccional de una función $f(x,y,z)$ es

$$df/ds = (\partial f/\partial x)\cos\alpha + (\partial f/\partial y)\cos\beta + (\partial f/\partial z)\cos\gamma$$

Si hay una dirección para la cual la derivada direccional sea máxima, entonces esta derivada es el gradiente de f (grad f ó $\nabla$f) en el punto P. *Véase también* grad.

**directa, demostración** Razonamiento en el cual el teorema o proposición que se demuestra es la conclusión de un proceso paso a paso basado en un conjunto de enunciados iniciales que son conocidos o se suponen verdaderos. *Compárese* con demostración indirecta.

**directores, cosenos** †*Véase* ángulo de dirección.

**directores, parámetros** †*Véase* ángulo de dirección.

**directriz** **1.** Recta asociada a una cónica, tal que la distancia a todo punto de la

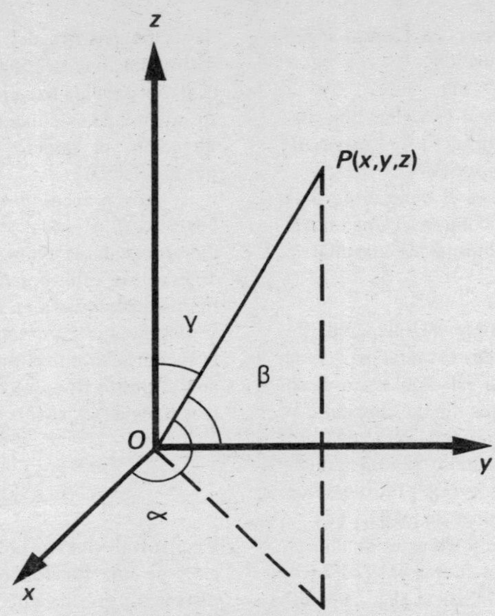


Los ángulos directores $\alpha$, $\beta$ y $\gamma$ que la recta *OP* hace con los ejes *x*, *y* y *z* respectivamente en un sistema tridimensional de coordenadas cartesianas.

cónica desde esa recta está en una relación constante con la distancia desde ese punto al foco. *Véase también* foco.

2. Curva plana que define la base de un cono o cilindro.

**dirigido** Que tiene signo positivo o negativo o dirección definida. Un número dirigido suele tener uno de los signos + o − escrito ante él. Un ángulo dirigido se mide desde una recta especificada a la otra. Si se invierte la dirección, el ángulo se torna negativo.

**disco** Dispositivo de amplia utilización en los sistemas de informática para almacenar información. Es una placa metálica circular, generalmente recubierta en ambas caras por una sustancia magnetizable. La información se almacena en forma de pequeñas zonas magnetizadas densamente empaquetadas en *pistas* concéntricas sobre la superficie recubierta del disco. Las zonas magnetizadas lo están en una de dos direcciones, de modo que la información se encuentra en forma binaria. La estructura de magnetización de un grupo de zonas representa una letra, un dígito (0-9) u otro caracter. Un disco puede almacenar varios millones de caracteres. Por medios magnéticos la información se puede alterar o suprimir según sea necesario. Los discos se suelen apilar en un eje común y en una sola unidad o *pila de discos*. Son corrientes las pilas de discos que almacenan 200 millones de caracteres.

La información se puede registrar en un disco mediante una máquina de escribir especial; este método es llamado de *teclado-a-disco*. La información se alimenta al ordenador mediante un dispositivo complejo llamado *unidad de disco*. La pila de discos se hace girar a gran velocidad en la unidad de discos. Unos pequeños electroimanes llamados *cabezas de lectura-grabación* se desplazan radialmente hacia adentro y hacia afuera sobre la superficie de los discos en rotación y extraen (leen) o registran (graban) piezas de información en localizaciones especificadas de una pista según instrucciones del procesador central. El tiempo necesario para acceder a una posición o localización especificada es muy breve. Este factor, junto con la inmensa capacidad de almacenamiento, hacen de la unidad de discos una de las principales memorias auxiliares o complementarias de un sistema informático. *Compárese* con tambor, cinta magnética. *Véase también* disco flexible.

**discontinua, función** *Véase* función continua.

**discontinuidad** *Véase* función continua.

**discreto** Conjunto de sucesos o números en donde no hay niveles intermedios. El conjunto de los enteros es discreto, pero el de los racionales no lo es, ya que entre dos números racionales, por próximos que estén, siempre se puede encontrar otro número racional. Los resultados de lanzar dados forman un conjunto discreto de sucesos, ya que un dado cae por una de sus seis caras. En cambio, al golpear una pelota de golf no hay un conjunto discreto de resultados, ya que puede recorrer cualquier distancia en un intervalo continuo de longitudes. *Compárese* con continuo.

**discriminante** Es la expresión $(b^2 - 4ac)$ en una ecuación de segundo grado de la forma $ax^2 + bx + c = 0$. Si las raíces son iguales, el discriminante es nulo. Por ejemplo, en

$$x^2 - 4x + 4 = 0$$

$b^2 - 4ac = 0$ y la única raíz (doble) es 2. Si el discriminante es positivo, las raíces son reales y distintas. Por ejemplo, en

$$x^2 + x - 6 = 0$$

$b^2 - 4ac = 25$ y las raíces son 2 y −3.

†Si el discriminante es negativo, las raíces de la ecuación son complejas. Por ejemplo, la ecuación:

$$x^2 + x + 1 = 0$$

tiene las raíces $-\frac{1}{2} - (\sqrt{3}/2)$ i y $-\frac{1}{2} + (\sqrt{3}/2)$ i.

*Véase también* ecuación cuadrática.

**disipación** Remoción de energía de un sistema para vencer una forma de fuerza resistente. Sin resistencia (como en el movimiento en el vacío) no puede haber disipación. La energía disipada aparece normalmente como energía térmica.

**dispersión** Es toda medida de la separación de un grupo de números alrededor de su valor medio. La amplitud, la desviación típica y la desviación media son todas medidas de dispersión.

**dispersión** Medida del grado en que los datos están esparcidos en torno a una media. La amplitud, o sea la diferencia entre los resultados máximo y mínimo es una de tales medidas de dispersión. Si $P_r$ es el valor por debajo del cual queda el $r\%$ de los resultados, entonces la amplitud puede escribirse $(P_{100} - P_0)$. El rango intercuartil es $(P_{75} - P_{25})$. El rango semi-intercuartil es $(P_{75} - P_{25})/2$. La desviación media de $X_1, X_2, \ldots, X_n$ mide la dispersión en torno a la media $X$ y es

$$\sum^{n} |X_j - X|/n$$

Si los valores $X_1, X_2, \ldots, X_k$ se dan con frecuencia respectivas $f_1, f_2, \ldots, f_k$ se convierte esta expresión en

$$\sum^{n} f_j\ |X_j - X| / \Sigma f_j$$

*Véase también* media.

**dispersión, diagrama de** (gráfico de Galton) Representación gráfica de los datos de una distribución bivariable $(x,y)$. Las variables se miden en $n$ individuos con los resultados $(x_1, y_1), \ldots, (x_n, y_n)$; por ejemplo, $x_i$ y $y_i$ son la estatura y el peso del *i*-ésimo individuo. Si se representa $y_i$ con respecto a $x_i$ el diagrama de dispersión resultante indicará alguna relación entre $x$ y $y$, mostrando si se puede trazar una curva a través de los puntos. Si los puntos parecen estar aproximadamente sobre una recta, se dice que están correlacionados linealmente. Si están aproximadamente sobre otro tipo de curva no están correlacionados linealmente. En otro caso no están correlacionados. *Véase también* recta de regresión.

**disquete** *Véase* disco flexible.

**distancia** Símbolo: $d$ Longitud del espacio que separa dos puntos. La unidad SI es el metro (m). La distancia puede medirse o no en línea recta. Es un escalar; la forma vectorial es el desplazamiento.

**distancia, entrada de trabajo a** *Véase* proceso por lotes.

**distancia, fórmula de la** †Fórmula que da la distancia entre dos puntos $(x_1, y_1)$ y $(x_2, y_2)$ en coordenadas cartesianas o sea:

$$\sqrt{(x_1 - x_2)^2 + (y_1 - y_2)^2}$$

**distancias, razón de** (razón o relación de velocidades) En una máquina, es la relación entre la distancia recorrida por el esfuerzo o potencia en un tiempo dado y la distancia recorrida por la carga o resistencia en el mismo tiempo. *Véase también* máquina.

**distribución, función de** †Dada una variable aleatoria $x$, es la función $f(x)$ igual a la probabilidad de que ocurra cada valor de $x$. Si todos los valores de $x$ entre $a$ y $b$ son igualmente probables, $x$ tiene *distribución uniforme* en el intervalo y el gráfico de la función de distribución $f(x)$ respecto de $x$ es una recta horizontal. Por ejemplo, la probabilidad de los resultados 1 a 6 en el lanzamiento de dados es una distribución uniforme. Por lo general, las variables aleatorias continuas tienen función de distribución variable con un valor máximo $x_m$ y en el cual la probabilidad de $x$ disminuye al alejarse $x$ de $x_m$. La función de *distribución acumulada* $F(x)$ es la probabilidad de un valor menor o igual que $x$. Para el ejemplo de los dados, $F(x)$ es una función escalonada que aumenta de cero a uno en seis escalones iguales. Para las funciones continuas, $F(x)$ suele ser una curva en forma de s. En ambos casos $F(x)$ es el área bajo la curva de $f(x)$ y a la izquierda de $x$.

**distributiva** Es una operación independiente de que se efectúe antes o después que otra operación. Dadas dos operaciones * y o, * es distributiva con respecto a o si $a*(b \circ c) = (a*b) \circ (a*c)$ para todos los valores de $a$, $b$ y $c$. En la aritmética usual, la multiplicación es distributiva con respecto a la adición $a(b + c) = ab + ac$ y a la sustracción.
†En teoría de conjuntos, la intersección ($\cap$) es distributiva con respecto a la unión $\cup$:
$[A \cap (B \cup C) = (A \cap B) \cup (A \cap C)]$.
*Véase también* asociativa, conmutativa.

**disyunción** Símbolo $\vee$ En lógica es la relación *o* entre dos proposiciones o enunciados. La disyunción puede ser inclusiva o exclusiva. La *disyunción inclusiva* (a veces llamada *alternativa*) es la más corriente en lógica matemática, y se puede interpretar como 'el uno o el otro o ambos'. Dadas dos proposiciones $P$ y $Q$, $P \vee Q$ es falsa si $P$ y $Q$ son ambas falsas, y verdadera en los demás casos. La *disyunción exclusiva*, de uso más raro, se puede interpretar como 'el uno o el otro pero no ambos'. Con esta definición $P \vee Q$ es falsa cuando $P$ y $Q$ son ambas verdaderas, o bien cuando ambas son falsas. Las tablas de verdad que definen ambos tipos de disyunción son:

| P | Q | P ∨ Q |
|---|---|---|
| V | V | V |
| V | F | V |
| F | V | V |
| F | F | F |

disyunción inclusiva

| P | Q | P ∨ Q |
|---|---|---|
| V | V | F |
| V | F | V |
| F | V | V |
| F | F | F |

disyunción exclusiva

**div** (divergencia) Símbolo: ∇. †Operador escalar que, para una función vectorial tridimensional $F(x,y,z)$, es la suma de los productos escalares de los vectores unitarios por las derivadas parciales en cada una de las tres direcciones componentes. Es decir:

$$\text{div}\, F = \nabla \cdot F = \mathbf{i} \cdot \partial F/\partial x + \mathbf{j} \cdot \partial F/\partial y + \mathbf{k} \cdot \partial F/\partial z$$

En física, div $F$ se emplea para describir el flujo saliente de un elemento de volumen en el espacio. Puede ser un flujo de líquido, un flujo de calor en un campo de temperatura variable o bien un flujo eléctrico o magnético en un campo eléctrico o magnético. Si no hay fuente de flujo (fuente de calor, carga eléctrica, etc.) dentro del volumen, entonces div $F = 0$ y el flujo total que entra al volumen es igual al flujo total que sale del mismo. *Véase también* grad.

**divergente, serie** Serie en la cual la suma de los términos a partir del $n$-ésimo término no disminuye al aumentar $n$. Una serie divergente, a diferencia de una serie convergente, no tiene suma infinita. *Compárese* con serie convergente. *Véase también* sucesión divergente, serie geométrica, serie.

**divergente, sucesión** Sucesión en la cual la diferencia entre el $n$-ésimo término y el siguiente es constante o aumenta al aumentar $n$. Así por ejemplo $\{1, 2, 4, 8, \ldots\}$ es divergente. Una sucesión divergente carece de límite. *Compárese* con sucesión convergente. *Véase también* serie divergente, sucesión geométrica, sucesión.

**dividendo** 1. Número que se divide por otro (el divisor) para dar un cociente. Por ejemplo, en 16 : 3, 16 es el dividendo y 3 el divisor.
2. Participación en las ganancias que se paga a los accionistas de una sociedad, la cual depende de los beneficios obtenidos en el año anterior. Se expresa como un porcentaje del valor nominal de las acciones. Por ejemplo, un dividendo del 10% sobre una acción de $75 paga $7,5 por acción (independientemente del precio de la acción en el mercado). *Véase también* rendimiento.

**división** Símbolo: : Es la operación binaria para hallar el cociente de dos números. La división es la operación inversa de la multiplicación. En la aritmética, la división de dos números no es conmutativa ($2 : 3 \neq 3 : 2$), ni asociativa [$(2 : 3) : 4 \neq 2 : (3 : 4)$]. El elemento neutro de la división es uno solamente si está a la derecha ($5 : 1 = 5$ pero $1 : 5 \neq 5$). *Compárese* con multiplicación.

**divisor** Número por el cual se divide otro número (dividendo) para dar el cociente. Por ejemplo, en 16 : 3, 16 es el dividendo y 3 es el divisor. *Véase también* factor.

**doble, integral** †Es el resultado de integrar dos veces la misma función, primero con respecto a una variable, manteniendo otra variable constante, y luego con respecto a esta otra variable manteniendo constante la primera variable. Por ejemplo, si $f(x,y)$ es función de las variables $x$ y $y$, entonces la integral doble, primero con respecto a $x$ y luego con respecto a $y$, es:

$$\iint f(x,y)\,dy\,dx$$

Esto equivale a sumar $f(x,y)$ sobre intervalos de $x$ y $y$, o a hallar el volumen limitado por la superficie que representa a $f(x,y)$. La integral es independiente del orden en que se efectúen las integraciones si se trata de integrales definidas. Otro tipo de integral doble es el resultado de integrar dos veces con respecto a la misma variable. Por ejemplo, si la aceleración de un vehículo aumenta con el tiempo $t$ de una manera conocida, entonces la integral

$$\int a\,dt$$

es la velocidad ($v$) expresada en función del tiempo; la integral doble

$$\iint a\,dt\,at = \int v\,dt = x$$

donde $x$ es la distancia recorrida como una función del tiempo.

**doble, punto** †Punto singular de una curva en la cual ésta se cruza a sí misma o es tangente a sí misma. Hay varios tipos de punto doble. En un *nudo* la curva se cruza sobre sí misma formando un bucle. En este caso tiene dos tangentes distintas en ese punto. En un *punto cuspidal* o *cúspide* se vuelve sobre sí misma y tiene una sola tangente. En un *tacnudo* dos arcos de curva se tocan entre sí

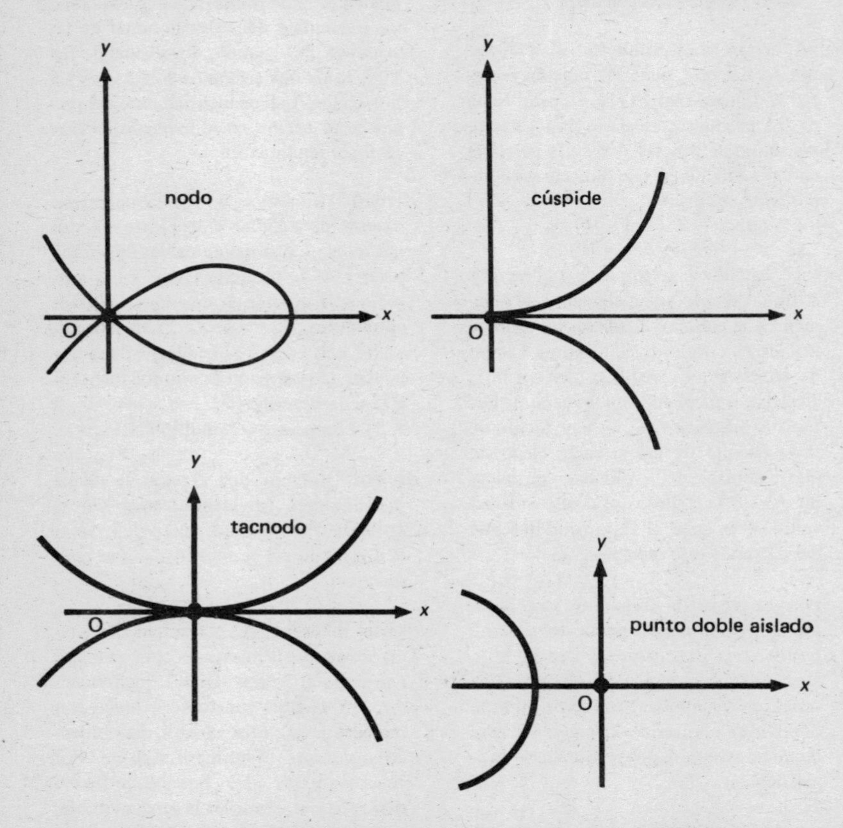


Cuatro tipos de punto doble en el origen de un sistema bidimensional de coordenadas cartesianas.

y tienen la misma tangente, pero a diferencia de la cúspide, los arcos pasan por el punto singular para formar cuatro ramas. Un *punto doble aislado* también puede ocurrir. Este punto satisface a la ecuación de la curva pero no está en el arco principal de la curva. *Véase también* punto aislado, punto múltiple.

**documentación** Instrucciones y comentarios escritos que dan una completa descripción de un programa de ordenador. La documentación describe los fines para los cuales se puede utilizar el programa, cómo opera, la forma exacta de las entradas y salidas y cómo se ha de operar el ordenador. Permite enmendar el programa cuando sea necesario o convertirlo para su uso en tipos diferentes de máquinas.

**dodecaedro** Poliedro que tiene doce caras. Un *dodecaedro regular* está formado por doce pentágonos regulares congruentes. *Véase también* poliedro.

**dominio** †Conjunto de números o cantidades sobre los cuales se efectúa o puede efectuarse una aplicación. En álgebra, el dominio de la función $f(x)$ es el conjunto de valores que puede tomar la variable independiente $x$. Si, por ejemplo, $f(x)$ representa tomar la raíz cuadrada de $x$, entonces el dominio se define como todos los números racionales positivos. *Véase también* imagen.

**dudoso, caso** Al tratar de hallar los lados y ángulos de un triángulo cuando se conocen dos lados y un ángulo distinto del que forman esos dos lados hay dos soluciones: la una es un triángulo acutángulo y la otra un triángulo obtusángulo.

**duodecimal** Referente a doce, de base doce. En un sistema de numeración duodecimal, hay doce cifras o dígitos diferentes en vez de diez. Si, por ejemplo, diez y once se representan por los símbolos $A$ y $B$ respectivamente, 12 se escribiría 10, y 22 se escribiría 1A. Los números duodecimales se utilizan poco, pero todavía se emplean algunas unidades duodecimales (1 pie = 12 pulgadas).

# E

**ecuación** Enunciación matemática de que una expresión es igual a otra, es decir, dos cantidades unidas por un signo igual. Una ecuación algebraica contiene cantidades indeterminadas o variables. Puede indicar que dos cantidades son idénticas para todos los valores de las variables, y en este caso se utiliza generalmente el símbolo ≡ de identidad. Por ejemplo

$$x^2 - 4 \equiv (x - 2)(x + 2)$$

es una *identidad* puesto que es verdadera para todos los valores que pueda tomar $x$. El otro tipo de ecuación algebraica es la *ecuación condicional* que sólo es cierta para determinados valores de las variables. Para resolver una ecuación semejante, es decir, para hallar los valores de las variables para los cuales es válida, frecuentemente hay que darle una forma más simple. Al simplificar una ecuación, se puede efectuar la misma operación en las expresiones a uno y otro lado del signo igual, que se llaman los miembros de la ecuación. Por ejemplo,

$$2x - 3 = 4x + 2$$

se puede simplificar agregando 3 a ambos miembros con lo que

$$2x = 4x + 5$$

y restando luego $4x$ de ambos miembros se tiene

$$-2x = 5$$

y por último dividiendo ambos miembros por $-2$ se obtiene la solución

$$x = -5/2$$

Este tipo de ecuación se llama ecuación lineal porque la potencia más elevada de la variable $x$ es uno. También podría escribirse en la forma $-2x - 5 = 0$. En gráfico en coordenadas cartesianas,

$$y = -2x - 5$$

es una recta que corta al eje $x$ en $x = -5/2$.

Al efectuar la misma operación sobre ambos miembros de una ecuación, no se obtiene necesariamente una ecuación exactamente equivalente a la original. Por ejemplo, partiendo de $x = y$ y elevando al cuadrado ambos miembros se tiene $x^2 = y^2$, lo cual significa que $x = y$ o bien que $x = -y$. En este caso se emplea el símbolo $\Rightarrow$ entre las ecuaciones para indicar que la primera implica la segunda, pero que la segunda no implica la primera. Esto es,

$$x = y \Rightarrow x^2 = y^2$$

Cuando las dos ecuaciones son equivalentes, se emplea el símbolo $\Leftrightarrow$, por ejemplo,

$$2x = 2 \Leftrightarrow x = 1$$

**ecuador** Es el círculo determinado sobre la superficie de la Tierra por la sección plana perpendicular al eje de rotación en su punto medio. El plano en el cual está el círculo se llama *plano ecuatorial*. Un círculo análogo sobre cualquier esfera con un eje definido también se llama ecuador o círculo ecuatorial.

**eje** **1.** Recta respecto de la cual es simétrica una figura.
**2.** Cada una de las rectas fijas de referencia utilizadas en un gráfico o sistema de coordenadas. *Véase* coordenadas.
**3.** Toda recta en torno a la cual se verifica la rotación de una curva o de un cuerpo.

**elástico, choque** Choque en el cual el coeficiente de restitución es igual a uno. La energía cinética se conserva en el choque elástico. En la realidad, los choques no son perfectamente elásticos ya que algo de la energía se transfiere a la energía interna de los cuerpos. *Véase también* coeficiente de restitución.

**electronvolt** Símbolo: eV †Unidad de energía igual a $1{,}602\,191\,7 \times 10^{-19}$ joule. Se define como la energía necesaria para mover una carga de un electrón a través de una diferencia de potencial de un volt. Normalmente sólo se utiliza para medir energías de partículas elementales, iones o estados.

**elemento** **1.** Ente que pertenece a un conjunto o que es miembro de un conjunto. 'Febrero', por ejemplo, es un elemento del conjunto {meses del año}. El número 5 es elemento del conjunto de los enteros entre 2 y 10, lo cual en notación conjuntista se escribe $5 \in \{2, 3, 4, 5, 6, 7, 8, 9, 10\}$.
**2.** Segmento de recta que hace parte de la superficie curva de un cono o cilindro.
**3.** †Pequeño trozo de recta, superficie o volumen que se suma por integración.
**4.** (de una matriz) *Véase* matriz.

**eliminación** Operación que consiste en la supresión de una de las incógnitas o indeterminadas en una ecuación algebraica, por ejemplo mediante sustitución de variables o bien por cancelación.

**eliminante** (característica, resultante) †Relación entre los coeficientes que resulta de la eliminación de las variables de un conjunto de ecuaciones simultáneas. Por ejemplo, en las ecuaciones

$$a_1x + b_1y + c_1 = 0$$
$$a_2x + b_2y + c_2 = 0$$
$$a_3x + b_3y + c_3 = 0$$

El eliminante viene dado por la ecuación del determinante de la matriz

$$\begin{vmatrix} a_1 & b_1 & c_1 \\ a_2 & b_2 & c_2 \\ a_3 & b_3 & c_3 \end{vmatrix} = 0$$

**elipse** Cónica de excentricidad entre 0 y 1. La elipse tiene dos focos, y una recta que pase por los focos corta a la elipse en dos *vértices*. El segmento que une los vértices es el *eje mayor* de la elipse. El segmento perpendicular al eje mayor en el centro es el *eje menor*. Cada una de

$$a_1x + b_1y + c_1z = 0$$
$$a_2x + b_2y + c_2z = 0$$
$$a_3x + b_3y + c_3z = 0$$

$$\begin{vmatrix} a_1 & b_1 & c_1 \\ a_2 & b_2 & c_2 \\ a_3 & b_3 & c_3 \end{vmatrix} = 0$$

Un conjunto de tres ecuaciones simultáneas y el eliminante dado por la ecuación del determinante de la matriz correspondiente.

las cuerdas de la elipse que pase por un foco paralelamente al eje menor es un *latus rectum*. El área de la elipse es $\pi ab$, siendo $a$ el semieje mayor y $b$ el semieje menor. (Obsérvese que un círculo, en el cual la excentricidad es cero, $a = b = r$, tiene por área $\pi r^2$.)

†La suma de las distancias de cualquier punto de la elipse a los focos es constante. La elipse también tiene una propiedad de reflexión: dado un punto de la elipse, las dos rectas que van de cada foco al punto forman ángulos iguales con la tangente en ese punto.

En coordenadas cartesianas la ecuación

$$x^2/a^2 + y^2/b^2 = 1$$

representa una elipse con su centro en el origen. El eje mayor está sobre el eje $x$ y el eje menor sobre el eje $y$. El eje mayor es igual a $2a$ y el eje menor a $2b$. Los focos de la elipse están en los puntos $(+ea,o)$ y $(-ea,o)$ siendo $e$ la excentricidad. Las dos directrices son las rectas $x = a/e$ y $x = -a/e$. *Véase también* cónica.

**elipsoide** Cuerpo sólido o superficie curva en el cual toda sección cortada por un plano es una elipse o un círculo. El elipsoide tiene tres ejes de simetría.

†En coordenadas cartesianas tridimensionales, la ecuación de un elipsoide de centro en el origen es

$$x^2/a^2 + y^2/b^2 + z^2/c^2 = 1$$

donde $a$, $b$ y $c$ son los puntos en los cuales corta a los ejes $x$ $y$ y $z$ respectivamente. En este caso los ejes de simetría son los ejes de coordenadas. Un *elipsoide alargado* es el generado por la rotación de una elipse en torno a su eje mayor. Un *elipsoide achatado* es generado por la rotación en torno al eje menor.

**emisión, precio de** *Véase* valor nominal.

**empírico** Que resulta directamente de conclusiones experimentales o de observaciones.

**eneágono** Figura plana con nueve lados y nueve ángulos. El *eneágono regular* tiene nueve lados iguales y nueve ángulos iguales.

**en línea** En conexión directa con el ordenador y controlado por el mismo. Todo dispositivo que esté conectado al ordenador sin intervención humana y que pueda interactuar directamente con él está en línea. En el *procesamiento en línea* el procesamiento de un programa de ordenador se efectúa sobre equipo directamente controlado por el procesador central. *Compárese* con fuera de línea.

**energía** Símbolo: $W$ Propiedad de un

sistema –su capacidad para hacer trabajo. La energía y el trabajo tienen la misma unidad: el joule (J). Es conveniente repartir la energía en energía cinética (energía de movimiento) y energía potencial (energía 'almacenada'). Muchas diferentes formas de energía reciben nombres distintos (química, eléctrica, nuclear, etc.), pero la única diferencia real está en el sistema que se esté estudiando. Por ejemplo, la energía química consiste en las energías cinética y potencial de los electrones en un compuesto químico. *Véase también* energía cinética, energía potencial, †masa-energía.

**ensamblador** *Véase* programa.

**ensamblador, lenguaje** *Véase* programa.

**entera, variable** *Véase* variable.

**enteros, números** Símbolo: $Z$ Son los números del conjunto

$$\{\ldots, -2, -1, 0, 1, 2, \ldots\}$$

que comprende el cero y los enteros negativos.

**entorno** *Véase* topología.

**entrada** 1. La señal u otra forma de información aplicada (alimentada) a un dispositivo eléctrico, máquina, etc. La entrada a un ordenador son los datos y las instrucciones programadas que el usuario comunica a la máquina. Un *dispositivo de entrada* acepta la entrada al ordenador de alguna forma apropiada y convierte la información en un código de impulsos eléctricos, los cuales son transmitidos luego al procesador central del ordenador. Hay diversos dispositivos de entrada, entre los cuales están las lectoras de cinta de papel y las lectoras de

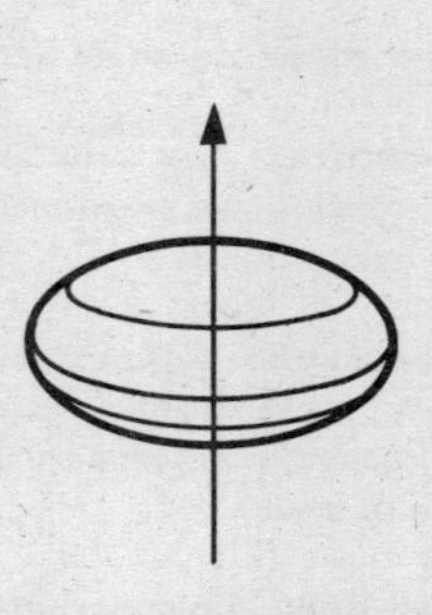

elipsoide achatado

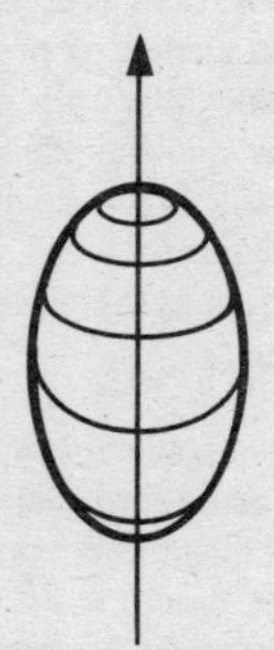

elipsoide alargado

Un elipsoide se puede generar haciendo girar una elipse en torno a uno de sus ejes: la rotación en torno al eje menor dá un elipsoide achatado, en tanto que la rotación en torno al eje mayor da un elipsoide alargado.

Recta numérica donde se indican los números positivos y negativos.

fichas. Algunos dispositivos de entrada como la unidad de representación visual, también se pueden utilizar para la salida de la información.
**2.** Proceso o medios mediante los cuales se aplica la entrada.
**3.** Alimentación de información a un dispositivo eléctrico o máquina. *Véase también* entrada/salida, salida.

**entrada/salida** (E/S) Equipo y operaciones utilizados para comunicarse con un ordenador, e información que entra o sale durante la comunicación. Entre los dispositivos de entrada/salida están los que se usan solamente para entrada o para salida de información y los que, tales como las unidades de representación visual, se usan tanto para entrada como para salida.
*Véase también* entrada, salida.

**enumerable, conjunto** Conjunto cuyos elementos se pueden contar. Por ejemplo, el conjunto de los números primos, aunque infinito, puede contarse como también el de los enteros positivos. Estos son conjuntos infinitos enumerables. Por otra parte, el conjunto de los números racionales no es enumerable porque entre dos elementos también puede haber siempre un tercero. *Véase también* conjunto.

**epiciclo** †Círculo que rueda en torno a la circunferencia de otro círculo trazando una epicicloide. *Véase* epicicloide.

**epicicloide** †Curva plana trazada por un punto de un círculo o *epiciclo* que rueda por el exterior de otro círculo fijo. Por ejemplo, si un pequeño engranaje gira sobre una rueda estacionaria más grande, entonces un punto en el borde de la rueda más pequeña traza una epicicloide. En un sistema de coordenadas cartesianas bidimensionales con un círculo fijo de radio $a$ con centro en el origen y otro de radio $b$ rodando en torno a la circunferencia, la epicicloide es una serie de arcos continuos que se alejan del primer círculo a una distancia $2b$ y luego vuelven a tocarlo en un punto cuspidal en el cual empieza el arco siguiente. La epicicloide sólo tiene un arco si $a = b$, dos si $a = b/2$ y así sucesivamente. Si el ángulo formado por el radio que va del origen al punto móvil de contacto entre los dos círculos es $\theta$, la epicicloide está definida por las ecuaciones paramétricas:

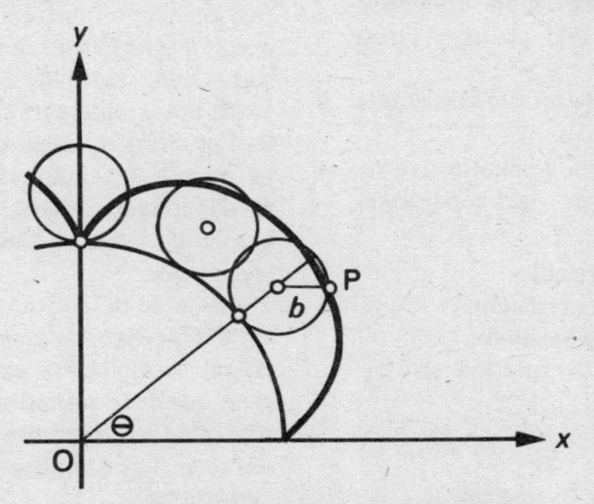


La epicicloide trazada por un punto P de un círculo de radio $b$ que rueda sobre un círculo de radio $a$.

$$x = (a + b)\cos\theta - a\cos[(a + b)\theta/a]$$
$$y = (a + b)\,\text{sen}\,\theta - a\,\text{sen}[(a + b)\theta/a]$$

**equiángulo** Que tiene ángulos iguales.

**equidistantes** Que están a igual distancia, como los puntos de la circunferencia que son equidistantes del centro.

**equilátera, hipérbola** *Véase* hipérbola.

**equilátero** Que tiene lados iguales. Por ejemplo, un triángulo equilátero tiene tres lados iguales (y ángulos interiores iguales cada uno de 60°).

**equilibrante** Fuerza única que puede equilibrar a un conjunto dado de fuerzas al ser igual y opuesta a la resultante de dichas fuerzas.

**equilibrio** Estado de momento constante. Un objeto está en equilibrio si:

(1) su momento lineal no varía (se mueve en línea recta a velocidad constante y tiene masa constante, o está en reposo);
(2) su momento angular no varía (su rotación es nula o constante).

Para que se verifiquen estas condiciones:

(1) la resultante de todas las fuerzas exteriores que obran sobre un objeto debe ser nula (o bien no hay fuerzas exteriores);
(2) no hay efecto de rotación resultante (momento).

Un objeto no está en equilibrio si se verifica cualquiera de las condiciones siguientes:

(1) su masa está variando;
(2) su velocidad está variando;
(3) su dirección está variando;
(4) su velocidad de rotación está variando.

*Véase también* estabilidad.

**equivalencia** *Véase* bicondicional.

**equivalencia, principio de** †*Véase* relatividad.

**erg** †Antigua unidad de energía del sistema c.g.s. igual a $10^{-7}$ joule.

**error** 1. Incertidumbre en una medida o estimación de una cantidad. Por ejemplo, en un termómetro de mercurio sólo es posible leer temperaturas con aproximación de un grado Celsius. Una temperatura de 20°C se debería escribir entonces (20 ± 0,5)°C porque realmente significa 'entre 19,5°C y 20,5°C'. Hay dos tipos básicos de error. El *error aleatorio* en cualquier dirección no puede predecirse ni compensarse. Comprende las limitaciones de la precisión del instrumento de medida y las limitaciones de su lectura. El *error sistemático* procedente de defectos o variaciones de las condiciones sí se puede corregir. Por ejemplo, si el extremo de una regla está desgastado de manera que faltan 2 milímetros de la escala, toda medición tomada con ella estará corta en 2 milímetros.
2. Todo defecto o error en un programa de ordenador. *Véase* depuración.

**errores, rastreo de** *Véase* depuración.

**E/S** *Véase* entrada/salida.

**escala** 1. Marcas sobre los ejes de un gráfico o sobre un instrumento de medida que corresponden a valores de una cantidad. Cada unidad de longitud en una escala lineal representa el mismo intervalo. Por ejemplo, un termómetro que tiene marcas a 1 milímetro de distancia para representar intervalos de 1°C tiene una escala lineal. *Véase también* escala logarítmica.
2. Razón de la longitud de un segmento entre dos puntos de un mapa o la distancia representada. Por ejemplo, un mapa en el que dos puntos distantes 5 kilómetros están representados por dos puntos distantes 5 centímetros tiene una escala de 1/100 000.

**escala, factor de** El factor de multiplicación de cada medida lineal de un objeto cuando se ha de ampliar respecto de un centro de ampliación dado. El factor de escala puede ser positivo, negativo, fraccionario. Si el factor de escala es positivo, la imagen es mayor que el objeto y queda del mismo lado del centro de ampliación que el objeto. Si el factor de escala es fraccionario positivo, la imagen será menor que el objeto pero del mismo lado del centro de ampliación. Si el factor de escala es negativo, la imagen estará del lado opuesto del centro de ampliación y será invertida.

**escalar** Número o medida en que la dirección no interviene o carece de significado. Por ejemplo, la distancia es una cantidad escalar, en tanto que el desplazamiento es un vector. La masa, la temperatura, el tiempo son escalares –se dan como un número puro con una unidad. *Véase también* vector.

**escalar, producto** †Producto de dos vectores que da un escalar. El producto escalar de **A** y **B** se define por $\mathbf{A} \cdot \mathbf{B} = AB\cos\theta$, donde $A$ y $B$ son las magnitudes de **A** y **B** y $\theta$ es el ángulo que forman los vectores. Un ejemplo es una fuerza **F** que se desplaza **s**. Aquí el producto escalar es la energía transferida (o trabajo hecho):

$$W = \mathbf{F} \cdot \mathbf{s}$$
$$W = \mathbf{F}s\cos\theta$$

siendo $\theta$ el ángulo formado por la recta de acción de la fuerza con el desplazamiento. Un producto escalar se indica con un punto entre los vectores. El producto escalar es conmutativo

$$\mathbf{A} \cdot \mathbf{B} = \mathbf{B} \cdot \mathbf{A}$$

y es distributivo con respecto a la adición vectorial

$$\mathbf{A} \cdot (\mathbf{B} + \mathbf{C}) = \mathbf{A} \cdot \mathbf{B} + \mathbf{A} \cdot \mathbf{C}$$

Si **A** es perpendicular a **B**, $\mathbf{A} \cdot \mathbf{B} = 0$. En coordenadas cartesianas bidimensionales con vectores unitarios **i** y **j** en los ejes $x$ y $y$ respectivamente,
$\mathbf{A} \cdot \mathbf{B} = (a_1\mathbf{i} + a_2\mathbf{j}) \cdot (b_1\mathbf{i} + b_2\mathbf{j}) = a_1b_1 + a_2b_2$. *Véase también* producto vector.

**escalar, proyección** Longitud de la proyección ortogonal de un vector sobre otro. Por ejemplo, la proyección de **A** sobre **B** es $A\cos\theta$, o sea $(\mathbf{A} \cdot \mathbf{B})/\mathbf{b}$ siendo $\theta$ el menor ángulo entre **A** y **B**, y **b** el vector unitario en la dirección de **B**. *Compárese* con proyección vectorial.

**escaleno** 1. Triángulo cuyos tres lados son desiguales.
2. †Cono o cilindro cuyo eje no es perpendicular a la base.

**escape, celeridad de** (velocidad de escape) Es la celeridad (velocidad) mínima que debe tener un objeto para escapar de la superficie de un planeta (o de la luna) en contra de la atracción gravitacional. †La celeridad de escape es igual a $\sqrt{2GM/r}$ donde $G$ es la constante de la gravitación, $M$ es la masa del planeta y $r$ su radio. El concepto también se aplica al escape del objeto de una órbita distante.

**escrúpulo** (scruple) Unidad de masa igual a 20 granos (grains). Equivale a 1,295 978 gramos.

**escuadra** Instrumento de dibujo formado por una placa plana rígida triangular con un ángulo recto y que se usa para dibujar ángulos rectos y ángulos de 30°, 45° y 60°. Las hay variables de modo que se puedan trazar otros ángulos.

**esfera** Superficie cerrada constituida por el conjunto de puntos del espacio que están a una distancia dada, el radio $r$, de un punto dado, el centro. Una esfera es generada por un círculo que gira una revolución completa en torno a un eje que es uno de sus diámetros. Las secciones de la esfera por un plano son círculos. La esfera es simétrica respecto de cualquier plano que pase por su centro y las dos figuras simétricas de cada lado del plano se llaman *hemisferios*. En coordenadas cartesianas, la ecuación de una esfera de radio $r$ y centro en el origen es

$$x^2 + y^2 + z^2 = r^2$$

**esférica, trigonometría** †Estudio y resolución de triángulos esféricos.

**esféricas, coordenadas polares** †Método para definir la posición de un punto en el espacio por su distancia radial $r$ a un punto fijo u origen $O$, y su posición angular sobre la superficie de una esfera de centro $O$, la cual viene dada por dos ángulos $\theta$ y $\phi$. $\theta$ es el ángulo que el radio vector $r$ forma con un eje vertical que pasa por $O$ (del polo sur al polo norte). Se llama *colatitud*. Para puntos sobre el eje vertical encima de $O$, es $\theta = 0$. Para puntos que están en el plano horizontal 'ecuatorial' es $\theta = 90°$. Para puntos sobre el eje vertical y debajo de $O$, es $\theta = 180°$. $\phi$ es el ángulo que el radio vector forma con un eje en el plano ecuatorial y se llama *azimut*. Para todos los puntos situados en el plano axial, es decir verticalmente encima o debajo de este eje, es $\phi = 0$ en el lado positivo de $O$ y $\phi = 180°$ en el lado negativo. Este plano corresponde al plano $y = 0$ en coordenadas cartesianas rectangulares. Para puntos situados sobre el plano vertical a 90° con éste ($x = 0$ en coordenadas cartesianas), $\phi = 90°$ en el semiplano positivo y 270° en el negativo. Para un punto $P(r, \theta, \phi)$ las coordenadas cartesianas rectangulares correspondientes $(x, y, z)$ son

$$x = r \cos\phi \operatorname{sen}\theta$$
$$y = r \operatorname{sen}\phi \operatorname{sen}\theta$$
$$z = r \cos\theta$$

*Compárese* con coordenadas polares cilíndricas. *Veáse también* coordenadas cartesianas, coordenadas polares.

**esférico, sector** †Sólido generado por rotación de un sector de círculo en torno a un diámetro del círculo. El volumen de un sector esférico generado por un sector circular de altura $h$ (paralela al eje de rotación) y radio $r$ es

$$(2/3)\pi r^2 h$$

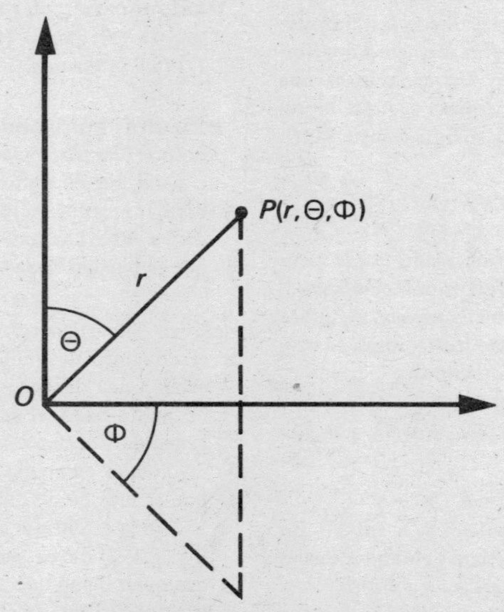


El punto $P(r, \theta, \phi)$ en coordenadas polares esféricas.

**esférico, segmento** †Sólido formado al cortar una esfera por uno o dos planos paralelos. El volumen de un segmento esférico limitado por secciones circulares de radio $r_1$ y $r_2$ distantes $h$ entre sí es

$$(1/6)\pi h(3r_1^2 + 3r_2^2 + h^2)$$

Si el segmento está limitado por una sección plana solamente de radio $r$ y la superficie de la esfera, entonces el volumen es

$$(1/6)\pi h(3r^2 + h^2)$$

**esférico, triángulo** †Figura sobre la superficie de la esfera limitada por tres círculos máximos. Un *triángulo esférico rectángulo* tiene al menos un ángulo recto, el *birrectángulo* tiene dos y el *trirrectángulo* tiene tres ángulos rectos. Si uno de los lados de un triángulo esférico subtiende un ángulo de 90° en el centro de la esfera, se llama entonces *triángulo esférico de un cuadrante*. Un *triángulo esférico oblicuángulo* no tiene ángulos rectos.

**esferoide** Cuerpo o superficie curva parecida a una esfera pero alargada o acortada en una dirección. *Véase* elipsoide.

**esfuerzo** (potencia) Fuerza aplicada a una máquina. *Véase* máquina.

**espacio-tiempo** †En la física newtoniana (pre-relativista) el espacio y el tiempo son cantidades absolutas y separadas; es decir, que son las mismas para todos los observadores en cualquier sistema de referencia. Un suceso observado en un sistema también es observado en el mismo lugar y al mismo tiempo por otro observador de un sistema diferente. Después de haber propuesto Einstein su teoría de la relatividad, Minkowski sugirió que como el espacio y el tiempo ya no se podían considerar como continuos separados, deberían sustituirse por un solo continuo de cuatro dimensiones, el llamado espacio-tiempo. En el espacio-tiempo la historia del movimiento de un objeto en el curso del tiempo está representada por una línea llamada *curva de universo*. *Véase también* sistema de referencia, teoría de la relatividad.

**especial, teoría** † *Véase* relatividad.

**esperado, valor** (esperanza) Es el valor de una cantidad variable calculado como el de más probable ocurrencia. †Si $x$ puede tomar cualquier valor del conjunto de valores discretos $\{x_1, x_2, \dots x_n\}$, que tienen probabilidades respectivas $\{p_1, p_2, \dots p_n\}$ entonces el valor esperado es $E(x) = x_1p_1 + x_2p_2 + \dots + x_np_n$
Si $x$ es una variable continua con una función de densidad de probabilidades $f(x)$, entonces

$$E(x) = \int_{-\infty}^{\infty} x f(x) dx$$

**esperanza** *Véase* valor esperado.

**estabilidad** Medida de la dificultad para desplazar un objeto o sistema de su posición de equilibrio.
En la estática se dan tres casos que difieren en el efecto de un pequeño desplazamiento sobre el centro de masa. Son:
(1) *Equilibrio estable*: el sistema regresa a su estado original cuando se suprime la fuerza causante del desplazamiento.
(2) *Equilibrio inestable*: el sistema se aleja del estado original cuando se le desplaza una pequeña distancia.
(3) *Equilibrio indiferente*: al ser desplazado una pequeña distancia, el sistema está en equilibrio en su nueva posición.
La estabilidad de un objeto mejora: (a) bajando su centro de masa; o (b) aumentando la superficie de apoyo o con ambas cosas.

**estable, equilibrio** Equilibrio tal que si el sistema es perturbado ligeramente, tiende a volver a su estado original. *Véase* estabilidad.

**estacionaria, onda** Efecto de interferencia resultante de dos ondas del mismo tipo que se mueven con igual fre-

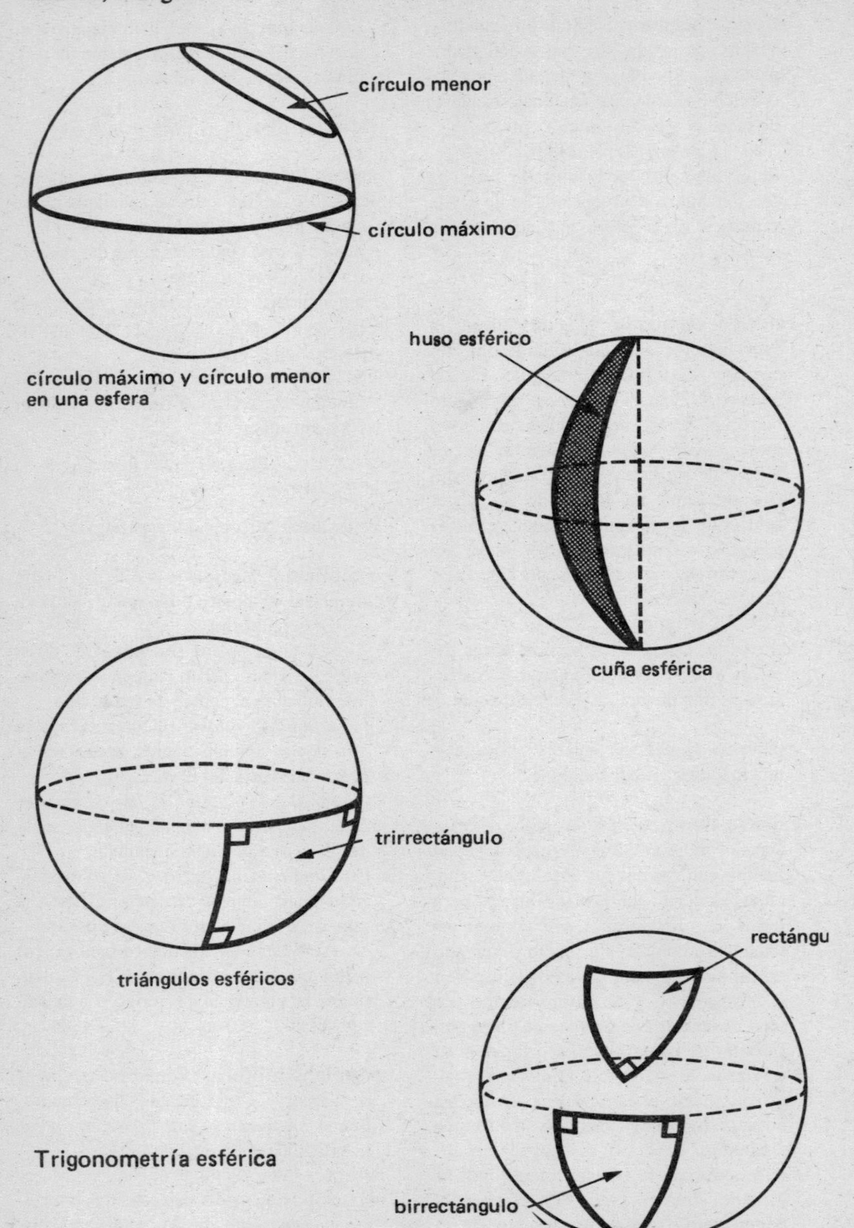


Trigonometría esférica

cuencia a través de la misma región. El efecto se produce con más frecuencia cuando una onda es reflejada sobre su propia trayectoria. La configuración de interferencias resultantes es la de una onda estacionaria. En ella, ciertos puntos indican siempre máxima amplitud y otros mínima amplitud: son los llamados *antinodos* y *nodos* respectivamente. La distancia entre un nodo y un antinodo sucesivos es un cuarto de longitud de onda.

**estacionario, punto** Punto de una curva en el cual la pendiente de la tangente es nula. Todos los puntos máximos y mínimos son estacionarios. En tales casos, la pendiente de la tangente pasa por cero y cambia de signo. Existen puntos estacionarios que no son de esta clase, como cuando la curva se hace horizontal y luego sigue creciendo o decreciendo como antes. †En un punto estacionario la derivada $dy/dx$ de $y = f(x)$ se anula. En un máximo, la segunda derivada $d^2y/dx^2$ es negativa, en un mínimo es positiva. En un punto de inflexión horizontal la segunda derivada es nula. No todos los puntos de inflexión dan $dy/dx = 0$, o sea que no todos son puntos estacionarios.

En un punto estacionario de una superficie curva que represente una función $f(x,y)$ de dos variables, las derivadas parciales $\partial f/\partial x$ y $\partial f/\partial y$ son ambas cero. Puede tratarse de un máximo, de un mínimo o bien de un punto de silla. *Véase también* punto de silla.

**estadígrafo** Parámetro estadístico calculado sobre una muestra. Así, la media muestral, la varianza muestral son estadígrafos.

**estadística** Conjunto de métodos de planificación de experimentos, obtención de datos, análisis de los mismos, deducción de conclusiones a partir de dicho análisis y toma de decisiones con base en el análisis. En la inferencia estadística se infieren conclusiones sobre una población de análisis de una muestra. En la estadística descriptiva se hace el tratamiento de los datos. *Véase también* muestreo.

**estadística, inferencia** *Véase* muestreo.

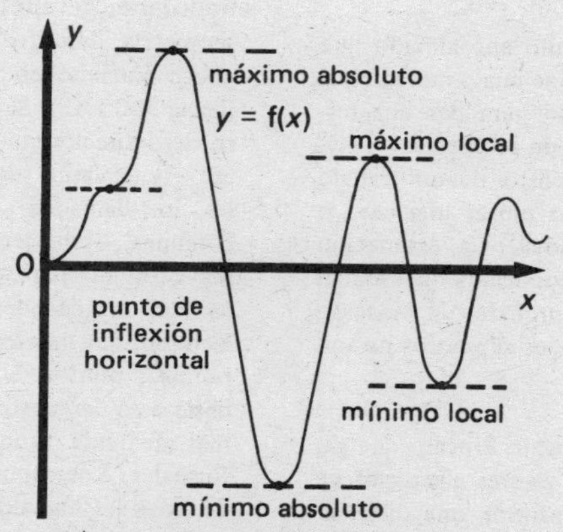


Gráfico de una función $y = f(x)$ donde se ven varios puntos estacionarios de diferentes tipos.

**estado sólido, memoria de** *Véase* memoria.

**estática** Parte de la mecánica que trata de las fuerzas sobre un objeto o sistema en equilibrio, en cuyo caso no hay fuerza ni par resultantes y por tanto no hay aceleración. *Véase también* mecánica.

**estático, rozamiento** *Véase* rozamiento.

**esteradián** Símbolo: sr Unidad SI de ángulo sólido. La superficie de una esfera, por ejemplo, subtiende un ángulo sólido de $4\pi$ en su centro. El ángulo sólido de un cono es el área que intercepta el cono sobre la superficie de una esfera de radio unidad.

**estereográfica, proyección** †Transformación geométrica de una esfera en un plano. Se toma un punto de la superficie de la esfera –el polo de proyección– y la proyección de los puntos de la esfera sobre un plano se tiene trazando rectas desde el polo que pasen por dichos puntos y prolongándolas hasta el plano. El plano no debe pasar por el polo y es perpendicular al diámetro de la esfera que pasa por el polo.

**estimación** 1. Cálculo aproximado que por lo general supone una o más aproximaciones, efectuado para dar una respuesta preliminar a un problema.
2. Indicación del costo de un trabajo determinado, como pintar una casa o reparar un automóvil. La estimación debe declarar los supuestos que se han hecho y el margen probable de variación de la suma total si los supuestos no son válidos.

**estocástico, proceso** †Proceso que genera una serie de valores aleatorios de una variable y conforma una distribución estadística particular a partir de éstos. Por ejemplo, la distribución de Poisson se puede conformar mediante un proceso estocástico que parte de valores tomados de una tabla de números aleatorios. *Véase también* distribución de Poisson.

**éter** Fluido hipotético del cual se pensaba antes que permeaba todo el espacio y que era el medio a través del que se propagaban las ondas electromagnéticas. *Véase* relatividad.

**Euclides, algoritmo de** †Método para encontrar el máximo común divisor de dos enteros positivos. Se divide el número mayor por el menor y el menor se divide por el resto obteniéndose así un nuevo resto. Luego, se divide el primer resto por este segundo resto con lo que se tiene un tercero; el segundo resto se divide por el tercero y así sucesivamente hasta llegar a un resto nulo. El resto anterior al resto nulo es el máximo común divisor de los dos números dados. Por ejemplo, sean los números 54 y 930. Al dividir 930 por 54 se tiene cociente 17 y resto 12. Dividiendo ahora 54 por 12 el cociente es 4 y el resto 6. Dividiendo 12 por 6 se tiene 2 como cociente y resto 0. Así que 6 es el máximo común divisor de 54 y 930.

**euclidiana, geometría** Sistema de geometría descrito por el matemático griego Euclides en su libro *Elementos* (hacia 300 a. C.). Se basa en cierto número de definiciones –de punto, de recta, etc.– y en varios supuestos fundamentales, los llamados axiomas o 'nociones comunes' –por ejemplo, que el todo es mayor que la parte– y postulados acerca de propiedades geométricas; por ejemplo, que una recta está determinada por dos puntos. Utilizando estas ideas básicas se demuestran numerosos teoremas mediante razonamientos deductivos formales. Los supuestos fundamentales de Euclides han sido modificados, pero el sistema es en esencia el que hoy se emplea en la 'geometría pura'.
†Postulado importante en el sistema de

Euclides es el referente a las rectas paralelas (el *postulado de las paralelas*). En su forma actual dice que por un punto exterior a una recta sólo pasa una paralela a dicha recta. *Véase* geometría no Euclidiana.

**Euler, característica de** †Propiedad topológica de una curva o superficie. Para una curva, la característica de Euler es el número de vértices menos el número de segmentos de recta continuos cerrados entre ellos. Por ejemplo, todo polígono tiene característica de Euler igual a cero. Para una superficie, la característica de Euler es igual al número de vértices más el número de caras menos el número de aristas. Por ejemplo, un cubo tiene característica de Euler igual a 2, y un cilindro, una cinta de Möbius y una botella de Klein tienen característica de Euler nula.

**Euler, fórmula de** 1. (para poliedros) Es la fórmula que relaciona el número de vértices $v$, caras $f$, y aristas $e$ en un poliedro, o sea:

$$v + f - e = 2$$

Por ejemplo, un cubo tiene ocho vértices, seis caras y doce aristas:

$$8 + 6 - 12 = 2$$

Mediante el teorema se puede demostrar que sólo hay cinco poliedros regulares.
2. †Definición de la función $e^{i\theta}$ para todo valor real de $\theta$, siendo i la raíz cuadrada de $-1$, o sea

$$e^{i\theta} = \cos\theta + i\,\mathrm{sen}\,\theta.$$

Todo número complejo $z = x + iy$ se puede escribir en esta forma, con $x = r\cos\theta$ y $y = r\,\mathrm{sen}\,\theta$ reales, donde $r$ y $\theta$ representan $z$ en un diagrama de Argand. Obsérvese que con $\theta = \pi$ se tiene $e^{i\pi} = -1$ y con $\theta = 2\pi$ se tiene $e^{2\pi i} = 1$.

**evoluta** †La evoluta de una curva dada es el conjunto de los centros de curvatura de todos los puntos de la curva. La evoluta de una superficie es otra superficie constituida por el conjunto de todos los centros de curvatura de la primera superficie.

**exactitud** Es el número de cifras significativas de un número que representa una medida o valor de una cantidad. Si una longitud se escribe 2,314 metros, entonces se supone normalmente que las cuatro cifras son significativas y que la longitud se ha medido con aproximación al milímetro. Por ejemplo, es incorrecto escribir un número con precisión de cuatro cifras significativas, cuando la exactitud del valor sólo llega a tres cifras significativas, a menos que se indique el error en la estimación. Por ejemplo, 2,310 ± 0,005 metros equivale a 2,31 metros.

**excentricidad** Medida de la forma de una cónica. La excentricidad es la razón de la distancia de un punto de la curva a un punto fijo (el foco) a la distancia del punto a una recta fija (la directriz). Para una parábola, la excentricidad es uno. Para una hipérbola mayor que uno y para una elipse está entre 0 y 1. Un círculo tiene excentricidad 0.

**excéntricos** Círculos, esferas, etc., que no tienen el mismo centro. *Compárese* con concéntricos.

**exclusiva, disyunción** (o exclusivo) *Véase* disyunción.

**exclusivo, o** *Véase* disyunción, elemento "o exclusivo".

**explícita** Función que no contiene variables dependientes. *Compárese* con implícita.

**exponencial** Función o cantidad que varía con la potencia de otra cantidad. En $y = 4^x$, $y$ varía exponencialmente con respecto a $x$. La función $e^x$ (o exp$x$), donde e es la base de los logaritmos naturales, es la exponencial de $x$.
†La serie infinita

$1 + x + x^2/2! + x^3/3! + \ldots +$
$x^n/n! + \ldots$
es igual a $e^x$ y se llama *serie exponencial.* La forma exponencial de un número complejo es

$$re^{i\theta} = r(\cos\theta + i\,\mathrm{sen}\,\theta).$$

*Véase también* número complejo, fórmula de Euler, serie de Maclaurin.

**exponencial, serie** †Es la serie infinita de potencias desarrollo de la función $e^x$, o sea:
$1 + x + x^2/2! + x^3/3! + \ldots +$
$x^n/n! + \ldots$
La serie es convergente para todos los valores reales de la variable $x$.
Cambiando $x$ por $-x$ se tiene una serie alternada para $e^{-x}$:
$1 - x + x^2/2! - x^3/3! + \ldots$
Combinando las series de $e^x$ y $e^{-x}$ se obtienen series para senh$x$ y cosh$x$.

**exponente** Número o símbolo escrito como superíndice después de una expresión para indicar la potencia a la cual está elevada ésta. Por ejemplo, $x$ es exponente en $y^x$ y en $(ay + b)^x$
Los exponentes de números se combinan según las leyes siguientes:
Multiplicación:

$$x^a x^b = x^{a+b}$$

División:

$$x^a/x^b = x^{a-b}$$

Potencia de potencia:

$$(x^a)^b = x^{ab}$$

Exponente negativo:

$$x^{-a} = 1/x^a$$

Exponente fraccionario:

$$x^{a/b} = \sqrt[b]{x^a}$$

Un número elevado a la potencia cero es igual a 1; o sea que $x^0 = 1$.

**expresión** Combinación de símbolos (que representan números u otras entidades matemáticas) y operaciones; por ejemplo, $3x^2$, $\sqrt{x^2 + 2}$, $e^x - 1$.

**externo, ángulo** Angulo que forma la prolongación de un lado de un polígono en el exterior de la figura con el otro lado que sale del mismo vértice. En un triángulo, el ángulo externo en un vértice es igual a la suma de los ángulos internos no adyacentes, es decir, los de los otros dos vértices. *Compárese* con ángulo interno.

**extrapolación** Estimación del valor de una función o cantidad fuera de un intervalo conocido de valores. Por ejemplo, si la velocidad de una máquina está controlada por una palanca, y al bajar ésta dos, cuatro y seis centímetros se tienen velocidades de 20, 30 y 40 revoluciones por segundo respectivamente, entonces se puede extrapolar a partir de esta información y suponer que bajándola dos centímetros más la velocidad se aumentará a 50 revoluciones por segundo. La extrapolación puede efectuarse también gráficamente; por ejemplo, se traza un gráfico sobre un intervalo conocido de valores y se prolonga la curva que resulte. Cuanto más se aleje esta línea del intervalo conocido, mayor será la incertidumbre de la extrapolación. El caso en que el gráfico de la marcha es una recta (como en el ejemplo dado) es

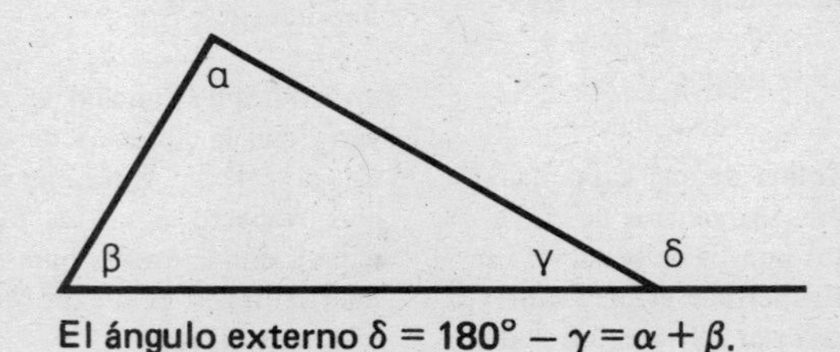

El ángulo externo $\delta = 180° - \gamma = \alpha + \beta$.

una *extrapolación lineal. Compárese* con interpolación.

**extremo, punto** Punto del gráfico de una función en el cual la pendiente de la tangente a una curva continua cambia de signo. Si la pendiente pasa de positiva a negativa, es decir, si la coordenada $y$ deja de crecer y empieza a disminuir, se trata de un punto máximo. Si la pendiente pasa de negativa a positiva, es un punto mínimo. †Los puntos extremos pueden ser máximos y mínimos locales o máximos y mínimos absolutos. Todos los puntos extremos son puntos estacionarios. En un punto extremo la derivada $dy/dx$ de la curva $y = f(x)$ es nula. *Véase también* punto estacionario.

# F

**F, distribución** †Distribución estadística que muestra la razón de las varianzas, $s_1^2/s_2^2$, de dos muestras aleatorias de tamaños $n_1$ y $n_2$ tomadas de una distribución normal. Se emplea para comparar estimaciones diferentes de la misma varianza.

**factor** (divisor) Número que divide a otro. *Véase también* factor primo.

**factor, teorema del** †Es la condición de que $(x - a)$ es factor de un polinomio $f(x)$ en una variable $x$ si y sólo si $f(a) = 0$. Por ejemplo, si $f(x) = x^2 + x - 6$, $f(2) = 4 + 2 - 6 = 0$, y $f(-3) = 9 - 3 - 6 = 0$, así que los factores de $f(x)$ son $x - 2$ y $x + 3$. El teorema del factor se deduce del teorema del resto.

**factorial** Producto de todos los números enteros positivos sucesivos hasta un número dado. Por ejemplo, 7 factorial, que se escribe 7!, es igual a $1 \times 2 \times 3 \times 4 \times 5 \times 6 \times 7 = 5040$. 0! se define igual a 1.

**factorización** Conversión de una expresión algebraica o numérica de suma en producto, por ejemplo, el primer miembro de la ecuación $4x^2 - 4x - 8 = 0$ se puede factorizar en $(2x + 2)(2x - 4)$ con lo cual se facilita despejar la $x$. Como el producto de los dos factores es 0 si uno de los factores es 0, se sigue entonces que $2x + 2 = 0$ y $2x - 4 = 0$ dan las soluciones, es decir, los valores $x = -1$ y $x = 2$.

**Fahrenheit, grado** Símbolo: °F Unidad de diferencia de temperaturas igual a 1/180 de la diferencia entre las temperaturas de congelación y ebullición del agua. En la escala Fahrenheit el agua se congela a 32°F y hierve a 212°F. Para convertir una temperatura en la escala Fahrenheit ($T_F$) a la escala Celsius ($T_C$) se emplea la fórmula $T_F = 9T_C/5 + 32$.

**falacia** *Véase* lógica.

**familia** Conjunto de curvas o figuras relacionadas. Por ejemplo, la ecuación $y = 3x + c$ representa una familia de rectas paralelas.

**farad** Símbolo: F Unidad SI de capacitancia. Cuando las placas de un condensador están cargadas con un coulomb y hay una diferencia de potencial de un volt entre ellas, entonces el condensador o capacitor tiene una capacidad de un farad. $1\ F = 1\ C\ V^{-1}$, o sea que 1 farad = 1 coulomb por volt.

**fase** Estado en un ciclo que ha alcanzado una onda (u otro sistema periódico) en un momento dado (tomado a partir de cierto punto de referencia). Dos ondas están *en fase* si coinciden sus máximos y sus mínimos.

†Dada una onda simple representada por la ecuación

$$y = a\,\mathrm{sen}\,2\pi(ft - x/\lambda)$$

la fase de la onda es la expresión

$$2\pi(ft - x/\lambda)$$

La *diferencia de fase* entre dos puntos a distancias $x_1$ y $x_2$ del origen es

$$2\pi(x_1 - x_2)/\lambda$$

Una ecuación más general para una onda progresiva es

$$y = a\text{sen}2\pi(ft - x/\lambda - \phi)$$

Donde $\phi$ es la *constante de fase* – la fase cuando $t$ y $x$ son cero. Dos ondas que están fuera de fase tienen diferentes constantes de fase ('empiezan' en diferentes estados en el origen). La diferencia de fase es $\phi_1 - \phi_2$. Es igual a $2\pi x/\lambda$, donde $x$ es la distancia entre puntos correspondientes de las dos ondas. Es el *ángulo de fase* entre las dos ondas, o sea el ángulo formado por dos vectores rotatorios (fasores) que representan a las ondas.
*Véase también* onda.

**fase, ángulo de** †*Véase* fase.

**fase, constante de** †*Véase* fase.

**fase, diferencia de** †*Véase* fase.

**fase, velocidad de** †Velocidad con que se propaga la fase en una onda progresiva. Es igual a $\lambda/T$, siendo $T$ el período.

**fasor** *Véase* movimiento armónico simple.

**fathom** Unidad de longitud que se usa para medir la profundidad del agua. Es igual a 6 feet (1,8288 m).

**femto-** Símbolo: f Prefijo que indica $10^{-15}$. Por ejemplo, 1 femtometro (fm) = $10^{-15}$ metro (m).

**Fermat, último teorema de** †Teorema que dice que la ecuación

$$x^n + y^n = z^n$$

con $n$ entero mayor que 2, no puede tener solución para $x$, $y$ y $z$. Fermat escribió al margen de un libro sobre ecuaciones que había descubierto una demostración 'ciertamente maravillosa' del teorema, pero que el margen era demasiado pequeño para anotarla. Infortunadamente murió antes de que pudiera ofrecer la demostración y hasta ahora no se ha podido demostrar el teorema, ni se ha encontrado ninguna solución.

**fermi** †Unidad de longitud igual a $10^{-15}$ metro. Se utilizaba antes en física atómica y nuclear.

**Fibonacci, números de** Sucesión en la cual los números sucesivos se forman sumando los dos anteriores:
1, 1, 2, 3, 5, 8, 13, 21, . . .

**ficticia, fuerza** †Fuerza que aparece en un sistema en virtud del sistema de referencia del observador. Son 'fuerzas ficticias' porque realmente no existen y se pueden eliminar pasando a otro sistema de referencia. Ejemplos son la fuerza centrífuga y la fuerza de Coriolis.

**ficha** Pieza rectangular de papel rígido de alta calidad en el cual se puede registrar información. En el caso de una *ficha perforada* la información se registra en una configuración de agujeros rectangulares en la ficha o tarjeta, como también se la llama. Las fichas perforadas son de tamaño uniforme y están divididas en varias columnas en toda su longitud, por lo general 80. La ficha de 80 columnas mide 18,73 × 8,25 cm. Cada una de las 80 columnas tiene 12 posiciones en las cuales se puede perforar un agujero. Una cifra (0-9), letra o bien otro caracter está representado por una combinación particular de perforaciones en una columna. Así que se pueden utilizar varias columnas adyacentes para registrar una pieza de información.
Las fichas perforadas fueron los primeros instrumentos con los cuales se podía alimentar información a un ordenador y obtenerla del mismo, pero su uso está disminuyendo. La información suele ser registrada mediante una *perforadora*, máquina que se opera manualmente desde un teclado parecido al de una má-

quina de escribir y que produce los agujeros necesarios que hay que perforar en cada columna de la ficha. La exactitud del perforado es comprobada por una máquina llamada *verificadora*. La información perforada es alimentada entonces al computador utilizando una *lectora de fichas*, dispositivo que detecta la presencia o ausencia de perforaciones en cada columna y convierte esta información en una serie de impulsos eléctricos. (Una perforación produce generalmente un impulso, la 'ausencia de agujero' no produce ningún impulso.) Los impulsos son transmitidos al procesador central del ordenador. Si bien pueden leerse quizás 1000 fichas por minuto, la lectora de fichas se considera un dispositivo de entrada muy lento. La información es producida en fichas perforadas mediante una *perforadora de fichas* que perfora automáticamente los datos en las fichas. *Compárese* con cinta de papel, cinta magnética, disco.

**figura** Combinación de puntos, líneas, curvas o superficies. Los círculos, los cuadrados, los triángulos, son figuras planas; las esferas, cubos y pirámides son figuras sólidas.

**fila, matriz** *Véase* vector fila.

**fila, vector** (matriz fila) Conjunto de $n$ cantidades dispuestas en fila, o sea una matriz $1 \times n$. Por ejemplo, las coordenadas de un punto en un sistema cartesiano con tres ejes es un vector fila $1 \times 3$, $(x,y,z)$.

**finito, conjunto** Conjunto con un número de elementos fijo que se pueden contar, como el conjunto de 'meses del año' que tiene 12 elementos y por tanto es finito. *Compárese* con conjunto infinito.

**finito, decimal** *Véase* decimal.

**física, dotación** (hardware) Organización física de un sistema de ordenador, es decir, sus circuitos electrónicos, unidades de discos y cinta magnética, impresoras por línea, gabinetes, etc. *Compárese* con soporte lógico.

**flexible, disco** (disquete) Dispositivo que puede usarse para almacenar información, semejante en estructura y empleo a un disco pero más pequeño y barato. Es un disco plástico flexible con una cobertura magnética en una o ambas caras. Está permanentemente alojado en una cubierta rígida dentro de la cual se le puede hacer girar. Una cabeza de lectura-grabación opera a través de una ranura de la cubierta. El *miniflexible* o *minidisquete* es una versión más pequeña aún. *Véase* disco.

**flotación** Tendencia de un objeto a flotar. El término se usa también a veces para la fuerza de flotación sobre un cuerpo. † *Véase* centro de flotación. *Véase también* fuerza ascensional.

**flotación, centro de** †(de un objeto sumergido en un fluido) Es el centro de masa del volumen de fluido desplazado. Para que un objeto flotante se mantenga en estabilidad, el centro de masa del objeto debe estar por debajo del centro de flotación; cuando el objeto está en equilibrio, ambos quedan en la misma vertical. *Véase también* principio de Arquimedes.

**flotación, ley de la** Un objeto que flota en un fluido desplaza su propio peso de fluido, según se deduce del principio de Arquimedes para el caso especial de objetos flotantes (un objeto flotante está en equilibrio y su único soporte procede del fluido. Puede estar total o parcialmente sumergido).

**fluida, onza** *Véase* onza.

**flujo, diagrama de** Diagrama en el cual se pueden representar las principales eta-

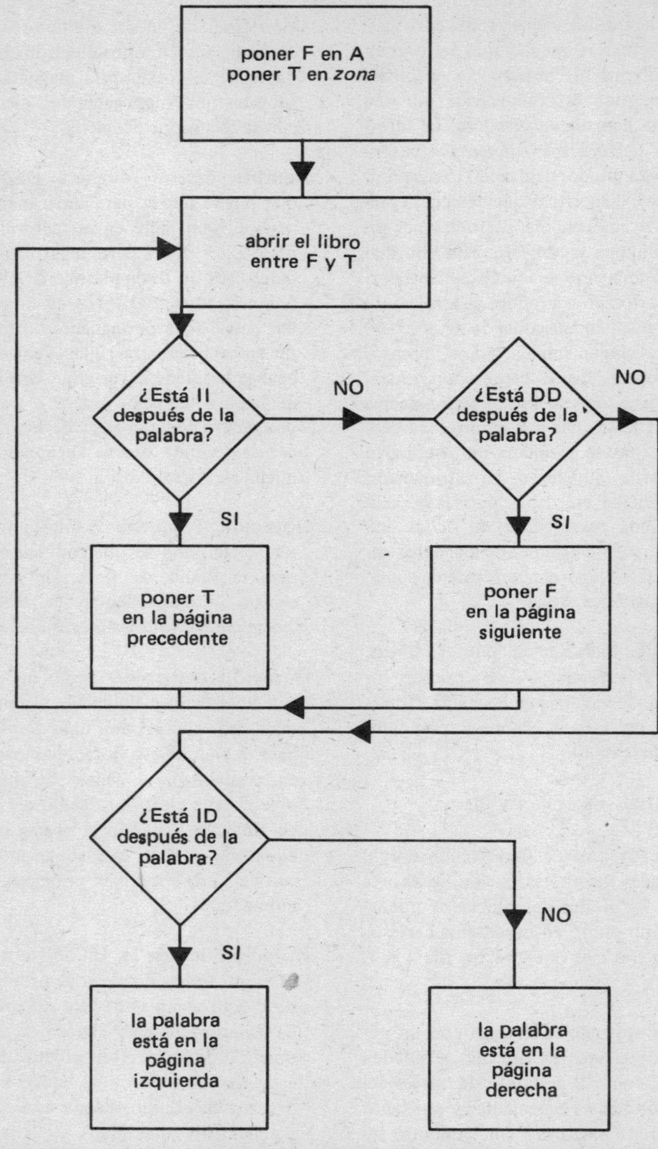


Diagrama de flujo para averiguar en qué página está una palabra en este diccionario (suponiendo que esté). F es un señalador frontero, T un señalador trasero, II es la primera palabra de una página izquierda, DD la última palabra de una página derecha e ID es la primera palabra de una página derecha.

pas de un proceso utilizado por ejemplo en la industria, o de un problema que va a investigarse o de una tarea por efectuarse. Un diagrama de flujo está formado por varios rectángulos conectados mediante líneas de flechas. Los rectángulos, que pueden ser de distintas formas, tienen una leyenda que indica por ejemplo la operación o cálculo que se ha de hacer en cada etapa o paso. En un rectángulo o *símbolo de decisión* se plantea una pregunta. La respuesta, ya sea sí o no, determina cuál de dos caminos posibles se ha de seguir; los programas de ordenador suelen escribirse trazando primero un diagrama de flujo del problema o tarea que se ha de hacer. *Véase también* programa.

**focal, cuerda** †Cuerda de una cónica que pasa por un foco.

**focal, radio** †Segmento que va del foco de una cónica a un punto de ésta.

**foco** Es un punto asociado a una cónica. La distancia del foco a un punto de la curva está en una razón fija (la excentricidad) con la distancia del punto a una recta (la directriz). La elipse tiene dos focos. La suma de las distancias de un punto de la curva a cada foco es constante para todos los puntos de la curva. *Véase también* cónica.

**foot** (pie) Símbolo: ft Unidad de longitud en el sistema f.p.s. (tercera parte de una yarda). Es igual a 0,304 8 metro.

**formal, lógica** *Véase* lógica simbólica.

**formato** Disposición de información de una página impresa, en una ficha perforada, en el dispositivo de almacenamiento de un ordenador, etc., que se debe o se tiene que usar para cumplir ciertos requisitos.

**fórmula** Expresión general que puede aplicarse a diversos valores diferentes de las cantidades que entran en ella. Por ejemplo, la fórmula del área de un círculo es $\pi r^2$, siendo $r$ el radio.

**FORTRAN** *Véase* programa.

**forzada, oscilación** (vibración forzada) Oscilación de un sistema u objeto a una frecuencia diferente de su frecuencia natural. La oscilación forzada tiene que ser inducida por una fuerza externa periódica. *Compárese* con oscilación libre. *Véase también* resonancia.

**Foucault, péndulo de** Péndulo simple que consiste en una lenteja pesada al extremo de una larga cuerda. El período es grande y el plano de oscilación gira lentamente durante un período de tiempo a consecuencia de la rotación de la Tierra. †La fuerza aparente que causa este movimiento es la fuerza de Coriolis.

**Fourier, series de** †Método para expresar una función por un desarrollo en serie infinita de funciones periódicas (senos y cosenos). Las frecuencias de los senos y cosenos aumentan en un factor constante a cada término sucesivo. La forma matemática general de una serie de Fourier es:

$$\mathrm{f}(x) = a_0/2 + (a_1 \cos x + b_1 \operatorname{sen} x) + (a_2 \cos 2x + b_2 \operatorname{sen} 2x) + (a_3 \cos 3x + b_3 \operatorname{sen} 3x) + \ldots + (a_n \cos nx + b_n \operatorname{sen} nx) + \ldots$$

Las constantes $a_0$, $a_1$, $b_1$, etc., son los llamados *coeficientes de Fourier* que se obtienen por las fórmulas:

$$a_0 = (1/\pi) \int_{-\pi}^{\pi} \mathrm{f}(x)\mathrm{d}x$$

$$a_n = (1/\pi) \int_{-\pi}^{\pi} \mathrm{f}(x) \cos nx\, \mathrm{d}x$$

$$b_n = (1/\pi) \int_{-\pi}^{\pi} \mathrm{f}(x) \operatorname{sen} nx\, \mathrm{d}x$$

**f.p.s., sistema** Sistema de unidades que utiliza como unidades fundamentales el foot, la pound y el second. Actualmente ha sido en gran parte reemplazado por unidades SI en obras científicas y técnicas si bien todavía se emplea hasta cierto punto en los EE.UU.

**fracción** Número que se escribe como un cociente, es decir como un número dividido por otro. Por ejemplo, en la fracción 2/3, 2 se llama el *numerador* y 3 se llama el *denominador*. Cuando numerador y denominador son enteros, la fracción se dice *simple*, pero cuando la fracción tiene otra fracción como numerador o denominador se llama *compuesta*, tal como la (2/3)/(5/7). Si el numerador es menor que el denominador, la fracción se llama *propia*, e *impropia* en caso contrario. Por ejemplo, 5/2 es fracción impropia y a veces se escribe $2\frac{1}{2}$, forma en la cual se llama un *número mixto*.
Al sumar o restar fracciones, hay que expresarlas con su mínimo común denominador. Por ejemplo:

$$1/2 + 1/3 = 3/6 + 2/6 = 5/6$$

Al multiplicar fracciones, se multiplican entre sí los numeradores y los denominadores. Por ejemplo:

$$2/3 \times 5/7 = (2 \times 5)/(3 \times 7) = 10/21$$

Al dividir fracciones, se invierte la fracción divisora, y se multiplican; así:

$$2/3 \div 1/2 = 2/3 \times 2/1$$

*Véase también* razón.

**frecuencia** Símbolo: $f$, $\nu$ Número de ciclos por unidad de tiempo de una oscilación (por ejemplo de un péndulo, sistema vibrante, onda, corriente alterna, etc.). La unidad es el hertz (Hz). El símbolo $f$ se emplea para la frecuencia, aunque $\nu$ se utiliza a menudo para la frecuencia de la luz o de otras radiaciones electromagnéticas.
†La frecuencia angular ($\omega$) está relacionada con la frecuencia por $\omega = 2\pi f$.

**frecuencia, curva de** †Polígono de frecuencias suavizado para datos que pueden tomar un conjunto continuo de valores. Al aumentar la cantidad de datos y disminuir el intervalo de clase, el polígono de frecuencia se aproxima más a una curva lisa. Las curvas de frecuencia relativa son polígonos de frecuencia relativa suavizados. *Véase también* asimetría, polígono de frecuencias.

**frecuencia, función de** †Es la función que da los valores de la frecuencia de cada resultado u observación en un experimento. Para una muestra grande que sea representativa de toda la población, la función de frecuencia observada será la misma que la función de distribución de probabilidades f($x$) de una variable de población $x$. *Véase también* función de distribución.

**frecuencia, polígono de** Gráfico obtenido al unir mediante segmentos de recta los puntos medios de los lados superiores de los rectángulos de un histograma con intervalos de clase iguales. El área bajo el polígono es igual al área total de los rectángulos. *Véase también* histograma.

**frecuencia, tabla de** Tabla que muestra la frecuencia con que cada tipo (clase) de resultado ocurre en una muestra o experimento. Por ejemplo, los salarios semanales que reciben 100 empleados de una compañía se podrán indicar como el número en cada intervalo de \$50,00 a \$74,99, \$75,00 a \$99,99, y así sucesivamente. En este caso el valor representativo de cada clase (la *marca de clase*) es \$(50,00 + 75,99)/2, etc. *Véase también* histograma.

**fuente, lenguaje** (programa fuente) *Véase* programa.

**fuera de línea** (autónomo) Desconectado o fuera del control directo de un ordenador. El equipo fuera de línea o bien no está en uso, está en reparación o efectuando alguna tarea sin la asistencia del procesador central del ordenador. *Compárese* con en línea.

**fuerza** Símbolo: $F$ Lo que tiende a alterar el momento o cantidad de movimien-

to de un objeto. La fuerza es un vector; la unidad es el newton (N).
†En el SI, esta unidad se define de modo que:

$$F = \mathrm{d}(mv)/\mathrm{d}t$$

por la segunda ley de Newton.

**fuerzas, paralelogramo de** *Véase* paralelogramo de vectores.

**fuerzas, triángulo de** *Véase* triángulo de vectores.

**función** (aplicación) Todo procedimiento definido que relaciona un número, cantidad, etc., con uno u otros más. En el álgebra, una función de una variable $x$ se suele escribir f($x$). Si hay dos cantidades variables $x$ y $y$ relacionadas por la ecuación $y = x^2 + 2$, por ejemplo, entonces $y$ es función de $x$ o sea que $y = \mathrm{f}(x) = x^2 + 2$. Tal función significa 'elevar el número al cuadrado y sumarle 2'. $x$ es la *variable independiente* y $y$ la *variable dependiente*. La *función recíproca* –la que expresa $x$ en función de $y$ en este caso– sería $x = +\sqrt{y-2}$, que se podría expresar como $x = \mathrm{g}(y)$.
Una función se puede considerar como una relación entre los elementos de un conjunto (la *imagen*) y los de otro conjunto (el *dominio*). A cada elemento del dominio corresponde un elemento del primer conjunto sobre el cual es 'aplicado' o representado por la función. Por ejemplo, el conjunto de números {1, 2, 3, 4} es aplicado en el conjunto {1, 8, 27, 64} tomando el cubo de cada elemento. Una función también puede aplicar elemento de un conjunto en otros dentro del mismo conjunto. Dentro del conjunto {todas las mujeres}, hay dos subconjuntos {madres} e {hijas} y la aplicación entre ellas es 'es madre de' y su recíproca es 'es hija de'. *Véase también* operación.

**fundamental** Es la manera más simple (modo) como puede vibrar un objeto. La frecuencia fundamental es la frecuencia de esta vibración. Los modos de vibración menos simples son los *armónicos* superiores, cuyas frecuencias son más altas que las del fundamental.

**fundamental del álgebra, teorema** †Toda ecuación polinomial de la forma:
$a_0 z^n + a_1 z^{n-1} + a_2 z^{n-2} + \ldots +$
$a_{n-1} z + a_n = 0$
en la cual $a_0$, $a_1$, $a_2$, etc., son números complejos, tiene por lo menos una raíz compleja. *Véase también* polinomio.

**fundamental del cálculo, teorema** †Es el teorema empleado para calcular el valor de una integral definida. Si f($x$) es función continua de $x$ en el intervalo $a \leqslant x \leqslant b$, y g($x$) es una integral indefinida de f($x$), entonces:

$$\int_a^b \mathrm{f}(x)\mathrm{d}x = [\mathrm{g}(x)]_a^b = g(b) - g(a)$$

*Véase también* integral, integral definida, integral indefinida.

**fundamentales, unidades** Unidades de longitud, masa y tiempo que constituyen la base de casi todos los sistemas de unidades. En el SI, las unidades fundamentales son el metro, el kilogramo y el segundo. *Véase también* unidad de base.

**furlong** Unidad de longitud igual a la octava parte de una milla. Equivale a 201,168 metros.

# G

**gallon** Unidad de capacidad generalmente utilizada para medir volumen de líquidos. En el Reino Unido se define como el espacio ocupado por 10 libras de agua pura y es igual a $4{,}546\,1 \times 10^{-3}$ $\mathrm{m}^3$. En EE.UU. se define como 231 pulgadas cúbicas y es igual a 3,785 4 ×

$10^{-3}$ $m^3$. Un galón del Reino Unido es, pues, igual a 1,2 galones de EE.UU.

**gama, función** †Es la función integral

$$\Gamma(x) = \int_0^\infty t^{x-1} e^{-t} dt$$

Si $x$ es un entero positivo $n$, entonces $\Gamma(n) = n!$ Si $x$ es un múltiplo entero de 1/2, la función es múltiplo de $\sqrt{\pi}$.

$$\Gamma(1/2) = \sqrt{\pi}$$
$$\Gamma(3/2) = \sqrt{\pi}$$
$$\Gamma(5/2) = (3/4)\sqrt{\pi}$$
$$\Gamma(7/2) = (15/8)\sqrt{\pi}$$

**gauss** Símbolo: G †Unidad de densidad de flujo magnético en el sistema c.g.s. Es igual a $10^{-4}$ tesla.

**Gauss, distribución de** *Véase* distribución normal.

**general, cónica** *Véase* cónica.

**general, forma** (de una ecuación) †Fórmula que define un tipo de relación entre variables pero que no especifica valores de las constantes. Por ejemplo, la forma general de una ecuación polinomial en $x$ es

$$ax^n + bx^{n-1} + cx^{n-2} + \ldots = 0$$

con $a$, $b$, $c$, etc. constantes y donde $n$ es la potencia entera más elevada de $x$, y se llama *grado* del polinomio. Análogamente, la forma general de una ecuación cuadrática es

$$ax^2 + bx + c = 0$$

*Véase* también ecuación, polinomio.

**general, teoría** *Véase* relatividad.

**generatriz** Línea que genera una superficie: por ejemplo, en un cono, cilindro o sólido de revolución.

**geodésica** Línea sobre una superficie que es la distancia más corta entre dos puntos. En un plano, la geodésica es una recta; sobre una superficie esférica es un arco de círculo máximo.

**geometría** Estudio de las rectas, curvas, superficies y puntos en el espacio. Por ejemplo, la geometría trata de la medición o cálculo de ángulos formados por rectas, las relaciones fundamentales del círculo, las relaciones entre rectas y puntos sobre una superficie. *Véase* geometría Euclidiana, geometría no Euclidiana, geometría analítica, topología.

**geométrica, distribución** †Distribución del número de pruebas de Bernoulli independientes antes de que se obtenga un resultado favorable, por ejemplo, la distribución del número de veces que una moneda se debe lanzar antes de que salga cara. La probabilidad de que el número de pruebas ($x$) sea $k$ es

$$P(x = k) = q^{k-1}p$$

La media y la varianza son $1/p$ y $q/p^2$. La función generadora de momentos es $e^t p/(1 - qe^t)$.

**geométrica, media** *Véase* media.

**geométrica, progresión** *Véase* sucesión geométrica.

**geométrica, serie** Serie en la cual el cociente entre dos términos sucesivos es constante, por ejemplo, 1 + 2 + 4 + 8 + 16 + ... La forma general de una serie geométrica es

$$S_n = a + ar + ar^2 + ar^3 + \ldots + ar^n = a(r^n - 1)/(r - 1)$$

En el ejemplo, el primer término, $a$, es 1, la *razón común*, $r$, es 2 y así pues el $n$-ésimo término $ar^n$ es igual a $2^n$. Si $r$ es mayor que 1, la serie no es convergente. Si $-1 < r < 1$ y la suma de todos los términos a partir del $n$-ésimo se puede hacer tan pequeña como sea preciso tomando $n$ suficientemente grande, entonces la serie es convergente. Esto significa que hay una suma infinita aunque $n$ sea infinitamente grande. La *suma infinita* de una serie geométrica convergente es $1/(1 - r)$. *Compárese* con serie aritmética. *Véase también* serie convergente, serie divergente, serie.

**geométrica, sucesión** (progresión geométrica) Sucesión en la cual es constante el cociente de dos términos sucesivos, por ejemplo {1, 3, 9, 27, ...}. La fórmula general del *n*-ésimo término de una sucesión geométrica es $u_n = ar^n$. El cociente constante es la *razón común* o razón simplemente. En el ejemplo, el primer término *a* es 1, la razón *r* es 3 y así $u_n$ es $3^n$. Si una sucesión geométrica es convergente, *r* está entre −1 y 1 (exclusive) y el límite de la sucesión es 0. Es decir, que $u_n$ tiende a cero al hacerse *n* infinitamente grande. *Compárese* con sucesión aritmética. *Véase también* serie geométrica, sucesión.

**giga-** Símbolo: G Prefijo que indica $10^9$. Por ejemplo, 1 gigahertz (GHz) = $10^9$ hertz (Hz).

**giro, radio de** Símbolo: *k* †Para un cuerpo de masa *m* y momento de inercia *I* en torno a un eje, el radio de giro en torno a ese eje está dado por

$$k^2 = I/m.$$

Es decir, que un punto de masa *m* girando a una distancia *k* del eje tendría el mismo momento de inercia que el cuerpo.

**giroscopio** Objeto en rotación que tiende a conservar una orientación fija en el espacio. Por ejemplo, el eje de la Tierra siempre apunta en la misma dirección hacia la estrella polar (salvo una ligera precesión). Un trompo en rotación o un ciclista son estables cuando se mueven con velocidad gracias al efecto giroscópico. Entre las aplicaciones prácticas están la brújula giroscópica de navegación y los estabilizadores automáticos en barcos y aviones. *Véase también* movimiento de precesión.

**Goldbach, hipótesis de** †Conjetura aún no demostrada de que todo número impar es suma de dos números primos.

**grad** (gradiente) Símbolo: ∇ †Operador vectorial que, para una función f(*x*, *y*, *z*) tiene componentes en las direcciones *x*, *y* y *z* iguales a las derivadas parciales de la función con respecto a *x*, *y* y *z* en ese orden. Se define por:

$$\text{grad } f = \nabla f = \mathbf{i}\partial f/\partial x + \mathbf{j}\partial f/\partial y + \mathbf{k}\partial f/\partial z$$

siendo **i**, **j** y **k** los vectores unitarios en las direcciones *x*, *y* y *z*. Por ejemplo en física, $\nabla F$ se suele emplear para describir la variación espacial de la magnitud de una fuerza *F* en un campo magnético o gravitacional. Es un vector que tiene la dirección en la cual es máxima la tasa de variación de *F*, si tal máximo existe. En el campo gravitacional de la Tierra estaría dirigido radialmente hacia el centro del planeta (hacia abajo). En un campo magnético, $\nabla F$ tendría la dirección de las líneas de fuerza. *Véase también* derivada parcial.

**grado** Símbolo: *g* Unidad de ángulo plano igual a la noventava parte de un ángulo recto. Equivale a 0,9°.

**gráfico** Representación que indica la relación entre números o cantidades. Los gráficos suelen trazarse con ejes de coordenadas rectangulares. Por ejemplo, las estaturas de niños de diferentes edades se pueden representar haciendo que la distancia a lo largo de una recta horizontal represente la edad en años y que la distancia sobre una recta vertical represente la estatura en metros. Un punto marcado en el gráfico a diez unidades sobre la horizontal y a 1,5 unidades sobre la vertical representa la estatura de un niño de diez años que tiene 1,5 m de talla. Análogamente, se emplean los gráficos para dar una representación geométrica de las funciones. El gráfico de $y = x^2$ es una parábola por ejemplo. El gráfico de $y = 3x + 10$ es una recta. Las ecuaciones simultáneas se pueden resolver trazando los gráficos de cada una de ellas y encontrando el punto en que estos se cortan. Para las dos ecuaciones anteriores, los gráficos se

cortan en dos puntos: $x = -2, y = 4$ y $x = 5, y = 25$.
Hay varios tipos de gráficos. Algunos, como el histograma y el diagrama de sectores, se emplean para dar información numérica en forma sencilla y fácil de comprender. Otros, como los gráficos de conversión, se utilizan en los cálculos, y otros todavía, como los diagramas de dispersión, pueden emplearse para analizar los resultados de un experimento científico. *Véase también* diagrama de barras, diagrama de conversión, histograma, diagrama de sectores, diagrama de dispersión.

**gráficos, trazadora de** Dispositivo de salida de un sistema de ordenador que produce un registro permanente de los resultados de un programa trazando líneas sobre papel. Una pluma, o bien dos o más plumas con tintas de diferentes colores se mueven sobre el papel de acuerdo con instrucciones procedentes del ordenador o de una memoria complementaria. Las trazadoras se emplean para dibujar gráficos, curvas de nivel en mapas, etc.

**grafo** (topología) Red de líneas y vértices. *Véase* problema de los puentes de Königsberg.

**gramo** Símbolo: g Unidad de masa que se define como $10^{-3}$ kilogramo.

**gravedad** Atracción gravitacional de la Tierra (o de otro cuerpo celeste) sobre un objeto. La fuerza de gravedad sobre un objeto es causa de su peso.

**gravedad, aceleración de la** *Véase* aceleración de la caída libre.

**gravedad, ausencia de** Pérdida aparente de peso que experimenta un objeto en la caída libre. Así, para una persona en una nave espacial en órbita, el peso en el sistema de referencia de la Tierra es la fuerza centrípeta necesaria para mantener la órbita circular. En el sistema de referencia de la nave, la persona se siente sin peso.

**gravedad, centro de** *Véase* centro de masa.

**gravitación** El concepto procede de Isaac Newton hacia 1666 para explicar el movimiento aparente de la Luna en torno a la Tierra por una fuerza de atracción llamada gravedad, entre la Luna y la Tierra. Con esta teoría, Newton explicó por primera vez satisfactoriamente muchos fenómenos: las leyes de Kepler del movimiento planetario, las mareas, la precesión de los equinoccios. *Véase también* ley de Newton de la gravitación universal.

**gravitación universal, ley de Newton de la** La fuerza de atracción gravitacional entre dos puntos de masas $m_1$ y $m_2$ es proporcional a las masas e inversamente proporcional al cuadrado de la distancia $r$ entre ellas. La ley se suele dar en la forma

$$F = Gm_1m_2/r^2$$

donde $G$ es una constante de proporcionalidad llamada *constante gravitacional*. La ley es aplicable también a cuerpos, como a objetos esféricos que se pueden suponer con la masa concentrada en el centro. *Véase también* relatividad.

**gravitacional, campo** Región o espacio en el cual un cuerpo atrae a otro en virtud de su masa. Para escapar de este campo, un cuerpo tiene que ser proyectado hacia afuera del mismo con cierta celeridad (la *celeridad de escape*). La intensidad del campo gravitacional en un punto viene dada por la relación fuerza/masa, que es equivalente a la aceleración de la caída libre, $g$. Esta se puede definir como $GM/r^2$ siendo $G$ la constante gravitacional, $M$ la masa del objeto en el centro del campo y $r$ la distancia entre el objeto y el punto en cuestión. El valor normal de la aceleración de la caída libre en la superficie de la Tierra es 9,8 m $s^{-2}$ pero varía con la altitud (es decir, con $r^2$).

**gravitacional, constante** Símbolo: $G$ Es la constante $G$ de proporcionalidad en la ecuación de la ley de Newton de la gravitación universal:

$$F = Gm_1m_2/r^2$$

donde $F$ es la atracción gravitacional entre dos masas puntuales $m_1$ y $m_2$ separadas por una distancia $r$. El valor de $G$ es $6{,}67 \times 10^{-11}$ $Nm^2kg^{-2}$. Se la considera una constante universal, aunque se ha sugerido que el valor de $G$ podría estar cambiando lentamente por la expansión del universo. *Véase también* ley de Newton de la gravitación universal.

**gravitacional, masa** Masa de un cuerpo medida por la fuerza de atracción entre masas. †El valor está dado por la ley de la gravitación universal de Newton. Las masas inercial y gravitacional parecen ser iguales en un campo gravitacional uniforme. *Véase también* masa inercial.

**grupo** Conjunto dotado de ciertas propiedades:

(1) En un grupo hay una operación binaria entre pares de elementos del conjunto que da resultados que también pertenecen al grupo (propiedad de *clausura*). Por ejemplo, el conjunto de los números enteros constituye un grupo respecto de la adición. Al sumar cualquier elemento a cualquier otro resulta un elemento que también pertenece al grupo: $3 + (-2) = 1$, etc.

(2) Hay un elemento neutro para la operación, es decir, un elemento que al combinarse con otro no altera a éste. En el ejemplo el elemento neutro es cero, pues al sumar cero a cualquier elemento el resultado es este mismo elemento: $3 + 0 = 3$, etc.

(3) Para todo elemento del grupo existe otro elemento, su *opuesto*, tal que al combinar un elemento con su opuesto resulta el elemento neutro. En el ejemplo, el número $+3$ tiene por opuesto $-3$ (y viceversa); así $+3 + (-3) = 0$.

(4) La operación es asociativa. En el ejemplo:

$$2 + (3 + 5) = (2 + 3) + 5$$

Un conjunto de elementos que se ciñe a las reglas anteriores constituye un grupo. Obsérvese que la operación binaria puede ser distinta de la adición. La *teoría de grupos* es importante en muchas ramas de la matemática, por ejemplo, en la teoría de las raíces de las ecuaciones. También es muy útil en diversas ramas de la ciencia. En química, la teoría de grupos se utiliza para describir las simetrías de las moléculas para determinar sus niveles de energía y explicar sus espectros. En física, ciertas partículas elementales se pueden clasificar en grupos matemáticos según sus números cuánticos (fue lo que llevó al descubrimiento de la partícula omega menos como un elemento que falta en un grupo). La teoría de grupos también ha sido aplicada a la lingüística. *Véase también* grupo Abeliano, grupo cíclico.

**grupo, velocidad de** †Si un movimiento ondulatorio tiene una velocidad de fase que depende de la longitud de onda, la perturbación de una onda progresiva se propaga con velocidad diferente de la velocidad de fase. Esta es la llamada *velocidad de grupo*. Es la velocidad con la cual se propaga el grupo de ondas y es dada por:

$$U = c - \lambda dc/d\lambda$$

donde $c$ es la velocidad de fase. La velocidad de grupo es la que se suele obtener en la medición. Si no hay dispersión del movimiento ondulatorio, como en la radiación electromagnética en el espacio libre, las velocidades de grupo y de fase son iguales.

# H

**hecto-** Símbolo: h Prefijo que indica $10^2$. Por ejemplo, 1 hectómetro (hm) es igual a $10^2$ metros (m).

**hélice** Curva alabeada de forma espiral. Una *hélice cilíndrica* está sobre la superficie de un cilindro, una *hélice cónica* sobre la de un cono. Por ejemplo, la forma del filete de un tornillo es una hélice. En un tornillo recto la hélice es cilíndrica y en un tornillo cónico, como los tornillos tirafondo, es una hélice cónica.

**hemisferio** Superficie limitada por la mitad de una esfera y uno de sus planos diametrales. *Véase* esfera.

**henry** Símbolo: H †Unidad SI de inductancia, igual a la inductancia de un circuito cerrado que tiene un flujo magnético de un weber por amperio de corriente en el circuito. 1 H = 1 Wb $A^{-1}$.

**heptágono** Polígono de siete lados. Un *heptágono regular* tiene siete lados iguales y siete ángulos iguales.

**Herón, fórmula de** †Fórmula que da el área de un triángulo en función de los lados $a, b$ y $c$:

$$A = \sqrt{s(s-a)(s-b)(s-c)}$$

siendo $s$ el semiperímetro.

**hertz** Símbolo: Hz Unidad SI de frecuencia, definida como un ciclo por segundo ($s^{-1}$). Obsérvese que regularmente, el hertz se emplea en procesos repetidos como una vibración o un movimiento ondulatorio. Un proceso irregular, como la desintegración radiactiva, tendría unidades expresadas en $s^{-1}$ (por segundo).

**heurístico** Que se basa en el tanteo, como por ejemplo ciertas técnicas de cálculo iterativo. *Véase también* iteración.

**hexadecimal** Que denota el número dieciséis o se basa en dicho número. Un número hexadecimal se escribe con dieciséis cifras o dígitos diferentes en lugar de los diez del sistema decimal. Generalmente, las cifras son 0, 1, 2, 3, 4, 5, 6,

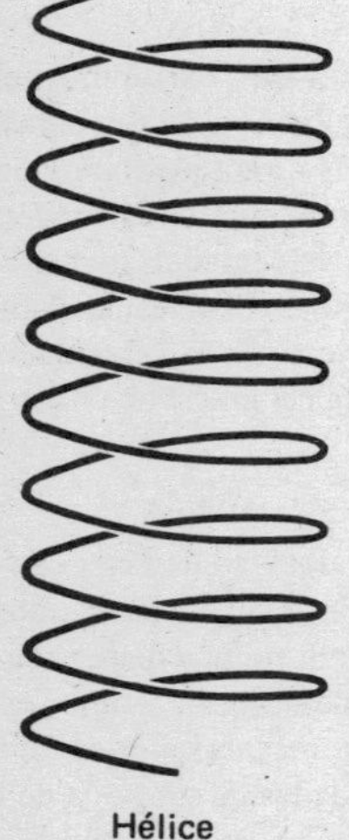

Hélice cilíndrica

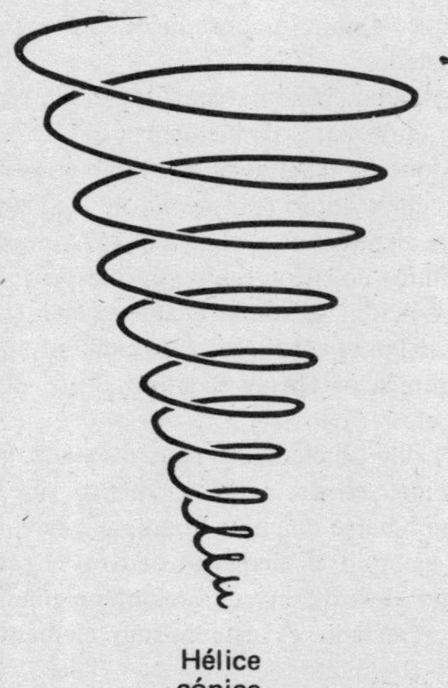

Hélice cónica

7, 8, 9, A, B, C, D, E, F. Por ejemplo, 16 se escribe 10, 21 se escribe 15 (16 + 5), 59 se escribe 3B[(3 × 16) + 11]. Los números hexadecimales se emplean a veces en sistemas de informática, porque son mucho más breves que las largas ristras de cifras binarias que la máquina utiliza normalmente. Los números binarios se convierten fácilmente en hexadecimales agrupando las cifras de a cuatro.

**hexaedro** Poliedro que tiene seis caras. Por ejemplo, el cubo, el paralelepípedo, el romboedro son todos hexaedros. El cubo es un *hexaedro regular*, todas las seis caras son cuadrados congruentes. *Véase también* poliedro.

**hexágono** Polígono de seis lados. Un *hexágono regular* tiene los seis lados y los seis ángulos iguales, siendo éstos de 120°. Una superficie plana se puede recubrir con hexágonos regulares congruentes. A más de los hexágonos, los únicos polígonos regulares que tienen esta propiedad de recubrimiento son los cuadrados y los triángulos equiláteros.

**híbrido, ordenador** Sistema de informática que tiene dispositivos analógicos y digitales con lo cual se pueden aprovechar al máximo las propiedades de cada uno de ellos. Por ejemplo, un ordenador digital y uno analógico pueden interconectarse de modo que los datos se transfieran entre ellos, lo cual se logra mediante un *acoplamiento mutuo híbrido*. Los ordenadores híbridos están destinados a tareas específicas y tienen variadas aplicaciones, sobre todo en los campos de la ciencia y de la técnica. *Véase también* ordenador, ordenador analógico.

**hidráulica, prensa** Máquina en la cual las fuerzas se transmiten por intermedio de la presión de un líquido. En una prensa hidráulica el esfuerzo o potencia $F_1$ se aplica sobre una pequeña área $A_1$ y la carga o resistencia $F_2$ se ejerce sobre un área mayor $A_2$. Como la presión es la misma, $F_1/A_1 = F_2/A_2$, la relación entre las fuerzas o ventaja mecánica $F_2/F_1$ es $A_2/A_1$. Así, en este caso (y en el sistema de frenos hidráulicos y en el gato hidráulico) la fuerza ejercida por el usuario es menor que la fuerza aplicada; la ventaja mecánica es mayor que 1. Si la distancia que se mueve la potencia o esfuerzo es $s_1$, entonces, como el volumen que se transmite a través del sistema es el mismo, $s_1A_1 = s_2A_2$; o sea que la relación entre las distancias es $A_2/A_1$. En la práctica, el dispositivo no tiene mucho rendimiento porque los efectos de rozamiento son grandes. *Véase* máquina.

**hidrostática** Es el estudio de los fluidos (líquidos y gases) en equilibrio.

**hipérbola** Cónica de excentricidad mayor que 1. La hipérbola tiene dos ramas y dos ejes de simetría. Un eje pasa por los focos y corta a la hipérbola en dos vértices. El segmento que une estos vértices se llama *eje transverso* y se llama *eje conjugado* la recta perpendicular al eje transverso por el centro de la hipérbola. Una cuerda focal perpendicular al eje transverso es un *latus rectum*.

† En coordenadas cartesianas la ecuación:

$$x^2/a^2 - y^2/b^2 = 1$$

representa una hipérbola con centro en el origen y eje transverso sobre el eje $x$. $2a$ es la longitud del eje transverso y $2b$ la del eje conjugado, que es la distancia entre los vértices de otra hipérbola (la *hipérbola conjugada*) con las mismas asíntotas que la dada. Los focos de la hipérbola están en los puntos $(ae, o)$ y $(-ae, o)$, donde $e$ es la excentricidad. Las ecuaciones de las asíntotas son:

$$x/a - y/b = 0$$

$$x/a + y/b = 0$$

La ecuación de la hipérbola conjugada es

$$x^2/a^2 - y^2/b^2 = -1$$

El latus rectum tiene longitud $2b^2/ae$. Una hipérbola con $a$ y $b$ iguales se llama equilátera:

$$x^2 - y^2 = a^2$$

Si se hace girar una hipérbola equilátera de modo que los ejes $x$ y $y$ sean asíntotas, entonces su ecuación es

$$xy = k$$

donde $k$ es una constante.
*Véase también* cónica.

**hiperbólicas, funciones** †Funciones que en cierta manera tienen propiedades análogas a las de las trigonométricas y que se llaman seno hiperbólico, coseno hiperbólico, etc. Están en relación con la hipérbola del mismo modo que lo están las funciones trigonométricas (o funciones circulares) con el círculo.
El *seno hiperbólico* (senh) de argumento $\alpha$ se define por:

$$\operatorname{senh}\alpha = \tfrac{1}{2}(e^{\alpha} - e^{-\alpha})$$

El *coseno hiperbólico* (cosh) de argumento $\alpha$ se define por:

$$\cosh\alpha = \tfrac{1}{2}(e^{\alpha} + e^{-\alpha})$$

La *tangente hiperbólica* (tanh) de argumento $\alpha$ se define por:

$$\tanh\alpha = \operatorname{senh}\alpha/\cosh\alpha = (e^{\alpha} - e^{-\alpha})/(e^{\alpha} + e^{-\alpha})$$

La *secante hiperbólica* (sech), la *cosecante hiperbólica* (cosech) y la *cotangente hiperbólica* (cotanh) se definen como los inversos de cosh, senh y tanh respectivamente. He aquí algunas de las relaciones fundamentales entre funciones hiperbólicas:

$$\operatorname{senh}(-\alpha) = -\operatorname{senh}\alpha$$
$$\cosh(-\alpha) = +\cosh\alpha$$
$$\cosh^2\alpha - \operatorname{sen}^2\alpha = 1$$
$$\operatorname{sech}^2\alpha + \tanh^2\alpha = 1$$
$$\operatorname{cotanh}^2\alpha - \operatorname{cosech}^2\alpha = 1$$

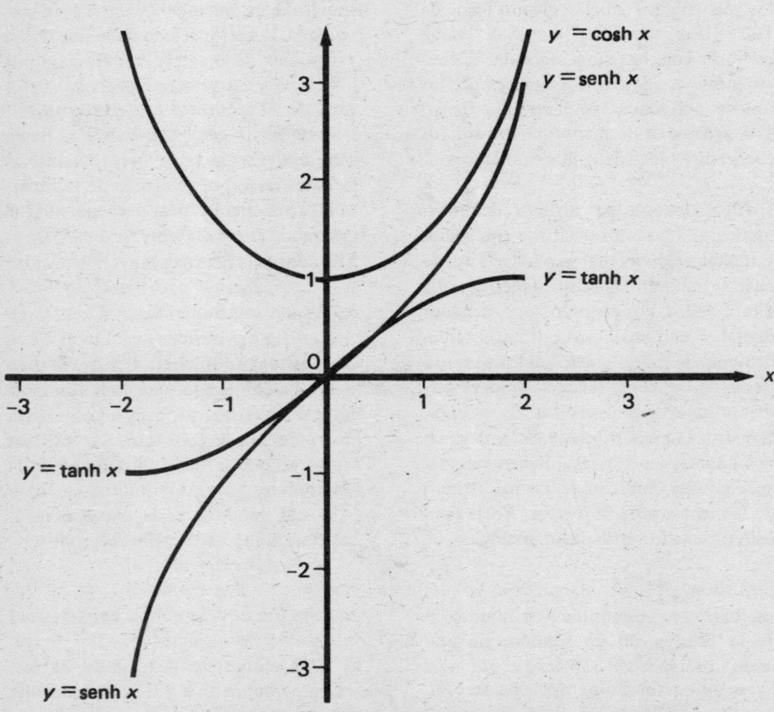


Gráficos de las funciones hiperbólicas cosh $x$, senh $x$ y tanh $x$.

**hiperbólicas recíprocas, funciones** †Las funciones recíprocas de las hiperbólicas se definen de manera análoga a como se definen las recíprocas de las funciones trigonométricas. Por ejemplo, el seno hiperbólico tiene por recíproca la función *ar* senh$x$, que es el argumento (un área en realidad) del cual $x$ es el seno hiperbólico. Análogamente, las otras funciones hiperbólicas recíprocas son: *ar* cosh$x$ (argumento coseno hiperbólico de $x$ o área coseno hiperbólico de $x$), *ar* tanh$x$, *ar* cotanh$x$, *ar* sech$x$ y *ar* cosech$x$ que se leen de manera parecida.

**hiperboloide** †Superficie generada por rotación de una hipérbola en torno a uno de sus ejes de simetría. La rotación alrededor del eje conjugado da un *hiperboloide de un manto*, o de una hoja, y en torno al eje transverso da un *hiperboloide de dos mantos.*

**hipotenusa** Lado opuesto al ángulo recto en un triángulo rectángulo. Las relaciones entre los otros dos lados del ángulo recto y la hipotenusa se usan en trigonometría para definir las funciones seno y coseno de un ángulo.

**hipótesis** Enunciado, teoría o fórmula que todavía está por demostrarse pero que se supone cierta para fines del razonamiento.

**hipótesis, contraste de** (contraste de significancia) †Regla para decidir si una hipótesis acerca de la distribución de una variable aleatoria es aceptable o se ha de descartar, utilizando una muestra de la distribución. La hipótesis que se va a contrastar se llama hipótesis de nulidad, y se escribe $H_0$; y se la contrasta con otra hipótesis $H_1$. Por ejemplo, cuando se lanza una moneda, $H_0$ puede ser P(caras) = 1/2 y $H_1$ sería entonces P(caras) $>$ 1/2 por ejemplo. A partir de los datos de la muestra se calcula un estadígrafo y si queda dentro de la región crítica en la cual su valor es significativamente diferente del esperado dentro de $H_0$, se descarta $H_0$ a favor de $H_1$. Si no, se acepta $H_0$. Hay error de tipo I si $H_0$ se descarta cuando ha debido aceptarse. Hay error de tipo II si se la acepta cuando se la ha debido descartar. El nivel de significancia $\alpha$ del contraste es la máxima probabilidad con que se puede correr el riesgo de un error de tipo I. Por ejemplo, $\alpha = 1\%$ significa que $H_0$ se descarta equivocadamente en un caso de 100.

**histograma** Gráfico estadístico que representa con la altura de una columna rectangular el número de veces que ocurre cada clase de resultados en una muestra o experimento. *Véase también* polígono de frecuencia.

**homogénea** 1. (función) Que tiene todos los términos de igual grado en las variables. Para una función homogénea $f(x,y,z,\ldots)$ de grado $n$,

$$f(kx,ky,kz,\ldots) = k^n f(x,y,z)$$

para todo valor de $k$. Por ejemplo, $x^2 + xy + y^2$ es función homogénea de grado 2 y

$$(kx)^2 + kx \cdot ky + (ky)^2 = k^2(x^2 + xy + y^2)$$

2. Refiriéndose a una sustancia u objeto indica que las propiedades no varían con la posición; en particular, la densidad es constante en todas partes.

**horizontal** A nivel, plano y paralelo al horizonte o al piso. La parte superior de una mesa es una superficie horizontal. En una página se dice horizontal a la recta trazada perpendicularmente al margen. *Compárese* con vertical.

**horse power** Símbolo: HP Unidad de potencia igual a 550 foot-pounds por segundo. Equivale a 746 W.

**hundredweight** Símbolo: cwt Unidad de masa igual a 112 pounds. Equivale a 50,802 3 kg. En EE.UU. un hundredweight es igual a 100 pounds, pero es unidad poco usada.

**huso** Parte de la superficie esférica limitada por dos semicírculos máximos que tienen extremos comunes.

# I

**icosaedro** Poliedro de veinte caras. El *icosaedro regular* tiene por caras triángulos equiláteros congruentes. *Véase también* poliedro.

**idénticos, conjuntos** Conjuntos que tienen los mismos elementos. El conjunto de los números naturales mayores que 2 y el de enteros mayores que 2 son idénticos.

**identidad, matriz** *Véase* matriz unidad.

**identidad, principio de** *Véase* principios del razonamiento.

**igualdad** Símbolo: = Relación entre dos cantidades que tienen el mismo valor. Si dos cantidades no son iguales, se emplea el símbolo $\neq$. Por ejemplo, $x \neq 0$ significa que la variable $x$ no puede tomar el valor cero. Cuando la igualdad es sólo aproximada, se emplea el símbolo $\approx$. Por ejemplo si $\Delta x$ es pequeño comparado con $x$, entonces $x + (\Delta x)^2 \approx x$. Cuando dos expresiones son exactamente equivalentes se usa el símbolo $\equiv$. Por ejemplo, $\text{sen}^2\alpha \equiv 1 - \cos^2\alpha$ porque esto es cierto para todos los valores de la variable $\alpha$. Se presenta otro tipo de igualdad cuando la suma de los términos de una serie infinita tiende a cierto valor al aumentar el número de términos. En tal caso la suma es asintóticamente igual ($\simeq$) a un número. Por ejemplo, si $|x| < 1$, entonces
$\Sigma - x^n/n = x - x^2/2 + x^3/3 + \ldots \simeq \log(1 + x)$
*Véase también* ecuación, desigualdad.

**imagen** 1. †Conjunto de números o cantidades que constituyen los posibles resultados de una aplicación. En álgebra, la imagen de una función $f(x)$ es el conjunto de valores que puede tomar $f(x)$ para todos los valores posibles de $x$. Por ejemplo, si $f(x)$ es la extracción de la raíz cuadrada de números racionales positivos, entonces la imagen sería el conjunto de los números reales. *Véase también* dominio.
2. Resultado de una transformación o aplicación geométrica. Por ejemplo, cuando un punto o un conjunto de puntos se transforma en otro por la reflexión respecto de una recta, la figura obtenida se llama imagen de la primera. Análogamente, el resultado de una rotación, de una proyección, etc., se llama imagen.

**imaginario, número** †Múltiplo de i, la raíz cuadrada de menos uno. Los números imaginarios son necesarios para resolver ecuaciones tales como $x^2 + 2 = 0$ cuyas soluciones son $x = i\sqrt{2}$ y $x = -i\sqrt{2}$. *Véase* número complejo.

**impar, función** Función $f(x)$ de una variable $x$ tal que $f(-x) = -f(x)$. Por ejemplo, $\text{sen}x$ y $x^3$ son funciones impares de $x$. *Compárese* con función par.

**impar, número** Número que no es divisible por dos. El conjunto de los números impares es $\{1, 3, 5, 7, \ldots\}$. *Compárese* con número par.

**imperiales, unidades** Sistema de medida basado en la yard y la pound (la yarda y la libra) utilizado antiguamente en el Reino Unido. El sistema f.p.s. era un sistema científico basado en las unidades imperiales.

**implicación** 1. (implicación material, condicional) Símbolo: $\rightarrow$ o $\supset$ En lógica, es la relación *si... entonces* entre dos proposiciones o enunciados. Estrictamente hablando, la implicación corresponde a su interpretación en el lenguaje ordinario con mucho menor precisión que la conjunción, la disyunción y la negación a las suyas. Formalmente, $P \rightarrow Q$ equivale a 'no $P$ o $Q$' ($\sim P \vee Q$), por lo tanto $P \rightarrow Q$ es falsa sólo si $P$ es verdadera y $Q$ es falsa. Así pues, lógicamente hablando, si se sustituye $P$ por 'los cerdos pueden volar' y $Q$ por 'la hierba es verde', resulta verdadera la proposición 'si los cerdos pueden volar, entonces la hierba es verde'. En la ilustración adjunta se da la tabla de definición de la implicación.

| P | Q | P → Q |
|---|---|---|
| V | V | V |
| V | F | F |
| F | V | V |
| F | F | V |

implicación

2. En álgebra, se emplea el símbolo ⇒ entre dos ecuaciones cuando la primera implica la segunda. Por ejemplo:

$$x = y \Rightarrow x^2 = y^2.$$

*Véase también* condición, tabla de verdad.

**implícita, función** Función que contiene dos o más variables que no son independientes entre sí. Una *función implícita* de $x$ y $y$ es de la forma $f(x,y) = 0$, por ejemplo,

$$x^2 + y^2 - 4 = 0$$

A veces es posible deducir una *función explícita*, es decir, una función expresada en términos de una variable independiente, a partir de una función implícita. Por ejemplo,

$$y + x^2 - 1 = 0$$

se puede escribir

$$y = 1 - x^2$$

donde $y$ es una función explícita de $x$.

**impresa, salida** La salida del ordenador en forma de caracteres impresos en una hoja de papel continua producidos por una impresora por líneas o por un dispositivo semejante. *Véase* salida, impresora por líneas.

**impropia, fracción** *Véase* fracción.

**impuesto** Suma que recauda un gobierno tributada por personas naturales o sociedades para proveerse de fondos para sus gastos. Los *impuestos directos* que son obligatorios, comprenden el impuesto sobre la renta que tributan los ingresos de las personas, el impuesto a las sociedades sobre los beneficios que obtienen, los impuestos sobre ganancias de capital que se añaden a la riqueza y los impuestos sobre transferencias de capital por donaciones o después de la muerte de una persona (impuesto sobre herencias). Los *impuestos indirectos* se perciben sobre bienes y servicios y son voluntarios en cuanto que sólo se pagan si se adquieren los bienes o servicios gravados. Comprenden los impuestos sobre la gasolina y el impuesto sobre el valor agregado (IVA).

**impulsión, fuerza de** *Véase* impulso.

**impulso** (fuerza de impulsión) †Fuerza que actúa por un tiempo muy breve, como ocurre en un choque. Si la fuerza ($F$) es constante el impulso es $F\delta t$, siendo $\delta t$ el período de tiempo. Si la fuerza es variable, el impulso es la integral de ésta sobre el breve período de tiempo. Un impulso es igual a la variación de la cantidad de movimiento o momento que produce.

**inalterable, memoria** *Véase* memoria.

**incentro** Centro del círculo inscrito en un polígono. *Compárese* con circuncentro.

**inch** (pulgada) Símbolo: in o bien ″ Unidad de longitud igual a la doceava parte de un pie. Equivale a 0,025 4 m.

**inclinado, plano** Máquina compuesta por un plano que forma ángulo con la horizontal y que se utiliza para subir un peso verticalmente desplazándolo sobre el plano. La relación de distancias y la ventaja mecánica dependen del ángulo de inclinación ($\theta$) y son iguales a $1/\text{sen}\theta$. El rendimiento puede ser bastante elevado si el rozamiento es bajo. El tornillo y la cuña son ejemplos ambos de planos inclinados. *Véase* máquina.

**inclusión** *Véase* subconjunto.

**inclusiva, disyunción** (o inclusivo) *Véase* disyunción.

**incremento** Pequeña diferencia en una variable. Por ejemplo, $x$ podría variar un incremento $\Delta x$ a partir del valor $x_1$ hasta el valor $x_2$. En el cálculo infinitesimal se emplean incrementos infinitamente pequeños. *Véase también* derivación, integración.

**indefinida, integral** Integración general de una función $f(x)$ de una variable $x$, sin especificar el intervalo de $x$ al cual se aplica. Por ejemplo, si $f(x) = x^2$, la integral indefinida es

$$\int f(x)dx = \int x^2 dx = x^3/3 + C$$

donde $C$ es una constante indeterminada que depende del intervalo. *Compárese* con integral definida. *Véase también* integración.

**independencia** *Véase* probabilidad.

**independiente, variable** *Véase* variable.

**indeterminada, ecuación** †Ecuación que tiene un número infinito de soluciones. Por ejemplo,

$$x + 2y = 3$$

es indeterminada ya que hay infinitos valores de $x$ y $y$ que satisfacen a la ecuación. Una ecuación indeterminada en la cual las variables sólo pueden tomar valores enteros se llama *ecuación diofántica* y tiene un conjunto infinito pero enumerable de soluciones.

**indeterminada, forma** Expresión que puede no tener sentido cuantitativo; por ejemplo 0/0.

**índice** Número que indica una característica o función en una expresión matemática. Por ejemplo, en $y^4$, el exponente 4 también se llama índice. Análogamente en $\sqrt[3]{27}$ y en $\log_{10} x$ los números 3 y 10 respectivos se llaman índices.

**indiferente, equilibrio** Equilibrio tal que si el sistema es ligeramente perturbado, tiene tendencia a volver a su estado original. *Véase* estabilidad.

**indirecta, demostración** (reducción al absurdo) Razonamiento lógico en el cual se prueba una proposición o enunciado demostrando que su negación lleva a una contradicción. *Compárese* con demostración directa. *Véase* contradicción.

**inducción** 1. (inducción matemática) †Método de demostración que se utiliza especialmente para sumas de series. Por ejemplo, es posible demostrar que la serie 1 + 2 + 3 + 4 + . . . tiene por suma $n(n + 1)/2$ hasta el $n$-ésimo término inclusive. Primero se demuestra que si es esto cierto para $n$ términos también tiene que ser cierto para $n + 1$ términos. Según la fórmula

$$S_n = n(n + 1)/2$$

Si la fórmula es correcta, la suma de $n + 1$ términos se obtiene añadiendo $n + 1$ a esta expresión:

$$S_{n+1} = n(n + 1)/2 + n + 1$$
$$S_{n+1} = (n + 1)(n + 2)/2$$

lo cual coincide con el resultado obtenido sustituyendo en la fórmula general $n$ por $n + 1$, es decir:

$$S_{n+1} = (n + 1)(n + 1 + 1)/2$$
$$S_{n+1} = (n + 1)(n + 2)/2$$

Así pues, la fórmula es cierta para $n + 1$ términos si lo es para $n$ términos. Por consiguiente, si es cierta para la suma de un término ($n = 1$), tendrá que ser cierta para la suma de dos términos ($n + 1$). Análogamente, si es cierta para dos términos, tiene que serlo para tres términos, y así sucesivamente para todos los valores de $n$. Es fácil demostrar que es cierta para un término:

$$S_n = 1(1 + 1)/2$$
$$S_n = 1$$

que es el primer término de la serie. Por tanto el teorema es cierto para todos los valores enteros de $n$.

2. En lógica, forma de razonamiento que va de los casos individuales al caso general, o de casos observados a casos no observados. Los razonamientos inductivos pueden ser de la forma: $F_1$ es $A$, $F_2$ es $A, \ldots F_n$ es $A$, por lo tanto todos los $F$ son $A$ ('este cisne tiene alas, aquel cisne tiene alas, ... luego todos los cisnes tienen alas'); o bien: todos los $F$ observados hasta ahora son $A$, por lo tanto todos los $F$ son $A$ ('todos los cisnes observados hasta ahora son blancos, por lo tanto todos los cisnes son blancos'). A diferencia de la deducción, afirmar las premisas y negar la conclusión en una inducción nos lleva a contradicción. La conclusión *no* está garantizada como verdadera si las premisas lo son. *Compárese* con deducción. *Véase* contradicción.

**inelástico, choque** Choque en el cual el coeficiente de restitución es menor que uno. En efecto, la velocidad relativa después del choque es menor que antes; la energía cinética de los cuerpos no se conserva en el choque, aunque el sistema sea cerrado. Parte de la energía cinética se convierte en energía interna. *Véase también* coeficiente de restitución.

**inercia** Propiedad inherente a la materia implicada por la primera ley del movimiento de Newton: la inercia es la tendencia de un cuerpo a permanecer sin cambios en su movimiento. *Véase también* masa inercial, leyes del movimiento de Newton.

**inercial, masa** Es la masa de un objeto medida por la propiedad de inercia. Es igual al cociente fuerza/aceleración cuando el objeto es acelerado por una fuerza constante. †En un campo gravitacional uniforme, parece ser igual a la masa gravitacional –todos los objetos tienen la misma aceleración gravitacional en el mismo lugar. *Véase también* masa gravitacional.

**inercial, sistema** †Sistema de referencia en el cual un observador ve un objeto que está libre de toda fuerza externa moviéndose a velocidad constante. El observador se llama *observador inercial.* Todo sistema de referencia que se mueve con velocidad constante y sin rotación con respecto a un sistema inercial también es un sistema inercial. Las leyes del movimiento de Newton son válidas en todo sistema inercial (pero no en un sistema acelerado), y las leyes son por tanto independientes de la velocidad de un observador inercial. *Véase también* sistema de referencia, leyes del movimiento de Newton.

**inestable, equilibrio** Equilibrio tal que si el sistema es perturbado ligeramente, hay tendencia a que el sistema se aleje más de su posición original en lugar de regresar a ella. *Véase* estabilidad.

**inferencia** Proceso para llegar a una conclusión a partir de un conjunto de premisas en un razonamiento lógico. Una inferencia puede ser deductiva o inductiva. *Véase también* deducción, inducción.

**inferior, extremo** Máxima cota inferior.

**infinita, serie** *Véase* serie.

**infinita, sucesión** *Véase* sucesión.

**infinita, suma** †En una serie convergente, es el valor a que tiende la suma de los primeros $n$ términos, $S_n$, al hacerse $n$ infinitamente grande. *Véase* serie convergente.

**infinitesimal** Infinitamente pequeño pero no igual a cero. En el cálculo infinitesimal se utilizan variaciones o diferencias infinitesimales. *Véase* cálculo infinitesimal.

**infinitesimal, cálculo** Parte de las matemáticas que trata de la derivación e integración de funciones. Considerando las variaciones continuas como si fueran cambios discretos infinitamente pequeños, el *cálculo diferencial*, por ejemplo, permite hallar la tasa de variación de la velocidad de un móvil con el tiempo (la aceleración) en un instante dado. El *cálculo integral* es el proceso inverso, esto es, hallar el resultado final de una variación continua conocida. Por ejemplo, si la aceleración de un vehículo varía con el tiempo en forma conocida entre los tiempos $t_1$ y $t_2$, entonces la variación total en velocidad se calcula por integración de $a$ sobre el intervalo de tiempo de $t_1$ a $t_2$. *Véase* derivación, integración.

**infinito** Símbolo: $\infty$ Cantidad variable que aumenta sin límite. Por ejemplo, si $y = 1/x$, entonces $y$ se hace infinitamente grande o tiende al infinito al tender $x$ a 0. Una cantidad negativa infinitamente grande se denota $-\infty$ y una positiva infinitamente grande se denota $+\infty$. Si $x$ es positivo, $y = -(1/x)$ tiende a $-\infty$ al tender $x$ a 0.

**infinito, conjunto** Conjunto cuyo número de elementos es infinito. Por ejemplo, el conjunto de los 'enteros positivos' $Z = \{1, 2, 3, 4, \ldots\}$ es infinito pero el de los 'enteros positivos menores que 20' es un *conjunto finito*. Otro ejemplo de conjunto infinito es el del número de círculos en un plano dado.

**inflexión, punto de** Punto de una

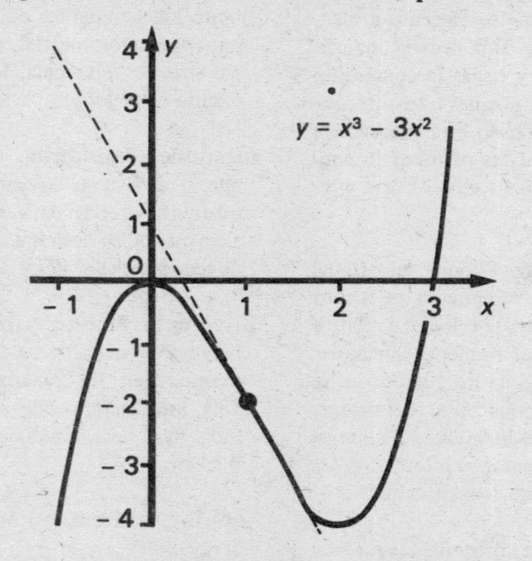


El gráfico de $y = x^3 - 3x^2$ tiene un punto de inflexión en $x = 1$, $y = -2$. La derivada $dy/dx = 3$ en este punto.

curva en el cual la tangente cambia de dirección. Al aproximarse desde un lado del punto de inflexión, la pendiente de la tangente a la curva aumenta, y al alejarse de dicho punto hacia el otro lado, decrece. Por ejemplo, el gráfico de $y = x^3 - 3x^2$ en coordenadas cartesianas rectangulares, tiene un punto de inflexión en $x = 1, y = -2$. † La segunda derivada $d^2y/dx^2$ sobre el gráfico de la función $y = f(x)$ es cero y cambia de signo en un punto de inflexión. Así, en el ejemplo dicho, $d^2y/dx^2 = 6x - 6$, que es igual a cero en el punto $x = 1$.

**informática** Tratamiento automático de la información allegada en datos.

**información, teoría de la** Rama de la teoría de probabilidades que trata de la incertidumbre, exactitud y contenido de información en la transmisión de mensajes. Se puede aplicar a todo sistema de comunicación, como las señales eléctricas y el habla humana. Con frecuencia se añaden señales aleatorias (ruido) a un mensaje durante el proceso de transmisión, alterando la señal recibida respecto de la señal enviada. Por ejemplo para superar las limitaciones del sistema se necesita de la redundancia, simplemente la repetición de un mensaje. La redundancia también puede tomar la forma de un proceso de verificación más complejo. Al transmitir una sucesión de números, también se podría transmitir su suma de manera que el receptor encuentre que hay un error cuando la suma no corresponda al resto del mensaje. La suma en sí no da información adicional, ya que si los demás números se reciben correctamente la suma se puede calcular fácilmente. La estadística de elección de un mensaje entre todos los mensajes posibles (letras del alfabeto o dígitos binarios por ejemplo) determina la cantidad de información que contiene. La información se mide en bits (dígitos binarios). Si se envía una de dos señales posibles, entonces el contenido de la información es un bit. La selección de una de cuatro señales posibles contiene más información, si bien la señal propiamente dicha puede ser la misma.

**inscriptible, polígono** Polígono para el cual existe un círculo sobre el cual están todos sus vértices. Todos los polígonos regulares son inscriptibles. Cuadrados y rectángulos son cuadriláteros inscriptibles, pero no todos los cuadriláteros lo son. † Los cuadriláteros convexos

Círculo inscrito

son inscriptibles si los ángulos opuestos son suplementarios. En un cuadrilátero inscriptible de lados $a$, $b$, $c$ y $d$ (en su orden) la expresión $(ac + bd)$ es igual al producto de las diagonales, propiedad llamada *teorema de Ptolomeo*.

**inscrito, círculo** Círculo tangente a todos los lados de un polígono convexo.

**inscrito, polígono** Polígono cuyos vértices están sobre un círculo. *Véase* circunscrito.

**instantáneo, valor** Valor de una cantidad variable (como la velocidad, la aceleración, la fuerza, etc.) en un instante dado del tiempo.

**integración** Sumación continua de la variación de una función $f(x)$ sobre un intervalo de la variable $x$. Es el proceso inverso de la derivación en el cálculo infinitesimal y su resultado se llama la *integral* de $f(x)$ con respecto a $x$. Por ejemplo, la distancia total recorrida por un móvil a lo largo de un espacio en el intervalo de tiempo $t_1$ a $t_2$ es la integral de la velocidad $v$ sobre este intervalo, lo cual se escribe

$$\int_{t_1}^{t_2} v\mathrm{d}t$$

Como esta integral tiene límites definidos $t_1$ y $t_2$, se llama *integral definida*. Más generalmente

$$x = \int v\mathrm{d}t$$

es el área entre la curva y el eje $x$, entre los valores $x_1$ y $x_2$. Se la puede considerar como la suma de áreas de columnas de anchura $\Delta x$ y alturas dadas por $f(x)$. Al tender $\Delta x$ a cero, el número de columnas aumenta infinitamente y la suma de las áreas de dichas columnas tiende al valor del área bajo la curva. *Compárese* con derivación.

**integración por partes** †Método de integración de funciones de una variable expresándolas en dos partes, ambas funciones diferenciables de la misma variable. Una función $f(x)$ se escribe como producto de $u(x)$ y la derivada $\mathrm{d}v/\mathrm{d}x$.

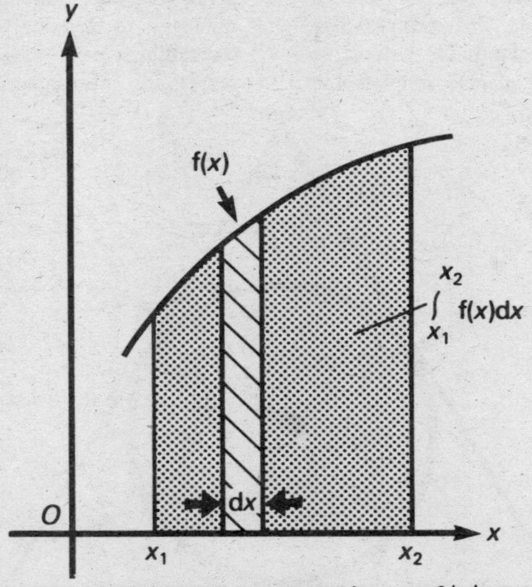


La integral de una función $y = f(x)$ como área entre la curva y el eje $x$.

La fórmula que da la derivación de un producto es:

$$d(uv)/dx = u dv/dx + v du/dx$$

Integrando ambos miembros con respecto a $x$ y reagrupando, se tiene

$$\int u(dv/dx)dx = uv - \int v(du/dx)dx$$

que se puede aplicar para evaluar la integral de un producto. Por ejemplo, para calcular la integral de $x$sen$x$ d$x$, hágase $u = x$ y $dv/dx =$ sen$x$, con lo que $v = -\cos x + c$, siendo $c$ una constante. Esto da:

$\int x \operatorname{sen} x\, dx = -x\cos x + \int \cos x \cdot 1 \cdot dx = -x\cos x + \operatorname{sen} x + k$

donde $k$ es una constante arbitraria. Por lo general se toma para $dv/dx$ una función trigonométrica o exponencial.

**integración por sustitución** †Método de integración para funciones de una variable que consiste en expresar el integrando por una función más simple o más fácilmente integrable de otra variable. Por ejemplo, para integrar $\sqrt{1 - x^2}$ con respecto a $x$, se puede hacer $x =$ sen$u$, de manera que $\sqrt{1 - x^2} = \sqrt{1 - \operatorname{sen}^2 u} = \sqrt{\cos^2 u} = \cos u$, y $dx = (dx/du)\, du = \cos u\, du$. Por tanto:

$$\int_a^b \sqrt{1 - x^2}\, dx = \int_c^d \cos^2 u\, du =$$

$$[u/2 - \tfrac{1}{2} \operatorname{sen} u \cos u]_c^d$$

Obsérvese que los límites también se cambian a valores correspondientes de $u$.

**integral** Resultado de la integración de una función. *Véase* integración.

**integrando** Función que se va a integrar. Por ejemplo, en la integral de $f(x)dx$, $f(x)$ es el integrando. *Véase también* integración.

**integrante, factor** Multiplicador empleado para simplificar y resolver ecuaciones diferenciales y al cual se asigna por lo general el símbolo $\xi$. Por ejemplo, $x dy - y dx = 2x^3 dx$ se puede multiplicar por $\xi(x) = 1/x^2$ con lo cual se tiene la forma normal:

$$d(y/x) = (x dy - y dx)/x^2 = 2x dx$$

la cual tiene por solución $y/x = x^2 + c$, siendo $c$ una constante. *Véase también* ecuación diferencial.

**inteligente, terminal** *Véase* terminal.

**interacción** Toda acción mutua entre partículas, sistemas, etc. Entre los ejemplos de interacción están las fuerzas mutuas de atracción entre masas (interacción gravitacional) y las fuerzas atractivas o repulsivas entre cargas eléctricas y magnéticas (interacción electromagnética).

**interactivo, terminal** *Véase* terminal.

**intercuartil, rango** †Medida de dispersión dada por $(P_{75} - P_{25})$ siendo $P_{75}$ el cuartil superior y $P_{25}$ el inferior. El rango semi-intercuartil es $\frac{1}{2}(P_{75} - P_{25})$. *Véase también* cuartil.

**interés** Es la cantidad de dinero que se paga cada año a una tasa dada sobre un capital tomado en préstamo. La tasa de interés se expresa generalmente como un porcentaje anual. *Véase* interés compuesto, interés simple.

**interior, ángulo** Angulo que forman en el interior de un polígono dos lados adyacentes. Por ejemplo, hay tres ángulos interiores en un triángulo, los cuales suman 180°. *Compárese* con ángulo externo.

**intermedia, memoria** †Pequeña área de la memoria principal de un ordenador en la cual se puede almacenar información temporalmente antes, durante y después del procesamiento. Una memoria intermedia puede utilizarse, por ejemplo, entre un dispositivo periférico y el procesador central, que operan a velocidades muy diferentes. *Véase también* procesador central, memoria.

**interna, memoria** *Véase* procesador central.

**interpolación** Estimación del valor de una función a partir de valores conocidos de cada lado del mismo. Por ejemplo, si la velocidad de un motor, controlada por una palanca aumenta de 40 a 50 revoluciones por segundo al bajar la palanca 4 cm, partiendo de esta información se puede interpolar y suponer que al bajarla 2 cm da 45 revoluciones por segundo. Este es el método de interpolación más simple, que se llama *interpolación lineal*. Si se representan los valores conocidos de una variable $y$ con respecto a otra variable $x$, se puede hacer una estimación de un valor desconocido de $y$ trazando una recta entre los dos valores conocidos más próximos.

†La fórmula de la interpolación lineal es: $y_3 = y_1 + (x_3 - x_1)(y_2 - y_1)/(x_2 - x_1)$ donde $y_3$ es el valor desconocido de $y$ (en $x_3$) y $y_2$ y $y_1$ (en $x_2$ y $x_1$) son los valores conocidos más próximos entre los cuales se hace la interpolación. Si el gráfico de $y$ con respecto a $x$ es una curva lisa, y el intervalo de $y_1$ a $y_2$ es pequeño, la interpolación lineal puede dar una buena aproximación al verdadero valor; pero si $(y_2 - y_1)$ es grande, es menos probable que $y$ se ajuste suficientemente bien a una recta entre $y_1$ y $y_2$.

Una posible fuente de error se presenta cuando se conoce $y$ a intervalos regulares pero su valor oscila con un período más corto que este intervalo.

*Compárese* con extrapolación.

**intersección** 1. Punto en el que se cruzan varias líneas, o bien el conjunto de puntos que tienen en común dos o más figuras geométricas.

2. En teoría de conjuntos, es el conjunto de los elementos comunes a dos o más conjuntos. Por ejemplo, si el conjunto A es {animales negros de cuatro patas} y el conjunto B es {ovejas} entonces la intersección de A y B, que se escribe A ∩ B es {ovejas negras}. Esto se puede representar en un diagrama de Venn por la intersección de dos círculos, uno de los cuales representa a A y el otro a B. *Véase* diagramas de Venn.

**intervalo** †Conjunto de números o puntos, en un sistema de coordenadas, definido como el de todos los valores entre dos puntos extremos. *Véase también* intervalo cerrado, intervalo abierto.

**inversa, matriz** †Matriz que multiplicada por otra da la matriz unidad $I$. Dada una matriz cuadrada $A$ de inversa $A^{-1}$, entonces $AA^{-1} = I$. La inversa sólo está definida para matrices cuadradas de determinante no nulo. Una ecuación matricial $Y = AX$ se puede multiplicar por $A^{-1}$, lo cual da $X = A^{-1}Y$ y se aplica para resolver sistemas de ecuaciones simultáneas donde las matrices $X$ y $Y$ representan los coeficientes y las constantes de las ecuaciones. Por ejemplo, las ecuaciones

$$x + 3y = 5$$
$$2x + 4y = 6$$

se pueden representar por una ecuación matricial. La solución es $x = -1, y = -2$. Si hay tres o más ecuaciones simultáneas con tres o más variables, esta técnica es más fácil que otras, porque hay procedimientos relativamente sencillos para hallar la inversa de una matriz.

**inversa, proporcionalidad** Es la proporcionalidad que existe entre dos variables cuyo producto es constante. En física es de especial importancia la proporcionalidad cuadrática inversa, en la cual un efecto varía inversamente con el cuadrado de la distancia a la fuente que produce el efecto, como ocurre en la ley de Newton de la gravitación universal.

**inversión, período de** Tiempo durante el cual permanece invertida una suma fija de capital. En tiempos de tasas bajas de interés, un inversionista preparado a comprometer su dinero por un período prolongado como cinco o diez años, ganará una tasa de interés mayor de lo que podría esperar en un período de

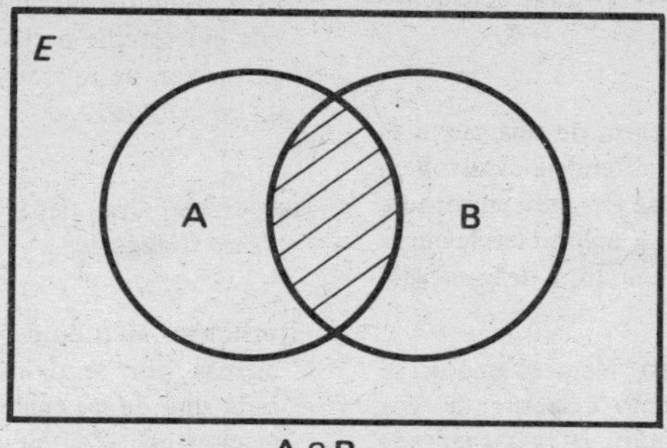


$A \cap B$

El área rayada en el diagrama de Venn es la intersección del conjunto A y el conjunto B.

$$\begin{matrix} x + 3y = 5 \\ 2x + 4y = 6 \end{matrix} \iff \begin{pmatrix} 1 & 3 \\ 2 & 4 \end{pmatrix} \times \begin{pmatrix} x \\ y \end{pmatrix} = \begin{pmatrix} 5 \\ 6 \end{pmatrix}$$

$$\begin{pmatrix} -2 & 3/2 \\ 1 & -1/2 \end{pmatrix} \times \begin{pmatrix} 1 & 3 \\ 2 & 4 \end{pmatrix} = \begin{pmatrix} 1 & 0 \\ 0 & 1 \end{pmatrix}$$

$$\Rightarrow \begin{pmatrix} x \\ y \end{pmatrix} = \begin{pmatrix} -2 & 3/2 \\ 1 & -1/2 \end{pmatrix} \times \begin{pmatrix} 5 \\ 6 \end{pmatrix} = \begin{pmatrix} -1 \\ 2 \end{pmatrix}$$

Solución de ecuaciones simultáneas mediante la matriz inversa. Las ecuaciones se escriben como la ecuación matricial equivalente y se multiplican ambos miembros de ésta por la inversa de la matriz coeficiente.

inversión por corto plazo. Pero si las tasas de interés son elevadas, no será este el caso y las tasas a largo plazo pueden ser más bajas que las a corto plazo.

**inverso** Se llama inverso de un número al número 1 dividido por dicho número. Así, el inverso de 2 es 1/2 y la expresión inversa de $X^2 + 1$ es $1/(x^2 + 1)$. El producto de una expresión por su inversa es 1.

**inverso, elemento** Elemento de un conjunto que, combinado con otro elemento por multiplicación, da el elemento neutro. *Véase* grupo.

**inversor, elemento** †*Véase* elemento lógico.

**involuta** †La involuta de una curva es otra curva que se obtendría desarrollando una cuerda tensa envuelta en torno a la primera curva. La involuta es la curva trazada por el extremo libre de la cuerda.

**irracional, número** Número que no se puede escribir como cociente de dos enteros. Por ejemplo, la raíz cuadrada de tres ($\sqrt{3}$ = 1,732 050 8...) se puede calcular con el grado de aproximación que se desee, pero sólo se define exactamente como el mayor número cuya raíz cuadrada no supera a tres. Un número de esta clase se dice *inconmensurable* o *irracional*. Otro tipo de número irracional es el *número trascendente*, que no proviene de una simple relación algebraica sino que se define como una propiedad fundamental de las matemáticas. Por ejemplo, $\pi$ y e son números trascendentes que se presentan en geometría y en el cálculo infinitesimal respectivamente. †Los números trascendentes se definen como números que no son raíces de una ecuación algebraica de coeficientes racionales.

**isometría** Transformación en la cual la distancia entre dos puntos permanece constante.

**isomórfico** En correspondencia biunívoca. En topología, dos conjuntos de puntos isomórficos son topológicamente equivalentes. *Véase también* topología.

**isomorfismo** Correspondencia biunívoca entre dos conjuntos. Cada elemento del primer conjunto se puede poner en relación con un elemento del segundo mediante una operación. Por ejemplo, la multiplicación por una constante entera relaciona un conjunto de enteros con otro conjunto de enteros. Una relación que no se ciñe a esto, por ejemplo, la extracción de raíz cuadrada, constituirá un *no isomorfismo*.

**isósceles** Que tiene dos lados iguales. *Véase* triángulo.

**iteración** Método de resolución de problemas por aproximaciones sucesivas, cada una de las cuales utiliza la aproximación precedente como punto de partida para obtener una estimación más exacta. Por ejemplo, la raíz cuadrada de 3 se puede calcular escribiendo la ecuación $x^2 = 3$ en la forma $x = 1/2(x + 3/x)$. Para obtener una solución por iteración, podríamos empezar con una primera estimación, $x_1 = 1{,}5$. Sustituyendo este valor en la ecuación se tiene la segunda estimación, $x_2 = 1/2(1{,}5 + 2) = 1{,}750\,00$. Siguiendo de la misma manera, se obtiene:

$$x_3 = 1/2(1{,}75 + 3/1{,}75) = 1{,}732\,14$$
$$x_4 = 1/2(1{,}732\,14 + 3/1{,}732\,14) = 1{,}732\,05$$

y así sucesivamente hasta lograr la precisión que se necesite. La dificultad en la resolución de ecuaciones por iteración está en hallar una fórmula de iteración (algoritmo) que dé resultados convergentes. En este caso por ejemplo, el algoritmo $x_{m+1} = 3/x_n$ no da resultados convergentes. Hay varias técnicas usuales, tales como el método de Newton, para obtener algoritmos convergentes. Los cálculos iterados, aunque suelen ser tediosos si se hacen manualmente, se utilizan extensamente en los ordenadores electrónicos digitales. †*Véase también* método de Newton.

**iterada, integral** (integral múltiple) †Integración sucesiva efectuada sobre la misma función. Por ejemplo, una integral doble o una integral triple. *Véase también* integral doble.

# J

**jerarquización** †Inclusión de una subrutina de ordenador o de un bucle de instrucciones dentro de otra subrutina o bucle, que, a su vez, pueden estar incluidos en otros, y así sucesivamente.

**ji-cuadrado, contraste** †Medida del ajuste de una distribución de probabilidades teórica a un conjunto de datos. Para $i = 1, 2, \ldots m$, el valor $x_i$ ocurre $o_i$ veces en los datos y la teoría predice que ocurrirá $e_i$ veces. Siempre que $e_i \geqslant 5$ para todo valor de $i$ (si no habría que combinar valores), entonces

$$X^2 = \Sigma(o_i - e_i)^2/e_i$$

tiene distribución ji-cuadrado con $n$ grados de libertad. *Véase también* distribución ji-cuadrado.

**ji-cuadrado, distribución** (distribución $X^2$) †Distribución de la suma de cuadrados de variables aleatorias con distribuciones normales. Por ejemplo, si $x_1, x_2, \ldots x_n$ son independientes y todas normales típicas, entonces

$$X^2 = \Sigma x_i^2$$

tiene distribución ji-cuadrado con $n$ grados de libertad, que se escribe $X_n^2$. La media y la varianza son $n$ y $2n$ respectivamente. Los valores $X_n^2(\alpha)$ para los cuales $P(X^2 \leqslant X_n^2(\alpha)) = \alpha$ están tabulados para varios valores de $n$.

**joule** Símbolo: J Unidad SI de energía y trabajo, igual al trabajo efectuado cuando el punto de aplicación de una fuerza de un newton se mueve un metro en la dirección de la fuerza. 1 J = 1 N m. El joule es la unidad de todas las formas de energía.

**juegos, teoría de** Estudio matemático de las probabilidades de cada resultado en los juegos. Si bien hay un elemento de azar en quien gana, existen reglas generales para maximizar las posibilidades de un resultado determinado. Estas se calculan a partir de las reglas del juego y del número de jugadores mediante técnicas estadísticas.

# K

**kelvin** Símbolo: K Unidad fundamental SI de temperatura termodinámica. †Se define como 1/273,16 de la temperatura termodinámica del punto triple del agua. El cero kelvin (0 K) es el cero absoluto. Un kelvin es lo mismo que un grado de la escala Celsius de temperaturas.

**Kendall, método de** †Método para medir el grado de asociación entre dos diferentes maneras de asignar rangos a $n$ objetos, utilizando dos variables ($x$ y $y$), que suministran datos $(x_1,y_1), \ldots, (x_n,y_n)$. Los objetos se ordenan por rangos empleando primero las $x$ y luego las $y$. Para cada uno de los $2n(n-1)/2$ pares de objetos se asigna una puntuación. Si el rango del $j$-ésimo objeto es mayor (o menor) que el del $k$-ésimo independientemente de si se empleen las $x$ o las $y$, la puntuación es más uno. Si el rango del $j$-ésimo es menor que el del $k$-ésimo usando una variable pero mayor utilizando la otra, la puntuación es menos uno. El coeficiente de Kendall de correlación de rangos es $\tau$ = (suma de puntuaciones)/$\frac{1}{2}n(n-1)$. Cuanto más cerca esté $\tau$ de uno, mayor es el grado de asociación entre las clasificaciones de rangos. *Véase también* rango, método de Spearman.

**Kepler, leyes de** †Leyes del movimiento planetario deducidas hacia 1610 por Johannes Kepler valiéndose de observaciones astronómicas hechas por Tycho Brahe:

(1) Cada planeta se mueve en una órbita elíptica, uno de cuyos focos ocupa el Sol.

(2) La recta que va de cada planeta al Sol describe áreas iguales en tiempos iguales.

(3) El cuadrado del período de revolución de cada planeta es proporcional al cubo del semieje mayor de la elipse.

La aplicación de la tercera ley a la órbita de la Luna en torno a la Tierra sirvió de apoyo a la teoría de la gravitación de Newton.

**kilo-** Símbolo: k Prefijo que denota $10^3$. Por ejemplo, 1 kilómetro (km) es igual a $10^3$ metros (m).

**kilogramo** Símbolo: kg Unidad fundamental SI de masa, igual a la masa del prototipo internacional del kilogramo, que es un trozo de platino-iridio que se guarda en Sèvres, Francia.

**kilowatt-hora** Símbolo: kwh Unidad de energía, por lo general eléctrica, igual a la energía transferida por un kilowatt de potencia en una hora. Es la misma que la Board of Trade unit y tiene un valor de $3{,}6 \times 10^6$ joules.

**Klein, botella de** Instrumento curvo con la propiedad topológica de tener una sola superficie, carecer de bordes y no tener interior ni exterior. Se lo puede imaginar formado por un trozo de tubo flexible y estirable en el cual se hace un agujero en un lado pasando por dicho agujero un extremo del tubo y pegándolo luego al otro extremo por el interior. Partiendo de cualquier punto sobre la superficie se puede trazar una línea continua sobre ella a cualquier otro punto sin cruzar ningún borde. *Véase también* topología.

**Königsberg, problema de los puentes de** Problema clásico de la topología. El

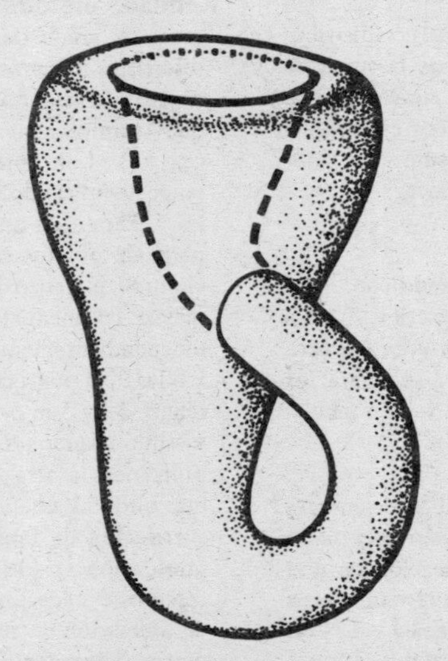

La botella de Klein, superficie cerrada sin interior.

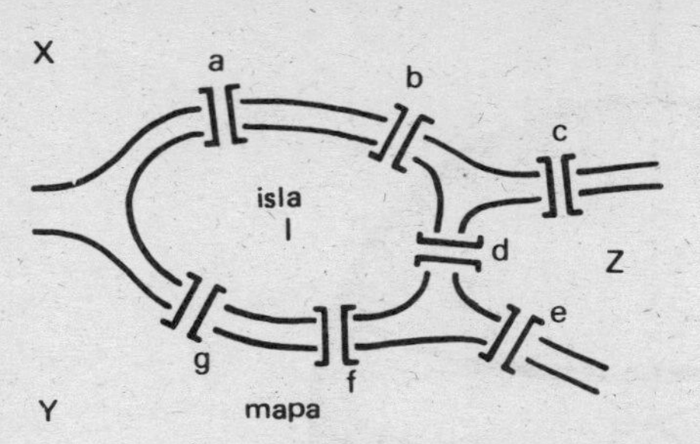


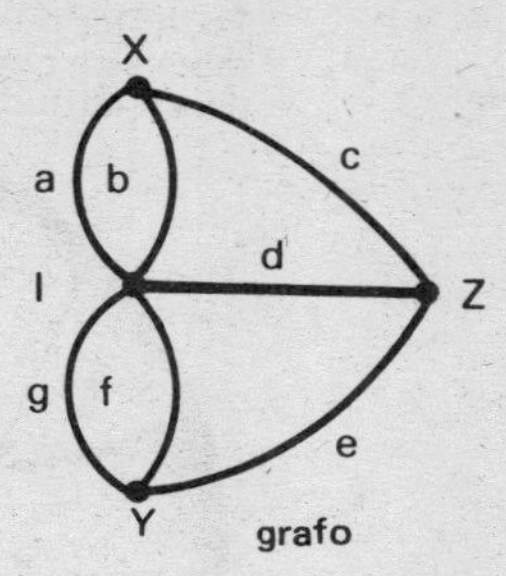


Problema de los puentes de Königsberg

río en la ciudad prusiana de Königsberg estaba dividido en dos ramas y cruzado por siete puentes con cierta disposición. El problema consistía en demostrar que era imposible marchar siguiendo una trayectoria continua atravesando todos los puentes sólo una vez. El problema fue resuelto por Euler en el s. XVIII, sustituyendo la disposición de los puentes por una equivalente de líneas y vértices. Demostró que una red como esta (que se llama *grafo*) puede ser atravesada en un solo sentido si y sólo si hay menos de tres vértices en los cuales se encuentra un número impar de segmentos de línea. En este caso hay cuatro.

# L

**lado** Cada una de las rectas que forman un ángulo.

**Laplace, ecuación de** † *Véase* ecuación en derivadas parciales.

**lateral** Que se refiere a los lados de una figura geométrica sólida, a diferencia de lo referente a la base. Por ejemplo, una arista lateral de una pirámide es una de las que van al vértice. Una cara lateral de una pirámide o de un prisma es una cara que no está en la base. La superficie o área lateral de un cilindro o cono es la superficie curva excluida la base plana.

**latitud** Distancia de un punto de la superficie de la Tierra a partir del ecuador y medida por el ángulo en grados entre el plano ecuatorial y la recta que va del punto al centro de la Tierra. Un punto del ecuador tiene, pues, latitud 0° y el Polo Norte tiene latitud de 90°. *Véase también* longitud.

**latus rectum** *Véase* elipse, hipérbola, parábola.

**lectora** Dispositivo utilizado en un sistema de ordenador para detectar la información grabada en una fuente y convertirla a otra forma. Una lectora de cinta de papel, por ejemplo, detecta la serie de perforaciones que hay en una cinta de papel y convierte la información en una serie de impulsos eléctricos que se pueden transmitir al procesador central del ordenador. *Véase también* ficha, reconocimiento óptico de caracteres, cinta.

**lectora-grabadora, cabeza** *Véase* disco, tambor, cinta magnética.

**lectura, memoria de sólo** *Véase* memoria.

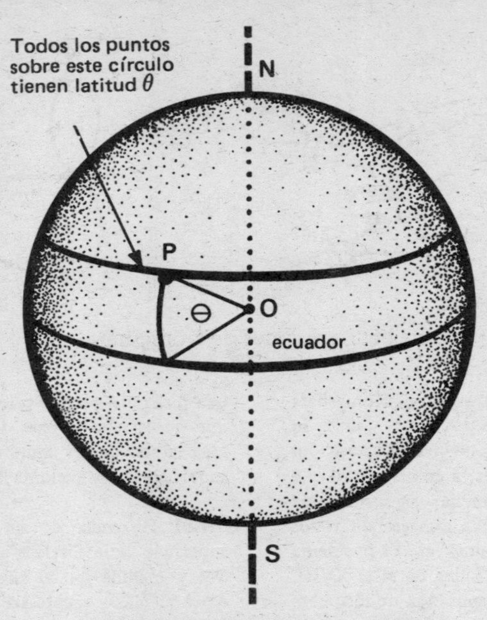


La latitud θ de un punto P sobre la superficie de la Tierra.

**Legendre, polinomios de** †Series de funciones que ocurren como soluciones de la ecuación de Laplace en coordenadas polares esféricas. Forman series infinitas. *Véase también* ecuación en derivadas parciales.

**legua** Unidad de longitud igual a 3 millas. Es equivalente a 4828,032 m.

**Leibniz, fórmula de** †Fórmula para encontrar la $n$-ésima derivada de un producto de dos funciones. La $n$-ésima derivada con respecto a $x$ de una función $f(x) = u(x)v(x)$, o sea $D^n(uv) = d^n(uv)/dx^n$, es igual a

$uD^nv + {}_nC_1 DuD^{n-1}v + {}_nC_2 D^2uD^{n-2}v + \ldots + {}_nC_{n-1} D^{n-1}uDv + vD^nu$

donde ${}_nC_r = n!/[(n-r)!r!]$.

La fórmula es válida para todos los valores enteros positivos de $n$.

Para $n = 1$, $D(uv) = uDv + vDu$

Para $n = 2$, $D^2(uv) = uD^2v + 2DuDv + vD^2u$

Para $n = 3$, $D^3(uv) = uD^3v + 3DuD^2v + 3D^2uDv + D^3u$

Obsérvese la analogía entre los coeficientes diferenciales y los coeficientes del desarrollo binomial.

**lema** Teorema ya demostrado que se utiliza como supuesto básico (axioma o premisa) en otra demostración.

**lenguaje** Forma breve por *lenguaje de programación. Véase* programa.

**libre, oscilación** (vibración libre) Oscilación a la frecuencia natural del sistema u objeto. Así, un péndulo puede ser forzado a oscilar a cualquier frecuencia, pero solamente oscila libremente a una frecuencia dada que depende de su longitud y de su masa. *Compárese* con oscilación forzada. *Véase también* resonancia.

**límite** En general, es el valor al que tiende una función al aproximarse la variable independiente a cierto valor. La idea de límite es la base del *análisis*, una parte de las matemáticas. Hay varios ejemplos del uso de límites.

(1) El límite de una función es el valor a que tiende con la variable independiente. Por ejemplo, la función $x/(x + 3)$ es menor que 1 para valores positivos de $x$. Al aumentar $x$, la función se acerca a 1 –el valor al cual tiende al hacerse $x$ infinita. Esto se escribe

$$\text{Lím}_{x \to \infty} x/(x + 3) = 1$$

que expresa que 'el límite de $x/(x + 3)$ cuando $x$ tiende a infinito es 1'. 1 es el *valor límite* de la función.

†(2) El límite de una sucesión convergente es el límite del $n$-ésimo término cuando $n$ tiende a infinito. *Véase sucesión convergente*.

(3) El límite de una serie convergente es el límite de la suma de $n$ términos de la misma cuando $n$ tiende a infinito. *Véase* serie convergente.

(4) La derivada de una función $f(x)$ es el límite de $[f(x + \delta x) - f(x)]/\delta x$ cuando $\delta x$ tiende a cero. *Véase* derivada.

(5) Una integral definida es el límite de una suma finita de términos $y\delta x$ cuando $\delta x$ tiende a cero. *Véase* integral.

**límite, rozamiento** *Véase* rozamiento.

**línea** Unión entre dos puntos del espacio o sobre una superficie. Una línea tiene longitud pero no espesor, es decir, sólo tiene una dimensión. La línea recta es la menor distancia entre dos puntos de una superficie plana.

**lineal, conservación del momento** *Véase* momento.

**lineal, ecuación** Ecuación en la cual la potencia más alta de una indeterminada es uno. La forma general de una ecuación lineal es

$$mx + c = 0$$

donde $m$ y $c$ son constantes. En un gráfico en coordenadas cartesianas

$$y = mx + c$$

es una recta cuyo gradiente o pendiente es $m$ y que corta al eje $y$ en $y = c$. La ecuación

$$x + 4y^2 = 4$$

es lineal en $x$ pero no en $y$. *Véase también* ecuación.

**lineal, extrapolación** *Véase* extrapolación.

**lineal, interpolación** *Véase* interpolación.

**lineal, momento** *Véase* momento.

**lineal, programación** Proceso para hallar los valores máximo o mínimo de una función lineal dadas ciertas condiciones limitantes o restricciones. Por ejemplo, la función $x - 3y$ se podría minimizar sujeta a las restricciones de que $x + y \leqslant 10$, $x \leqslant y$, $x \geqslant 0$ y $y \geqslant 0$. Las restricciones se pueden indicar como el área en un gráfico en coordenadas cartesianas limitada por las rectas $x + y = 10$, $x = y$, $x = 0$ y $y = 0$. El valor mínimo para $x - 3y$ se elige de puntos dentro de esta área. Se trazan rectas paralelas $x - 3y = k$ para diferentes valores de $k$. La recta $k = -9$ llega al área de restricción en el punto (10,0). Los valores inferiores están fuera de ella, y así, pues, $x = 10$, $y = 0$ da el valor mínimo de $x - 3y$ dentro de las limitaciones impuestas. La programación lineal se utiliza para encontrar la mejor combinación posible de dos o más cantidades variables que determinan el valor de otra cantidad. En la mayoría de las aplicaciones, por ejemplo, para encontrar la mejor combinación de cantidades de cada producto de una fábrica para dar el máximo beneficio, hay muchas variables y restricciones. Las funciones lineales con gran número de variables y restricciones se maximizan o minimizan por técnicas de ordenador que son semejantes en principio a esta técnica gráfica para dos variables.

**líneas, impresora por** Dispositivo de salida de un sistema de ordenador que imprime caracteres (letras, números, signos de puntuación, etc.) sobre papel, una línea completa a la vez, y que por tanto puede operar muy rápidamente; 100 líneas por minuto es una velocidad típica. La *impresora de tambor* se utiliza ampliamente. Tiene un conjunto de caracteres de impresión grabados en relieve sobre la circunferencia de un tambor en cada posición de carácter a través de la página. El papel es continuo, con una línea de perforaciones entre cada hoja y con perforaciones de arrastre a lo largo de los lados para controlar su movimiento.

**Lissajous, figuras de** †Figuras que se obtienen combinando dos movimientos armónicos simples en direcciones diferentes. Por ejemplo, un objeto que se mueve en un plano de modo que dos componentes del movimiento perpendiculares entre sí sean movimientos armónicos simples, traza una figura de Lissajous. Si las componentes tienen la misma frecuencia y la misma amplitud y están en fase, el movimiento es una recta. Si están desfasadas en 90° es un círculo. Otras diferencias de fase producen elipses. Si las frecuencias de las componentes difieren, se forman configuraciones más complicadas. Las figuras de Lissajous se pueden mostrar en un osciloscopio, por deflexión del punto luminoso con una señal oscilante según uno de los ejes y con otra señal a lo largo del otro eje.

**litro** Símbolo: l Unidad de volumen que se define como $10^{-3}$ metro$^3$. †No es recomendable el nombre para mediciones precisas. Antes se definía el litro como el volumen de un kilogramo de agua a 4°C y a la presión normal. Según esta definición, 1 l = 1000,028 cm$^3$.

**local, máximo** (máximo relativo) †Valor de una función $f(x)$ que es mayor que para los valores adyacentes de $x$, pero que no es el mayor de todos los valores. *Véase* punto máximo.

**local, meridiano** *Véase* longitud.

**local, mínimo** (mínimo relativo) †Valor de una función $f(x)$ que es menor que para los valores adyacentes de $x$ pero que no es el menor de todos los valores. *Véase* punto mínimo.

**logarítmica, escala** 1. Recta en la cual la distancia $x$ a partir de un punto de referencia es proporcional al logaritmo de un número. Por ejemplo, una unidad de longitud a lo largo de la recta puede representar 10, dos unidades 100, tres unidades 1000 y así sucesivamente. En tal caso, la distancia $x$ a lo largo de la escala logarítmica está dada por la igualdad $x = \log_{10}a$. Las escalas logarítmicas son la base de la regla de cálculo, ya que se pueden multiplicar dos números sumando longitudes sobre escalas logarítmicas ($\log(a \times b) = \log a + \log b$).
†El gráfico de la curva $y = x^n$ en papel

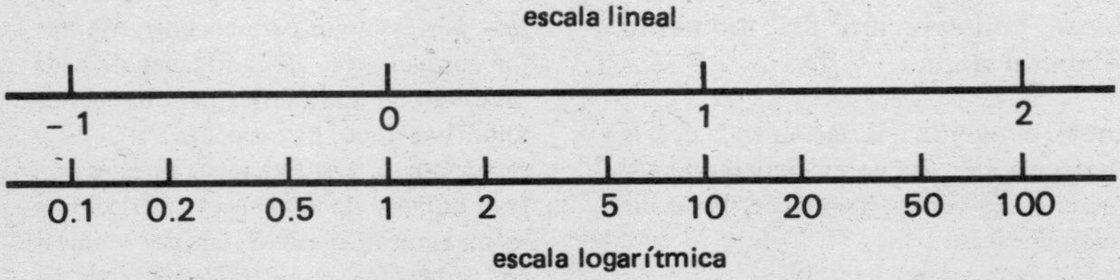

escala lineal

-1 0 1 2

0.1 0.2 0.5 1 2 5 10 20 50 100

escala logarítmica

logarítmico (con escalas logarítmicas en ambos ejes, llamado también papel log-log) es una recta ya que $\log y = n \log x$. Este método puede usarse para determinar la ecuación de una relación no lineal: se representan los valores conocidos de $x$ y $y$ en papel log-log y se mide la pendiente $n$ de la recta resultante, lo que permite encontrar la ecuación buscada.
2. Toda escala de medida que varía logarítmicamente con la cantidad medida. †Por ejemplo, el pH en química mide la acidez o alcalinidad, es decir, la concentración de iones de hidrógeno. Se define como $\log_{10} (1 / [H^+])$. Un aumento del pH de 5 a 6 disminuye $[H^+]$ de $10^{-5}$ a $10^{-6}$, o sea en un factor 10. Ejemplo de escala logarítmica en física es la escala de decibeles utilizada para medir el nivel de ruido.

**logarítmica, función** †Es la función $\log_a x$, donde $a$ es una constante. Está definida para valores positivos de $x$.

**logarítmica, serie** †Serie de potencias, desarrollo de $\log_e(1 + x)$, o sea:

$$\log_e(1 + x) = x - x^2/2 + x^3/3 - x^4/4 + \ldots + (-1)^{n-1}x^n/n + \ldots$$

serie convergente para todo valor de $x$ tal que $-1 < x \leqslant 1$.
Por otra parte:

$$\log(1 - x) = -x - x^2/2 - x^3/3 - x^4/4 - \ldots - x^n/n - \ldots$$

**logarítmico, gráfico** (gráfico log-log) †Gráfico en el cual ambos ejes tienen escalas logarítmicas. *Véase* escala logarítmica.

**logaritmo** Número expresado como el exponente de otro. Todo número $x$ puede escribirse en la forma $x = a^y$. $y$ es entonces el logaritmo en base $a$ de $x$. Así, el logaritmo en base diez de 100 ($\log_{10} 100$) es dos, pues $100 = 10^2$. Los logaritmos en base diez son los llamados *logaritmos vulgares* o también *logaritmos de Briggs*. Se emplean para efectuar cálculos de multiplicaciones y divisiones, ya que los números se pueden multiplicar sumando sus logaritmos. En general $p \times q$ se puede escribir $a^c \times a^d = a^{(c+d)}$, $p = a^c$ y $q = a^d$. Logaritmos y antilogaritmos (la función recíproca) se presentan en forma de tablas impresas. $4{,}91 \times 5{,}12$ se calcularía como sigue: $\log_{10} 4{,}91$ es 0,6911 (según las tablas) y $\log_{10} 5{,}12$ es 0,7093 (según las tablas). Por tanto, $4{,}91 \times 5{,}12$ estará dado por antilog $(0{,}6911 + 0{,}7093)$ que es 25,14 (según las tablas). Análogamente, la división se puede hacer por sustracción de logaritmos y la $n$-ésima raíz de un número ($x$) es el antilogaritmo de $(\log x)/n$.
Para números entre 0 y 1, el logaritmo de base diez es negativo. Por ejemplo, $\log_{10} 0{,}01 = -2$. El logaritmo en base diez de un número real positivo se puede escribir en la forma $n + \log_{10} x$ siendo $x$ un número entre 1 y 10 y $n$ un entero. Por ejemplo,
$\log_{10} 15 = \log_{10}(10 \times 1{,}5) = \log_{10} 10 + \log_{10} 1{,}5 = 1 + 0{,}1761$
$\log_{10} 150 = \log_{10}(100 \times 1{,}5) = \log_{10} 100 + \log_{10} 1{,}5 = 2{,}1761$
$\log_{10} 0{,}15 = \log_{10}(0{,}1 \times 1{,}5) = -1 + 0{,}1761$, lo cual se escribe $\bar{1}, 1761$.
La parte entera del logaritmo es la llamada *característica* y la parte decimal es la *mantisa*. †Los *logaritmos naturales* (*logaritmos neperianos*) utilizan la base $e = 2{,}718\ 28\ldots$ y $\log_e x$ se suele escribir $\ln x$.

**lógica** Estudio de los métodos y principios utilizados para distinguir el razonamiento correcto o válido del incorrecto, y del razonamiento. El interés principal en lógica no es si una conclusión es en realidad exacta, sino si el proceso mediante el cual se deriva dicha conclusión de un conjunto de supuestos iniciales (*premisas*) es correcto. Así por ejemplo, la siguiente forma de razonamiento es válida:

todo $A$ es $B$
todo $B$ es $C$
por tanto todo $A$ es $C$,

y así pues, de las premisas

todos los peces son mamíferos
y todos los mamíferos tienen alas
se puede derivar correctamente la conclusión
todos los peces tienen alas
El razonamiento es correcto aunque las premisas y la conclusión no son verdaderas. Análogamente, premisas verdaderas y conclusión verdadera no son garantía de razonamiento válido. La conclusión
todos los gatos son mamíferos
*no* se deduce, lógicamente, de las premisas verdaderas:
todos los gatos tienen sangre caliente
y todos los mamíferos tienen sangre caliente
lo cual es ejemplo del razonamiento *no válido*

todo *A* es *B*
todo *C* es *B*
por tanto todo *A* es *C*.

Lo incorrecto del razonamiento se ve claro cuando después de hacer sustituciones razonables de *A*, *B* y *C* se obtienen premisas *verdaderas* y conclusión *falsa*.

todos los perros son mamíferos
todos los gatos son mamíferos
por tanto todos los perros son gatos.

Un razonamiento semejante se llama *falacia*.

La lógica expone y examina las reglas que aseguran que, dadas premisas verdaderas, se puede llegar automáticamente a una conclusión verdadera. No le concierne a la lógica examinar o evaluar la verdad de las premisas, sino la forma y estructura del razonamiento sin que importe su contenido. *Véase* deducción, inducción, lógica simbólica, valor de verdad, validez.

**lógico, circuito** Circuito conmutador electrónico que efectúa una operación lógica tal como 'y' o 'implica' sobre sus señales de entrada. Hay dos niveles posibles para las señales de entrada y salida, alto y bajo, lo cual se indica a veces con los dígitos binarios 1 y 0, los cuales se pueden combinar como los valores 'verdadero' y 'falso' en una tabla de verdad. Por ejemplo, un circuito con dos entradas y una salida puede tener salida alta solamente cuando las entradas son diferentes. La salida, pues, es la función lógica 'o el uno. . . o el otro. . .' de las dos entradas (la disyunción exclusiva). *Véase* tabla de verdad.

**lógico, soporte** (dotación lógica) Programas que se pueden hacer operar en un ordenador junto con toda clase de documentación asociada. Un *lote de programas* es un programa o grupo de programas escrito profesionalmente y que está destinado a efectuar alguna tarea que se suele necesitar, tal como estadísticas o representación gráfica y plenamente documentado. La disponibilidad de lotes de programas significa que no es necesario programar tareas corrientes una y otra vez. *Compárese* con dotación física. *Véase también* programa.

**lógico, elemento** (compuerta lógica) †Circuito electrónico que efectúa operaciones lógicas. Ejemplos de tales operaciones son 'y', 'o el uno o el otro', 'ni el uno ni el otro', 'no', etc. Los elementos lógicos operan sobre entradas de alto o bajo nivel y voltajes de salida. Los circuitos lógicos binarios, los que conmutan entre dos niveles de voltaje (alto y bajo) se utilizan extensamente en ordenadores digitales. El *elemento inversor* o *elemento NO* simplemente cambia una entrada alta a una salida baja y viceversa. En su forma más simple, el *elemento Y* tiene dos entradas y una salida. La salida es alta si y sólo si ambas entradas son altas. El *elemento NOY* (no-y) es parecido pero tiene el efecto opuesto, es decir una salida baja si y sólo si ambas entradas son altas. El *elemento O* tiene salida alta si una o más de las entradas son altas. El *elemento O exclusivo* tiene entrada alta sólo si todas las entradas son bajas. Los elementos lógicos están construidos empleando transistores, pero en un diagrama del circuito a menudo aparecen indicados con símbolos que denotan solamente sus funciones lógicas. Estas funciones son, en efecto, las relaciones que pueden darse entre proposiciones en lógica simbólica y cuyas combinaciones se pueden representar en una tabla de verdad. *Véase también* conjunción, disyunción, negación, tablas de verdad.

**longitud** Posición de un punto de la superficie de la Tierra en dirección este-oeste medida por el ángulo en grados desde un meridiano de referencia (el meridiano de Greenwich). Un *meridiano* es un círculo máximo que pasa por los polos Norte y Sur. El *meridiano local* de un punto es un círculo máximo que pasa por ese punto y por los polos.

**longitud** Es la distancia a lo largo de una recta, figura plana o sólido. En un rectángulo es usual llamar longitud la mayor de las dos dimensiones y anchura la menor.

**longitudinal, onda** Movimiento ondulatorio en que la vibración del medio tiene la misma dirección que la dirección de transferencia de energía. Las ondas sonoras transmitidas por compresión y rarefacción alternadas del medio son ondas longitudinales. *Compárese* con onda transversal.

**Lorentz-Fitzgerald, contracción de** †Reducción de la longitud de un cuerpo que se mueve con velocidad $v$ respecto de un observador, en comparación con la longitud de un objeto idéntico en reposo respecto del observador. Se supone que el objeto se contrae en un factor $\sqrt{1 - v^2/c^2}$ siendo $c$ la velocidad de la luz en el espacio libre. La contracción fue postulada para explicar el resultado negativo del experimento de Michelson-

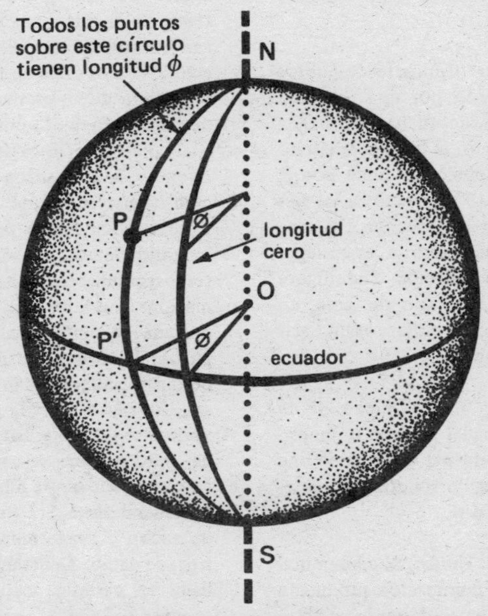


La longitud $\phi$ de un punto P sobre la superficie de la Tierra.

Morley utilizando ideas de la física clásica y basándose en la idea de que las fuerzas electromagnéticas que mantienen juntos los átomos eran modificadas por el movimiento a través del éter. Tal idea resultó superflua, junto con el concepto de éter, gracias a la teoría de la relatividad, que dio otra explicación al experimento de Michelson-Morley.

**lotes, proceso por** Método de operación empleado especialmente en sistemas de ordenador de gran tamaño, y por el cual se reúnen varios programas y se alimentan a un ordenador como una sola unidad. Los programas que forman un lote pueden ser sometidos bien a un lugar central o a una *entrada de trabajo a distancia*; puede haber varios sitios de entrada de trabajo a distancia situados a distancias considerables del ordenador. Los programas se efectúan entonces en cuanto se va presentando tiempo disponible en el sistema. *Compárese* con tiempo compartido.

**lugar geométrico** Conjunto de puntos definido a menudo por una ecuación que relaciona las coordenadas de cada punto. Por ejemplo, el lugar geométrico de los puntos sobre una recta por el origen inclinada 45° respecto de los ejes está definido por la ecuación $x = y$; se dice entonces que la recta es el lugar geométrico de la ecuación. Toda figura geométrica –un intervalo de recta, un círculo del plano, un cubo– es un lugar geométrico de puntos.

**lumen** Símbolo: lm †Unidad SI de flujo luminoso, igual al flujo luminoso emitido por una fuente puntual de una candela en un ángulo sólido de un estereradián. 1 lm = 1 cd sr.

**lux** Símbolo: lx Unidad SI de iluminación, igual a la iluminación producida por un flujo luminoso de un lumen que incide sobre una superficie de un metro cuadrado. 1 lx = 1 lm $m^{-2}$.

# M

**Maclaurin, serie de** †*Véase* serie de Taylor.

**magnética, cinta** Cinta larga de plástico flexible con una capa magnética sobre la cual se puede almacenar información. Es bien conocida su aplicación en la grabación y reproducción del sonido. También se utiliza extensamente en la informática para almacenar información que se ha de alimentar a un ordenador y que se obtiene de un ordenador durante y después de procesar un programa. Los datos se almacenan en la cinta en forma de pequeñas zonas magnéticas densamente grabadas y dispuestas en filas a través de la cinta. Las zonas se magnetizan en una de dos direcciones, con lo cual los datos están en forma binaria. La estructura de magnetización de una fila de zonas representa una letra, un dígito (0-9) o algún otro carácter. Suele haber nueve o siete posiciones de magnetización transversalmente a la cinta, que forman columnas o *pistas* en toda su longitud. Se utilizan varias filas adyacentes para almacenar una pieza de información. Con 800, 1600 ó 6250 filas por pulgada de cinta, una cinta magnética puede almacenar una inmensa cantidad de información. Esta información puede ser alterada o borrada por medios magnéticos según se necesite. Una cinta puede, pues, volverse a usar muchas veces. La cinta debe ser de buena calidad y por lo general tiene 1/2 pulgada (1,27 cm) de ancho y puede medir hasta 700 metros de largo. Generalmente está enrollada en carretes; también se utilizan casetes.
La información puede registrarse en cinta mediante una máquina de escribir espe-

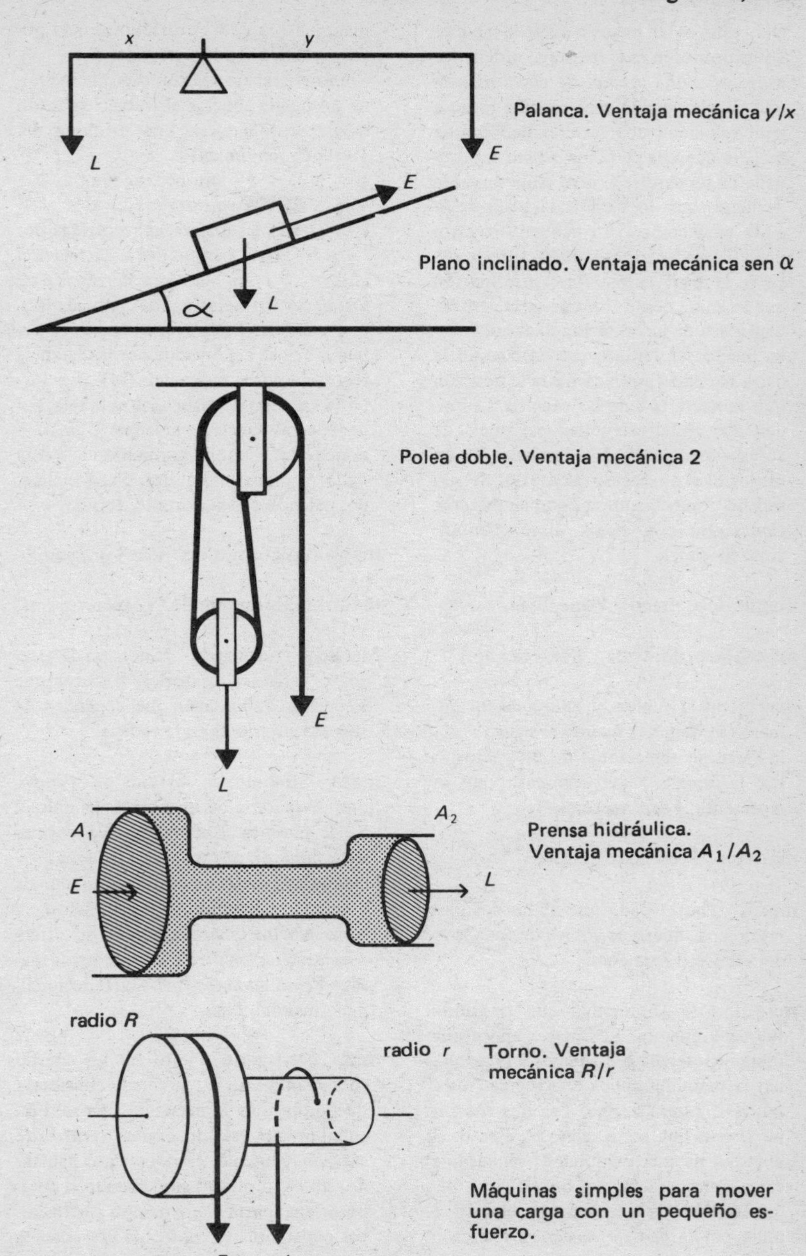


Máquinas simples para mover una carga con un pequeño esfuerzo.

cial; este es el método *teclado-a-cinta*. La información se alimenta al ordenador utilizando una *unidad de cinta magnética*. En la versión más sencilla rotan a gran velocidad dos carretes de cinta de manera que una cinta magnética es enrollada de un carrete al otro y nuevamente devuelta, con lo cual cada pista de la cinta pasa cerca a un pequeño electroimán llamado *cabeza de lectura-grabación*, la cual extrae (lee) información que se envía desde el procesador central. Una pieza de información dada solamente puede ser leída o escrita cuando la cinta ha sido enrollada hasta la posición que se necesita bajo las cabezas. La unidad de cinta magnética es, pues, de acceso secuencial, a diferencia de un dispositivo de acceso aleatorio. Se usa mucho como memoria complementaria. *Compárese* con ficha, disco, tambor, cinta de papel.

**magnético, disco** *Véase* disco.

**magnético, tambor** *Véase* tambor.

**magnitud** 1. Valor absoluto de un número (sin tener en cuenta el signo).
2. Parte no direccional de un vector, o sea la longitud del segmento que lo representa. *Véase* vector.

**mantisa** *Véase* logaritmo.

**manto** (hoja) Cada una de las dos partes de una superficie cónica de cada lado del vértice. *Véase* cono.

**máquina** Dispositivo que transmite fuerza o energía. El usuario aplica una fuerza (potencia o esfuerzo) a la máquina; la máquina aplica una fuerza (resistencia o carga) a algo. Las dos fuerzas no tienen que ser iguales. En efecto, el objetivo de una máquina es vencer una carga considerable con un esfuerzo pequeño. En toda máquina esta relación se mide por la *ventaja mecánica* (relación de fuerzas) que es la resistencia de la máquina (carga $F_2$) dividida por la potencia aplicada por el usuario, $F_1$.
Como el trabajo realizado por la máquina no puede superar al trabajo aplicado a ella, entonces en una máquina del 100 % de rendimiento:
si $F_2 > F_1$ entonces $s_2 < s_1$
y si $F_2 < F_1$ entonces $s_2 > s_1$.
$s_2$ y $s_1$ son las distancias recorridas por $F_2$ y $F_1$ en un tiempo dado. La relación entre $s_1$ y $s_2$ se mide por la *relación de distancias* (o relación de velocidades), que es la distancia recorrida por la potencia (o sea $s_1$) dividida por la distancia recorrida por la resistencia ($s_2$).
Ni la relación de distancias ni la relación de fuerzas tienen unidades. Tampoco tienen un símbolo normalizado. *Véase también* prensa hidráulica, plano inclinado, palanca, polea, tornillo, torno.

**máquina, código de** *Véase* programa.

**máquina, lenguaje de** *Véase* programa.

**Markov, cadena de** †Sucesión de sucesos o variables aleatorios discretos que tienen probabilidades que dependen de sucesos anteriores en la cadena.

**masa** Símbolo: $m$ Medida de la cantidad de materia de un objeto. La unidad SI de masa es el kilogramo. La masa se determina de dos maneras: la *masa inercial* de un cuerpo determina su tendencia a resistir al cambio de movimiento; la *masa gravitacional* determina su atracción gravitacional respecto de otras masas. *Véase también* masa gravitacional, masa inercial, peso.

**masa, centro de** Punto de un cuerpo (o sistema) en cual se puede considerar que actúa toda la masa del cuerpo. Frecuentemente se denomina *centro de gravedad*, lo cual, estrictamente hablando, no es lo mismo sino cuando el cuerpo se encuentra en un campo gravitacional constante. El centro de gravedad es el punto en el cual se puede considerar que actúa el peso. El centro de masa coincide con el centro de simetría si el cuerpo simétrico tiene densidad uniforme en todas partes. †En otros casos se aplica el principio de los momentos para localizar el punto. Por ejemplo, dos masas $m_1$ y $m_2$ distantes $d$ tienen un centro de masa sobre la recta que las une. Si éste está a distancia $d_1$ de $m_1$ y $d_2$ de $m_2$, entonces $m_1 d_1 = m_2 d_2$, o sea:

$$m_1 d_1 = m_2(d - d_1)$$
$$d_1 = m_2 d/(m_1 + m_2)$$

Se puede aplicar una relación más general a varias masas $m_1, m_2, \ldots$ $m_i$ situadas a distancias $r_1, r_2, \ldots r_i$ de un origen respectivamente. La distancia $r$ del origen al centro de masa está dada por:

$$r = \Sigma r_i m_i / \Sigma m_i$$

En el caso de un cuerpo de densidad uniforme hay que hacer una integración para obtener la posición del centro de masa, que coincide con el centroide. *Véase* centroide.

**masa-energía, ecuación de la** La ecuación $E = mc^2$, donde $E$ es la energía total (energía de la masa en reposo + energía cinética + energía potencial) de una masa $m$, y $c$ es la velocidad de la luz en el espacio libre. La ecuación es consecuencia de la teoría especial de la relatividad de Einstein y constituye una expresión cuantitativa de la idea de que la masa es una forma de energía y de que la energía también tiene masa. La conversión de la energía de la masa en reposo en energía cinética es la fuente de potencia en las sustancias radiactivas y la base de la generación de energía nuclear.

**matemática, inducción** †*Véase* inducción.

**matemática, lógica** *Véase* lógica simbólica.

**material, implicación** *Véase* implicación.

**matriz** Conjunto de cantidades dispuestas en filas y columnas para formar un arreglo rectangular. La notación común es incluir éstas entre paréntesis. Las matrices no tienen valor numérico, como los determinantes. Se utilizan para representar relaciones entre las cantidades, por ejemplo, un vector plano puede

$$\begin{pmatrix} 1 & 2 & 3 \\ 4 & 5 & 6 \end{pmatrix} + \begin{pmatrix} 2 & 6 & 10 \\ 4 & 8 & 12 \end{pmatrix} = \begin{pmatrix} 3 & 8 & 13 \\ 8 & 13 & 18 \end{pmatrix}$$

Adición matricial.

$$3 \times \begin{pmatrix} 1 & 2 & 3 \\ 4 & 5 & 6 \end{pmatrix} = \begin{pmatrix} 3 & 6 & 9 \\ 12 & 15 & 18 \end{pmatrix}$$

Multiplicación de una matriz por un número.

$$\begin{pmatrix} 1 & 2 & 3 \\ 4 & 5 & 6 \end{pmatrix} \times \begin{pmatrix} 6 & 7 \\ 8 & 9 \\ 10 & 11 \end{pmatrix} = \begin{pmatrix} (6 + 16 + 30) & (7 + 18 + 33) \\ (24 + 40 + 60) & (28 + 45 + 66) \end{pmatrix}$$

Multiplicación matricial.

representarse por una sola matriz columna con dos números, o sea una matriz $2 \times 1$, en la cual el número superior representa su componente paralela al eje $x$ y el inferior la paralela al eje $y$. Las matrices también se pueden emplear para representar, y resolver, sistemas de ecuaciones simultáneas. En general, una matriz $m \times n$ –o sea la que tiene $m$ filas y $n$ columnas– se escribe con la primera fila:

$$A = a_{11} a_{12} \ldots a_{1n}$$

La segunda fila es:

$$a_{21} a_{22} \ldots a_{2n}$$

y así sucesivamente, siendo la $m$-ésima fila:

$$a_{m1} a_{m2} \ldots a_{mn}$$

Las cantidades $a_{11}$, $a_{21}$, etc., son los *elementos* de la matriz. Dos matrices son iguales solamente si son del mismo orden y si todos sus elementos correspondientes son iguales. Las matrices, como los números, se pueden sumar, restar, multiplicar y tratar algebraicamente según ciertas reglas. No obstante, no son aplicables las leyes conmutativa, asociativa y distributiva de la aritmética ordinaria. La *adición de matrices* consiste en sumar los correspondientes elementos para obtener otra matriz del mismo orden; solamente pueden sumarse, pues, matrices del mismo orden. Análogamente, el resultado de restar una matriz de otra es la matriz formada con las diferencias entre los elementos correspondientes.

La *multiplicación matricial* tiene también reglas especiales. Si se multiplica una matriz $m \times n$ por un número o una constante $k$, el resultado es otra matriz $m \times n$. Si el elemento de la $i$-ésima fila y la $j$-ésima columna es $a_{ij}$, entonces el elemento correspondiente en el producto es $ka_{ij}$. Esta operación es distributiva respecto de la adición y de la sustracción de matrices, es decir, que dadas dos matrices $A$ y $B$,

$$k(A + B) = kA + kB$$

Asimismo, $kA = Ak$, igual que en la multiplicación de números. En la multiplicación de dos matrices, las matrices $A$ y $B$ sólo se pueden multiplicar para formar el producto $AB$ si el número de columnas de $A$ es igual al número de filas de $B$, en cuyo caso se dicen *matrices conformes*. Si $A$ es una matriz $m \times p$ con elementos $a_{ij}$ y $B$ es una matriz $p \times n$ con elementos $b_{ij}$, entonces su producto $AB = C$ es una matriz $m \times n$ con elementos $C_{ij}$ y tal que $C_{ij}$ es la suma de los productos

$$a_{i1} b_{ij} + a_{i2} b_{2j} + a_{i3} b_{3j} + \ldots + a_{ip} b_{pj}$$

La multiplicación matricial no es conmutativa, es decir $AB \neq BA$.

*Véase también* determinante, matriz cuadrada.

**máxima verosimilitud** †Método para estimar el valor más probable de un parámetro. Si se hace una serie de observaciones $x_1, x_2, \ldots, x_n$, la función de verosimilitud $L(x)$ es la probabilidad conjunta de que se observen estos valores. La función de verosimilitud se maximiza cuando $[d\log L(x)]/dp = 0$. En muchos casos, una estimación intuitiva tal como la media, es también la estimación de máxima verosimilitud.

**máximo, círculo** Círculo sobre la superficie de una esfera cuyo radio es el mismo de la esfera. Un círculo máximo está determinado por la intersección de un plano que pase por el centro de la esfera con la esfera.

**máximo común divisor** *Véase* factor común.

**máximo, punto** Punto del gráfico de una función en el cual ésta tiene su valor más elevado dentro de un intervalo. Si la función es una curva lisa, continua, el máximo es un punto extremo, es decir, un punto donde la pendiente de la tangente a la curva cambia continuamente de positiva a negativa pasando por cero. Si hay un valor mayor de la función fuera del inmediato entorno del máximo, es un *máximo local* (o un *máximo* *relativo*). Si es mayor que todos los demás valores de la función es un *máximo absoluto*. *Véase también* punto estacionario, punto extremo.

**mayor, eje** *Véase* elipse.

**MCD** Máximo común divisor. *Véase* factor común.

**MCM** Mínimo común múltiplo. *Véase* múltiplo común.

**mecánica** Estudio de las fuerzas y de sus efectos sobre los objetos. Si las fuerzas sobre un objeto o en un sistema no modifican la cantidad de movimiento o momento del objeto o sistema, éste está en equilibrio. El estudio de tales casos es la *estática*. Si las fuerzas que actúan modifican el momento, el estudio es entonces el de la *dinámica*. Las ideas de la dinámica relacionan las fuerzas con las variaciones producidas en la cantidad de movimiento. La *cinemática* es el estudio del movimiento sin tener en cuenta su causa.

**mecánica, ventaja** (relación de fuerzas) En una máquina, es la relación entre la fuerza producida (carga) y la fuerza aplicada (potencia). No tiene unidades, pero la ventaja se da a veces como porcentaje. Es posible conseguir mayores ventajas mecánicas que las obtenidas, y ciertamente muchas máquinas están diseñadas así de modo que un pequeño esfuerzo pueda vencer una gran carga. Con todo, el rendimiento no puede ser superior a uno y una ventaja mecánica considerable supone una gran relación de distancias. *Véase también* máquina.

**media** Valor representativo o esperado de un conjunto de números. La media aritmética o promedio de $x_1, x_2, \ldots, x_n$ está dada por

$$(x_1 + x_2 + x_3 + \ldots + x_n)/n$$

Si $x_1, x_2, \ldots, x_k$ se presentan con frecuencias respectivas $f_1, f_2, \ldots, f_k$, entonces la media aritmética es

$$(f_1x_1 + f_2x_2 + \ldots + f_kx_k)/(f_1 + f_2 + \ldots + f_k)$$

Cuando los datos están clasificados, como ocurre en una tabla de frecuencias, se sustituye $x_i$ por la marca de clase.

La *media ponderada* es

$$W = (w_1x_1 + w_2x_2 + \ldots + w_nx_n)/(w_1 + w_2 + \ldots + w_n)$$

donde el peso $w_i$ está asociado a $x_i$.

La *media armónica* se define por:

$$H = n/[(1/x_1) + (1/x_2) + \ldots + (1/x_n)].$$

La *media geométrica* se define por:

$$G = (x_1 \cdot x_2 \ldots x_n)^{1/n}.$$

La media de una variable aleatoria es su valor esperado.

**media, desviación** Medida de la dispersión de un conjunto de números. Es igual a la media de las diferencias entre cada número y el valor medio del conjunto. Si $x$ es una variable aleatoria con media $\mu$, la desviación media es la media, o valor esperado, de $|x - \mu|$, o sea

$$\Sigma|x_i - \mu|/n.$$

**mediana** 1. †Número central de un conjunto de números dispuestos en orden. Si hay un número par de números, la mediana es el promedio de los dos centrales. Por ejemplo, la mediana de 1, 3, 5, 11, 11 es 5 y la de 1, 3, 5, 11, 11, 14 es $(5 + 11)/2 = 8$. †La mediana de una gran población es el 50 percentil ($P_{50}$). *Compárese* con media. *Véase también* percentil, cuartil.

2. En geometría, segmento que va de un vértice de un triángulo al punto medio del lado opuesto. †Las medianas de un triángulo se cortan en un punto que es el centroide del triángulo.

**mediatriz** Perpendicular en el punto medio de un segmento.

**medición** Estudio de las medidas, especialmente de las dimensiones de las figuras geométricas para calcular sus áreas y volúmenes.

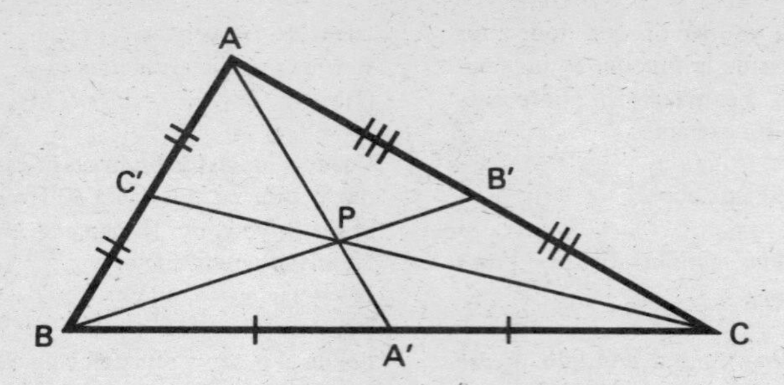


Las tres medianas AA′, BB′, CC′ se cortan en un punto P que es el centroide del triángulo.

**mega** Símbolo: M Prefijo que indica $10^6$.

**memoria** (almacenamiento) Sistema o dispositivo empleado en la informática para conservar información (programas y datos) de tal manera que se puede recuperar automáticamente cualquier pieza de información según lo necesite el ordenador. La *memoria principal* (o *memoria interna*) de un ordenador está bajo el control directo del procesador central. Es la zona en la cual los programas o partes de programas están almacenados cuando se les utiliza en el ordenador. Los datos y las instrucciones de programas pueden extraerse con enorme rapidez por acceso aleatorio. La memoria principal está complementada por la *memoria complementaria*, en la cual se almacena información permanentemente. Las dos formas básicas de memoria complementaria son las que emplean cinta magnética (es decir, unidades de cinta magnética) y las que utilizan discos o bien otro dispositivo de acceso aleatorio. La memoria principal está dividida en un número enorme de *posiciones*, cada una capaz de retener una unidad de información, es decir, una palabra o un byte. El número de posiciones, esto es, el número de palabras o bytes que se pueden almacenar, da la capacidad de la memoria. Cada posición está identificada por un número en serie que se llama su *dirección*.

Hay muchas maneras de clasificar las memorias. La *memoria de acceso aleatorio* (RAM, por random access memory) y la *memoria de acceso en serie* difieren en la manera como se extrae información de una memoria. En la *memoria inestable* o volátil, la información almacenada se pierde cuando es apagada la fuente de poder, lo que no ocurre con la *memoria estable*. En la *memoria de sólo lectura* o *memoria inalterable* (ROM, por read-only memory) la información está permanentemente almacenada o bien semipermanentemente almacenada; no puede ser alterada por instrucciones programadas pero en ciertos tipos es modificable por técnicas especiales.

Las memorias pueden ser de carácter magnético o electrónico. Las unidades de cinta magnética, las unidades de discos y la memoria de burbuja recientemente perfeccionada, son ejemplos de memoria magnética. La memoria electrónica hoy ampliamente utilizada en la memoria principal, consiste en circuitos integrados sumamente complicados. Esta *memoria de semiconductores* (o *memoria de estado-sólido*) almacena una inmensa cantidad de información en un espacio muy pequeño; las piezas de información se pueden extraer a muy altas velocidades.

**menor, eje** *Véase* elipse.

**mercado, precio del** *Véase* valor nominal, rendimiento.

**Mercator, proyección de** Método para representar los puntos de la superficie de una esfera en un plano. La proyección de Mercator es la empleada para hacer los mapas del mundo. Las líneas de longitud sobre la esfera son rectas verticales en el plano y las líneas de latitud rectas horizontales. Las áreas más alejadas del ecuador aparecen más alargadas en dirección horizontal. †Para un punto dado de la superficie esférica de latitud $\theta$ y longitud $\phi$, las correspondientes coordenadas cartesianas en el mapa son:

$$x = k\theta$$
$$y = k \log \tan(\phi/2).$$

La proyección de Mercator es un ejemplo de una representación conforme, en la cual los ángulos entre las líneas se conservan (salvo en los polos).
*Véase también* proyección.

**meridiano** *Véase* longitud.

**métrica, tonelada** *Véase* tonelada.

**métrico, espacio** Es todo conjunto de puntos, como un plano o un volumen en el espacio geométrico, en el cual dos puntos $a$ y $b$ con una distancia $\mathrm{d}(a,b)$ definida entre ellos, cumplen las condiciones $\mathrm{d}(a,b) \geqslant 0$ y $\mathrm{d}(a,b) = 0$ si y sólo si $a$ y $b$ son el mismo punto. Otra propiedad de un espacio métrico es que $\mathrm{d}(a,b) + \mathrm{d}(b,c) \geqslant \mathrm{d}(a,c)$. El conjunto de todas las funciones de $x$ que son continuas en el intervalo de $x = a$ a $x = b$ es también un espacio métrico. Si $\mathrm{f}(x)$ y $\mathrm{g}(x)$ están en el espacio,

$$\int_a^b [\mathrm{f}(x) - \mathrm{g}(x)]\mathrm{d}x$$

está definida para todos los valores de $x$ entre $a$ y $b$, y la integral es nula si y sólo si $\mathrm{f}(x) = \mathrm{g}(x)$ para todos los valores de $x$ entre $a$ y $b$.

**métrico, sistema** Sistema de unidades basado en el metro y el kilogramo y que utiliza múltiplos y submúltiplos de 10. Las unidades SI, las unidades c.g.s. y las unidades m.k.s. son todos sistemas métricos científicos de unidades.

**metro** Símbolo: m Unidad fundamental SI de longitud, que se define como la longitud igual a 1 650 763,73 longitudes de onda en el vacío correspondientes a la transición entre los niveles $2p_{10}$ y $5d_5$ del átomo de criptón-86.

**metrología** Estudio de las unidades de medida y de los métodos para lograr mediciones precisas. Toda cantidad física que se pueda cuantificar se expresa mediante una relación del tipo $q = nu$, donde $q$ es la cantidad física, $n$ es un número y $u$ es una unidad de medida. Una de las primeras preocupaciones de los metrólogos es seleccionar y definir unidades para todas las cantidades físicas.

**micro-** Símbolo: $\mu$ Prefijo que denota $10^{-6}$. Por ejemplo, 1 micrometro ($\mu$m) es igual a $10^{-6}$ metro (m).

**micron** Símbolo: $\mu$m Unidad de longitud igual a $10^{-6}$ metro.

**microordenador** *Véase* ordenador.

**microprocesador** *Véase* procesador central.

**Michelson-Morley, experimento de** †Famoso experimento (1887) para descubrir el éter, medio que se suponía necesario para la transmisión de ondas electromagnéticas en el espacio libre.
†En el experimento se combinaban dos rayos luminosos para producir interferencias después de recorrer dos cortas distancias iguales perpendiculares entre sí. El aparato era luego girado 90° y se comparaban las dos figuras de interferencias para ver si había habido algún desplazamiento de las franjas. Si la luz

tiene velocidad respecto del éter y existe un 'viento' de éter al moverse la Tierra por el espacio, entonces los tiempos de recorrido de los dos rayos cambiarían, presentándose un desplazamiento de franjas. No se observó tal desplazamiento, ni siquiera cuando se repitió el experimento seis meses más tarde cuando el viento de éter debería haber invertido su dirección. *Véase también* relatividad.

**miembro** *Véase elemento.*

**mil** 1. Unidad de longitud igual a una milésima de un inch. Se la suele llamar 'thou' y equivale a $2{,}54 \times 10^{-5}$ m.
2. Unidad de área, por lo general llamada *mil circular*, igual al área de un círculo de diámetro igual a 1 mil.

**mili-** Símbolo: m Prefijo que indica $10^{-3}$. Por ejemplo, 1 milímetro (mm) equivale a $10^{-3}$ metro (m).

**milla** (mile) Unidad de longitud igual a 1760 yards. Equivale a 1,6093 km.

**miniflexible** (minidisquete) *Véase* disco flexible.

**mínimo común denominador** *Véase* denominador común.

**mínimo común múltiplo** *Véase* común múltiplo.

**mínimos cuadrados, método de** †Método de ajuste de una recta de regresión a un conjunto de datos. Si los datos son puntos $(x_1, y_1), \ldots, (x_n, y_n)$, los correspondientes puntos $(x_1, y'_1) \ldots, (x_n, y'_n)$ se encuentran mediante la ecuación lineal $Y = ax + b$. La recta de mínimos cuadrados minimiza $(y_1 - y'_1)^2 + (y_2 - y'_2)^2 + .. + (y_n - y'_n)^2$. Se determinan $a$ y $b$ resolviendo las ecuaciones normales

$$\Sigma y = an + b\Sigma x$$
$$\Sigma xy = a\Sigma x + b\Sigma x^2$$

La técnica se extiende a la regresión de cuadráticas, cúbicas, etc. *Véase también* recta de regresión.

**miniordenador** *Véase* ordenador.

**minuendo** En una sustracción, es el término del cual se sustrae otro para hallar la diferencia. En $5 - 4 = 1$, 5 es el minuendo (4 es el sustraendo).

**minuto** (de arco) Unidad de ángulo plano igual a un sesentavo de grado.

**miria-** Símbolo: my Prefijo utilizado en Francia para indicar $10^4$.

**mixto, número** *Véase* fracción.

**m.k.s., sistema** Sistema de unidades basado en el metro, el kilogramo y el segundo y que ha constituido la base para las unidades SI.

**mmHg** (milímetro de mercurio) Antigua unidad de presión definida como la presión que soportaría una columna de mercurio de un milímetro de altura en condiciones determinadas. Es igual a 133,322 4 Pa. †Es equivalente al torr.

**Möbius, cinta de** Bucle de cinta plana con una torsión en el mismo. Se construye tomando una cinta plana rectangular, dándole una torsión de modo que cada extremo gire 180° con respecto al otro, y uniendo luego entre sí los extremos. Debido a la torsión realizada, se puede trazar una línea continua a lo largo de la superficie entre dos puntos sin cruzar un borde. Si se corta una cinta de Möbius a lo largo de una línea paralela al borde, se transforma en una sola cinta con dos lados. *Véase también* topología.

**moda** †El número que ocurre más frecuentemente en un conjunto de números. Por ejemplo, la moda (valor modal) de $\{5, 6, 2, 3, 2, 1, 2\}$ es 2. Si una variable aleatoria continua tiene función de densidad de probabilidades $f(x)$, la moda

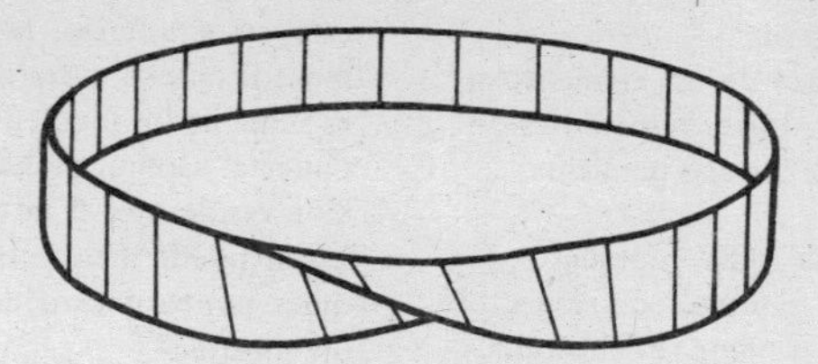

La cinta de Möbius, que tiene una cara y un borde.

es el valor de $x$ para el cual $f(x)$ es máxima. Si una variable semejante tiene curva de frecuencias aproximadamente simétrica y solamente tiene una moda, entonces (media − moda) = 3(media − mediana).

**modal, clase** †Es la clase que ocurre con mayor frecuencia, por ejemplo en una tabla de frecuencias. *Véase también* clase, moda.

**modelos por ordenador, construcción de** Elaboración de una descripción o representación matemática (es decir, de un *modelo*) de un proceso o sistema complicado valiéndose de un ordenador. Este modelo se utiliza entonces para estudiar el comportamiento del proceso o sistema o para controlarlo variando las condiciones del mismo nuevamente con ayuda del ordenador.

**módulo** Valor absoluto de una cantidad sin considerar su signo o dirección. Así, el módulo de −5, que se escribe $|-5|$ es 5. El módulo de una cantidad vectorial es la longitud o magnitud del vector. †El módulo de un número complejo $x + iy$ es $\sqrt{x^2 + y^2}$. Si el número está escrito en la forma $r(\cos\theta + i\,\mathrm{sen}\,\theta)$, el módulo es $r$. *Véase también* argumento, número complejo.

**mol** Símbolo: mol Unidad fundamental SI de cantidad de sustancia, definida como la cantidad de sustancia que contiene tantas entidades elementales como átomos haya en 0,012 kilogramos de carbono-12. Las entidades elementales pueden ser átomos, moléculas, iones, electrones, fotones, etc., y se deben especificar. Un mol contiene $6{,}022\,52 \times 10^{23}$ entidades. †Un mol de un elemento con masa atómica relativa $A$ tiene una masa de $A$ gramos (lo que antes se llamaba un *átomo-gramo*). Un mol de un compuesto de masa molecular relativa $M$ tiene una masa de $M$ gramos (lo que antes se llamaba *molécula-gramo*).

**molécula-gramo** *Véase* mol.

**momento** (de una fuerza) Es el efecto de rotación producido por una fuerza en torno a un punto. Si el punto está sobre la recta de acción de la fuerza, el momento de la fuerza es nulo. En otro caso es el producto de la fuerza por la distancia del punto a su recta de acción. †Si sobre un cuerpo actúan varias fuerzas, el momento resultante es la suma algebraica de todos los momentos. Para un cuerpo en equilibrio, la suma de los momentos que tengan sentido de las manecillas del reloj es igual a la de los momentos que tengan sentido contrario (esta ley se denomina a veces *ley de los momentos*).

**momento de área** †Para una superficie dada, es el momento de masa que la superficie tendría si tuviera unidad de masa por unidad de área.

**momento de inercia** Símbolo: $I$ †Es el análogo rotacional de la masa. El momento de inercia de un objeto que gira en torno a un eje está dado por

$$I = mr^2$$

donde $m$ es la masa de un elemento a distancia $r$ del eje. *Véase también* radio de giro, teorema de los ejes paralelos.

**momento de masa** †El momento de masa de una masa puntual con respecto a un punto, recta o plano, es el producto de la masa por la distancia al punto o de la masa por la distancia (perpendicular) a la recta o al plano. Para un sistema de masas puntuales, el momento de masa es la suma de los productos masa-distancia de las masas individuales. Para un objeto hay que emplear la integral extendida a todo el volumen del objeto.

**momento lineal** Símbolo: $p$ Momento lineal o cantidad de movimiento de un objeto de masa $m$ dotado de velocidad $v$, es el producto de la masa por la velocidad: $p = mv$. El momento del objeto no puede variar a menos que actúe sobre él una fuerza externa neta. Esto se relaciona con las leyes de Newton, con la definición de fuerza y también con el principio del momento constante o cantidad de movimiento constante. *Véase también* momento angular.

**momentos, función generatriz de** †Función utilizada para calcular las propiedades estadísticas de una variable aleatoria $x$. Se la define en función de una segunda variable $t$ de tal modo que la f.g.m., $M(t)$ sea el valor esperado de $e^{tx}$, $E(e^{tx})$. Para una variable aleatoria discreta es

$$M(t) = \Sigma e^{tx} p$$

y para una variable aleatoria continua

$$M(t) = \int e^{tx} f(x) dx.$$

Dos distribuciones son iguales si sus f.g.m. son iguales. La media y la varianza de una distribución se pueden hallar derivando la f.g.m. La media $E(x) = M'(O)$ y la varianza, $Var(x) = M''(O) - (M'(O))^2$.

**momentos, principio de los** Principio según el cual cuando un objeto o sistema está en equilibrio, la suma de los momentos en cualquier dirección es igual a la suma de los momentos en la dirección opuesta. Como no hay fuerza de rotación resultante, el momento de las fuerzas se puede medir con respecto a cualquier punto dentro del sistema o fuera del mismo.

**monomio** Término algebraico en el cual sólo hay multiplicaciones.

**monótono** †Que cambia siempre en el mismo sentido. Una *función monótona creciente* de una variable $x$ aumenta o permanece constante al aumentar $x$ pero nunca disminuye. Una *función monótona decreciente* de $x$ decrece o permanece constante al aumentar $x$ pero nunca aumenta. Cada término de una *serie monótona* es mayor o igual que el anterior si es monótona creciente; o bien es menor o igual que el anterior si es monótona decreciente. *Compárese* con serie alternada.

**movimiento, cantidad de** *Véase* momento lineal.

**movimiento, ecuaciones del** Ecuaciones que describen el movimiento de un objeto con aceleración constante ($a$). Relacionan la velocidad $v_1$ del objeto en el origen de los tiempos con su velocidad $v_2$ en un momento ulterior $t$ y con el desplazamiento $s$ del objeto. Son:

$$v_2 = v_1 + at^2$$
$$s = (v_1 + v_2)t/2$$
$$s = v_1 t + at^2/2$$
$$s = v_2 t - at^2/2$$
$$v_2^2 = v_1^2 + 2as$$

**muestral, distribución** Distribución de un estadígrafo muestral. Por ejemplo, cuando se toman diferentes muestras de tamaño $n$ de una misma población, las medias de las muestras forman una distribución muestral.

Si la población es infinita o muy numerosa y el muestreo se hace con reemplazo, la media de las medias muestrales es $\mu_{\overline{X}} = \mu$ y la desviación típica de las medias muestrales es $\sigma_{\overline{X}} = \sigma/\sqrt{n}$ donde $\mu$ y $\sigma$ son la media y la desviación típica de la población. Cuando $n \geqslant 30$ las distribuciones muestrales son aproximadamente normales y se aplica la teoría de las grandes muestras. Cuando $n < 30$ se aplica la teoría exacta de muestras. *Véase también* muestreo.

**muestral, espacio** *Véase* probabilidad.

**muestreo** Selección de un subconjunto representativo de toda una población. El análisis de la muestra ofrece información acerca de toda la población. Esto es lo que se llama *inferencia estadística*. Por ejemplo, los parámetros de población (tales como la media y la varianza de la población) se pueden estimar mediante estadígrafos muestrales (tales como la media y la varianza muestrales). Se emplean contrastes de significancia (o contrastes de hipótesis) para contrastar si las diferencias observadas entre dos muestras son debidas a variación al azar o son significantes, como cuando se contrasta un nuevo proceso de producción frente a uno antiguo. La población puede ser finita o infinita. En el muestreo con reemplazo cada elemento individual escogido se vuelve a la población antes de la siguiente elección. En el *muestreo aleatorio* todo miembro de la población tiene igual posibilidad de ser escogido. En el *muestreo aleatorio estratificado* la población se reparte en estratos y se combinan las muestras aleatorias obtenidas de cada uno de los estratos. En el *muestreo sistemático* la población se ordena, se elige el primer elemento al azar y los subsiguientes se toman a intervalos determinados, por ejemplo cada cien personas en una lista electoral. Si una muestra aleatoria de tamaño $n$ es el conjunto de valores numéricos $\{x_1, x_2, \ldots x_n\}$, la media muestral es:

$$\sum_1^n \overline{x} = x_i/n$$

La varianza muestral es

$$\Sigma(x_i - \overline{x})^2/(n-1)$$

o bien $\Sigma(x_i - \overline{x})^2/n$

para una distribución normal. Si $\mu$ es la media de la población, la varianza muestral es:

$$\Sigma(x_i - \mu)/n$$

*Véase también* contraste de hipótesis.

**múltiple, integral** †*Véase* integral iterada.

**múltiple, punto** †Punto de una curva de una función en el cual se intersectan varios arcos, o el cual forma un punto aislado, y donde no existe una derivada simple de la función. Si la ecuación de la curva se escribe en la forma:

$$(a_1x + b_1y) + (a_2x^2 + b_2xy + c_2y^2) + (a_3x^3 + \ldots) = 0$$

en la cual el punto múltiple está en el origen de un sistema de coordenadas cartesianas, los valores de los coeficientes de $x$ y $y$ indican el tipo del punto múltiple. Si $a_1$ y $b_1$ son nulos, es decir, si todos los términos de primer grado son cero, entonces el origen es un punto singular. Si los términos $a_2$, $b_2$ y $c_2$ son también cero, se trata de un punto doble. Si, además, los coeficientes $a_3$, $b_3$, etc., de los términos de tercer grado son cero, es un *punto triple*, y así sucesivamente.

**multiplicación** Símbolo: $\times$ Es la operación para encontrar el producto de dos o más cantidades. En aritmética, la multiplicación de un número $a$ por otro $b$ consiste en sumar $a$ a sí mismo $b$ veces. Esta clase de multiplicación es conmutativa, es decir, $a \times b = b \times a$. El elemento neutro para la multiplicación aritmética es 1, es decir, que la multiplicación por 1 no produce modificación. En una serie de multiplicaciones, el orden en que se efectúen no altera el resultado. Por ejemplo, $2 \times (4 \times 5) = 5 \times (2 \times 4)$. Esta es la ley asociativa de la multiplicación aritmética.

†La multiplicación de cantidades vectoriales y de matrices no sigue las mismas reglas. *Véase* multiplicación de matrices, producto escalar, producto vector.

**multiplicación de matrices** *Véase* matriz.

**multiplicador** *Véase* multiplicando.

**multiplicando** Número o término que es multiplicado por otro (el *multiplicador*) en una multiplicación.

**multiplicatoria** Símbolo: Π †Producto de varios términos relacionados entre sí. Por ejemplo, 2 × 4 × 6 × 8 . . . es un producto sucesivo que se escribe con la multiplicatoria así:

$$\prod^{k} a_n$$

Lo cual significa el producto de $k$ términos siendo el término $n$-ésimo $a_n = 2n$.

$$\prod_{1}^{\infty} a_n$$

tiene un número infinito de términos.

**múltiplo** Número o expresión que tiene un número o expresión dados como factor. Por ejemplo, 26 es múltiplo de 13.

# N

**nano-** Símbolo: n Prefijo que indica $10^{-9}$. Por ejemplo, 1 nanometro (nm) = $10^{-9}$ metro (m).

**natural, frecuencia** Es la frecuencia a la cual vibra libremente un objeto o sistema. Una vibración libre ocurre cuando no hay fuerza periódica externa y poca resistencia. La amplitud de las vibraciones libres no debe ser demasiado grande. Por ejemplo, un péndulo que oscila con pequeños movimientos bajo la acción de su propio peso se mueve a su frecuencia natural. †Normalmente, la frecuencia natural de un objeto es su frecuencia fundamental.

**naturales, logaritmos** *Véase* logaritmo.

**naturales, números** Símbolo: $N$ Es el conjunto de los números $\{1, 2, 3, \ldots\}$ que se emplean para contar objetos separados.

**necesaria, condición** *Véase* condición.

**negación** Símbolo: ~ o ¬ En lógica, es la operación de poner *no* o bien *no es el caso que* al frente de una proposición o enunciado invirtiendo así su valor de verdad. La negación de una proposición $p$ es falsa si $p$ es verdadera y viceversa. La ilustración muestra la definición por tabla de verdad de la negación. *Véase también* tabla de verdad.

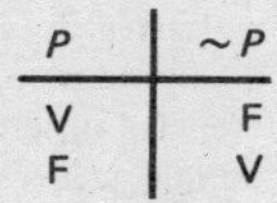

| $P$ | $\sim P$ |
|---|---|
| V | F |
| F | V |

negación

**negativa, distribución binomial** † *Véase* distribución de Pascal.

**negativo** Número o cantidad menor que cero. Los números negativos también se emplean para denotar cantidades que están por debajo de cierto punto de referencia determinado. Por ejemplo, en la escala centígrada de temperaturas, una temperatura de −24°C está 24° por debajo del punto de congelación del agua. *Compárese* con positivo.

**Neper, fórmulas de** †Conjunto de fórmulas empleadas en trigonometría esférica para calcular los lados y ángulos de un triángulo esférico. En un triángulo esférico de lados $a$, $b$ y $c$, y ángulos opuestos a éstos $\alpha$, $\beta$ y $\gamma$ respectivamente:

$\operatorname{sen}\frac{1}{2}(a-b)/\operatorname{sen}\frac{1}{2}(a+b) =$

$\tan\frac{1}{2}(\alpha - \beta)/\tan\frac{1}{2}\gamma$

$\cos\frac{1}{2}(a - b)/\cos\frac{1}{2}(a + b) =$
$\tan\frac{1}{2}(\alpha + \beta)/\tan\frac{1}{2}\gamma$

$\text{sen}\frac{1}{2}(\alpha - \beta)/\text{sen}\frac{1}{2}(\alpha + \beta) =$
$\tan\frac{1}{2}(a - b)/\cot\frac{1}{2}c$

$\cos\frac{1}{2}(\alpha - \beta)/\cos\frac{1}{2}(\alpha + \beta) =$
$\tan\frac{1}{2}(a + b)\cot\frac{1}{2}c$

*Véase también* triángulo esférico.

**neperianos, logaritmos** † *Véase* logaritmo.

**neto** 1. Denota el peso de mercancías excluido el de los contenedores o empaques.
2. Denota un beneficio calculado después de deducir todos los costos generales, gastos e impuestos.
*Compárese* con bruto.

**neutro, elemento** Elemento de un conjunto que, combinado con otro elemento, deja a éste invariable. *Véase* grupo.

**newton** Símbolo: N Es la unidad SI de fuerza, igual a la fuerza necesaria para acelerar un kilogramo un metro segundo$^{-2}$. 1 N = 1 kg m s$^{-2}$.

**Newton, método de** † Técnica para obtener aproximaciones sucesivas (iteraciones) a la solución de una ecuación, cada una más exacta que la precedente. La ecuación en una variable $x$ se escribe en la forma $f(x) = 0$, y la fórmula general o algoritmo que se aplica es:

$$x_{n+1} = x_n - f(x_n)/f'(x_n)$$

donde $x_n$ es la $n$-ésima aproximación. El método de Newton se puede considerar como de estimaciones repetidas por la posición en la cual la curva del gráfico de $f(x)$ respecto de $x$ cruza el eje $x$, por extrapolación de la tangente a la curva. La pendiente de la tangente en ($x_1$, $f(x_1)$) es $df/dx$ en $x = x_1$, esto es

$$f'(x_1) = f(x_1)/(x_2 - x_1)$$

$x_2 = x_1 - f(x_1)/f'(x_1)$ es por tanto el punto donde la tangente cruza el eje $x$ y es una aproximación más cercana a $x$ en $f(x) = 0$ que $x_1$. Análogamente,

$$x_3 = x_2 - f(x_2)/f'(x_2).$$

Por ejemplo, si $f(x) = x^2 - 3 = 0$, entonces $f'(x) = 2x$ y se obtiene el algoritmo

$$x_{n+1} = x_n - (x_n^2 - 3)/2x_n =$$
$$1/2(x_n + 3/x_n)$$

*Véase también* iteración.

**Newton leyes del movimiento de** Tres leyes de la mecánica formuladas por Sir Isaac Newton en 1687. Se pueden enunciar así:
(1) Un objeto continúa en estado de reposo o de velocidad constante a menos que actúe sobre él una fuerza externa.
(2) La fuerza resultante que actúa sobre un objeto es proporcional a la tasa de variación de la cantidad de movimiento o momento del objeto, siendo esta variación en la misma dirección que la de la fuerza.
(3) Si un objeto ejerce una fuerza sobre otro entonces hay una fuerza igual y opuesta (reacción) ejercida por el segundo sobre el primero.
† La primera ley fue descubierta por Galileo y es tanto una descripción de la inercia como una definición de la fuerza nula. La segunda ley da una definición de fuerza basada en la propiedad inercial de la masa. La tercera ley equivale a la ley de conservación del momento lineal.
*Véase también* reacción.

**Newtoniana, mecánica** Mecánica basada en las leyes del movimiento de Newton; es decir, que no se toman en cuenta efectos relativistas.

**ni, elemento** † *Véase* elemento lógico.

**nivel, línea de** Línea que en un mapa reúne puntos de igual altitud. Generalmente, las líneas de nivel se trazan a intervalos iguales de altura, de manera que cuanto más pronunciada una pendiente, tanto más cercanas quedan las líneas de nivel.

**no, elemento** † *Véase* elemento lógico.

**no contradicción, principio de** *Véase* principios del pensamiento.

**no euclidiana, geometría** †Es todo sistema de geometría en el cual no es válido el postulado de las paralelas de Euclides. Este postulado dice que si un punto está fuera de una recta, por ese punto sólo se puede trazar una paralela a la recta. A principios del s. XIX se demostró que es posible tener un sistema formal completo y coherente de geometría sin utilizar el postulado de las paralelas. Hay dos tipos de geometría no Euclidiana. En el uno (llamado *geometría elíptica*) no existen paralelas por el punto dicho. Un ejemplo de esto es un sistema lógico que describa las propiedades de líneas, figuras, ángulos, etc., sobre la superficie de una esfera, en la cual todas las líneas son partes de un círculo máximo (es decir de círculos que tienen el mismo centro que la esfera). Como todos los círculos máximos se cortan, no se pueden trazar paralelas por el punto. Obsérvese también que los ángulos de un triángulo sobre una esfera semejante no suman 180°. El otro tipo de geometría no Euclidiana se llama *geometría hiperbólica*, y en tal caso pueden trazarse un número infinito de paralelas por el punto.

Obsérvese que un tipo de geometría no se basa en 'experimentos', es decir en medidas de distancias, ángulos, etc. Es un sistema puramente abstracto, basado en ciertos supuestos (tales como los axiomas de Euclides). Los matemáticos estudian tales sistemas en sí mismos –sin buscar necesariamente aplicaciones prácticas, las cuales llegan cuando un sistema matemático dado da una descripción exacta de propiedades físicas– es decir de propiedades del 'mundo real'. En los usos prácticos (arquitectura, topografía, ingeniería, etc.) se da por supuesto que se aplica la geometría Euclidiana. Sin embargo, ello sólo es una aproximación y en el continuo espacio-tiempo de la teoría de la relatividad las propiedades no son Euclidianas.

**no isomorfismo** *Véase* isomorfismo.

**nodo** Punto de mínima vibración en una modalidad de onda estacionaria, como ocurre cerca del extremo cerrado de un tubo resonante. *Compárese* con antinodo. *Véase también* onda estacionaria.

**nominal, valor** Valor dado por el gobierno o la compañía a una acción o título que se ofrece en venta. Las acciones tienen invariablemente un valor nominal de $100. Pero los títulos de participación pueden tener cualquier valor nominal. Por ejemplo, una compañía que desee obtener $100 000 por una emisión de títulos puede emitir 100 000 títulos de $1 o bien 200 000 títulos de 50¢, o cualquiera otra combinación. El *precio de emisión*, o sea el precio que pagan los primeros compradores de los títulos, puede no ser el mismo que el valor nominal, aunque probablemente esté muy cercano. Un título con un valor nominal de 50¢ puede ser ofrecido a un precio de emisión de 55¢; se dice entonces que se ha ofrecido con una prima de 5¢. Si se ofrece a un precio de emisión de 45¢ se dice que se ha ofrecido con descuento de 5¢. Una vez establecido como un valor comercial en una bolsa de valores, el valor nominal tiene poca importancia y es el *precio del mercado* al cual se compra y se vende. No obstante, el dividendo se expresa siempre como un porcentaje del valor nominal.

**nomograma** Gráfico que consiste en tres paralelas, cada una con una escala para una de tres variables relacionadas entre sí. Una recta trazada entre dos puntos que representen valores conocidos de dos de las variables, corta a la tercera en el valor correspondiente a la tercera variable. Por ejemplo, las rectas pueden indicar la temperatura, el volumen y la presión de una masa de gas conocida. Si se conocen el volumen y la presión, la temperatura se puede leer en el nomograma.

**normal** Plano o recta perpendicular a otra recta o plano. Se dice que un plano o una recta es normal a una curva si es perpendicular a la tangente a la curva en el punto en el cual se encuentran la recta y la curva. Por ejemplo, el radio de un círculo, es normal a la circunferencia. Un plano que pasa por el centro de una esfera es normal a la superficie en todos los puntos en que se cortan.

**normal, distribución** (distribución de Gauss) Es el tipo de distribución estadística que siguen por ejemplo las mismas medidas tomadas varias veces, donde la variación de una cantidad ($x$) respecto de su valor medio ($\mu$) es completamente aleatoria. Una distribución normal tiene una función de densidad de probabilidades

$$f(x) = \exp[-(x-\mu)^2/2\sigma^2]/\sigma\sqrt{2\pi}$$

donde $\sigma$ es la desviación típica. La distribución se escribe $N(\mu, \sigma^2)$. El gráfico de $f(x)$ tiene forma de campana y es simétrico respecto de $x = \mu$. †La distribución normal típica tiene $\mu = 0$ y $\sigma^2 = 1$ y $x$ puede tipificarse haciendo $z = (x-\mu)/\sigma$. Los valores $z_\alpha$ para los cuales el área bajo la curva desde $-\alpha$ a $z_\alpha$ es $\alpha$, están tabulados; es decir, $z$ es tal que $P(z \leqslant z_\alpha) = \alpha$. Por tanto se puede encontrar $P(a < x \leqslant b) = P(a-\mu)/\sigma < z \leqslant (b-\mu)/\sigma$.

**normal, forma** *Véase* forma canónica.

**normal, presión** Un valor acordado internacionalmente; una altura barométrica de 760 mmHg a 0°C; 101 325 Pa (aproximadamente 100 kPa).
Suele llamarse *atmósfera* (usada como unidad de presión). El *bar*, empleado principalmente en meteorología, es 100 kPa exactamente. *Véase también* TPN.

**normal** Establecido como referencia.
**1.** Si se escribe una ecuación en forma normal ello permite comparación con otras ecuaciones del mismo tipo. Por ejemplo,

$$x^2/4^2 - y^2/2^2 = 1$$

y

$$x^2/3^2 - y^2/5^2 = 1$$

son ecuaciones de hipérbolas en coordenadas cartesianas rectangulares, escritas ambas en forma normal.
**2.** Forma normal de un número. *Véase* notación científica.

**normal, sección** Plano que corta una figura sólida perpendicularmente a un eje de simetría de la misma. Por ejemplo, la sección normal por el centro de una esfera es un círculo. La sección normal de un cono recto es un círculo.

**normal, temperatura** Valor acordado internacionalmente respecto del cual se citan muchas medidas. Es la temperatura de fusión del hielo, 0°C o bien 273,15 K. *Véase también* TPN.

**noy, elemento** † *Véase* elemento lógico.

**nudo** En topología, una curva formada haciendo un bucle y entrelazando una cuerda y luego uniendo los extremos. La teoría matemática de los nudos es una rama de la topología. *Véase también* topología.

**nudo** Unidad de velocidad igual a una milla náutica por hora. Es igual a 0,514 m s$^{-1}$.

**nula, matriz** (matriz cero) Matriz en la cual todos los elementos son ceros. *Véase también* matriz.

**numerador** El elemento superior de una fracción. Por ejemplo, en 3/4, 3 es el numerador y 4 el denominador. El numerador es el dividendo.

**numérica, integración** †Procedimiento para calcular valores aproximados de integrales. A veces una función es conocida solamente como un conjunto de valores para valores correspondientes de una variable y no como una fórmula general que se pueda integrar. Asimismo, hay muchas funciones que no se pueden integrar expresándolas como funciones conocidas. En estos casos se emplean métodos de integración numérica como la regla de los trapecios y la regla de Simpson para calcular el área bajo el gráfico que corresponde a la integral. El área se divide en columnas verticales de ancho igual, el cual representa un intervalo entre dos valores de $x$ para los cuales se conoce $f(x)$. Por lo general se hace primero un cálculo, utilizando unas cuantas columnas; éstas se subdividen luego hasta obtener la precisión que se desee, es decir, hasta cuando avanzar la subdivisión no altera el resultado de manera significativa. *Véase también* regla de Simpson, regla del trapecio.

**numérica, recta** Recta horizontal en la cual cada punto representa un número real. Los enteros son puntos marcados a distancias de una unidad.

**numérico, análisis** Estudio de los métodos de cálculo que implican aproximaciones, por ejemplo, los métodos iterativos. *Véase también* iteración.

**número, forma normal de un** Número escrito como un número entre 1 y 10 multiplicado por una potencia de diez. Por ejemplo, 0,000 326 y 42 567 se escriben respectivamente $3{,}25 \times 10^{-4}$ y $4{,}2567 \times 10^{5}$ en forma normal.

**números** Símbolos utilizados para contar y medir. Los números hoy en uso se basan en el sistema indo-arábigo que fue introducido en Europa en los siglos XIV y XV. Los números romanos utilizados antes hacían muy dificultosa la simple aritmética y para la mayoría de los cálculos se necesitaba del ábaco. Los números indo-arábigos (0, 1, 2, ... 9) permitieron hacer los cálculos con mayor eficacia porque se agrupan sistemáticamente en unidades, decenas, centenas y así sucesivamente. *Véase también* enteros, números irracionales, números naturales, números racionales, números reales.

**números aleatorios, tabla de** †Tabla que consiste en una sucesión de cifras de 0 a 9 elegidas al azar y donde cada cifra o dígito tiene probabilidad de 0,1 de aparecer en una posición dada y donde las elecciones para diferentes posiciones son independientes. En el muestreo aleatorio de una población de tamaño $n$ se puede asignar a cada individuo un número diferente de 1 a $n$. Si $k$ es el número de cifras $n$, las cifras en la tabla están formadas en grupos de tamaño $k$. Los números así formados se leen, los mayores que $n$ ya descartados, y se hacen corresponder con individuos hasta que se haya completado una muestra de tamaño adecuado. *Véase también* muestreo.

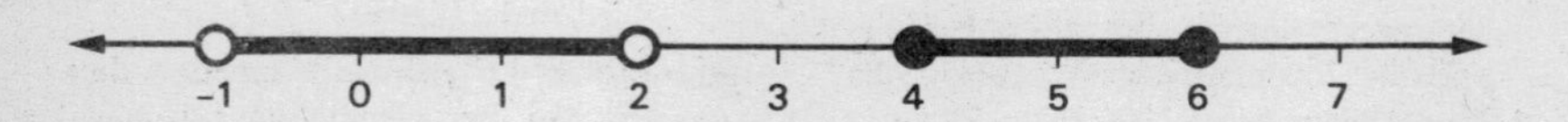


Recta numérica con un intervalo abierto que consiste en todos los números reales entre −1 y +2 y un intervalo cerrado de 4 a 6, que comprende a 4 y a 6.

# O

**o** *Véase* disyunción.

**o, elemento** † *Véase* elemento lógico.

**objeto** El conjunto de puntos que experimenta una transformación geométrica o aplicación. *Véase* proyección.

**oblicuángulo** Triángulo que no contiene un ángulo recto.

**oblicuas, coordenadas** *Véase* coordenadas cartesianas.

**oblicuo** Que forma ángulo que no es recto.

**oblicuo, sólido** Figura geométrica sólida 'inclinada', por ejemplo, un cono, cilindro, pirámide o prisma con un eje que no es perpendicular a la base. *Compárese* con sólido recto.

**obtuso** Angulo mayor que uno recto, es decir, mayor que 90° (o $\pi/2$ radianes). *Compárese* con agudo.

**octaedro** Poliedro de ocho caras. Un *octaedro regular* tiene por caras ocho triángulos equiláteros. *Véase también* poliedro.

**octal** Con base en el número ocho. Un sistema de numeración octal tiene ocho cifras diferentes en vez de las diez del sistema decimal. Ocho se escribe 10, nueve se escribe 11 y así sucesivamente. *Compárese* con binario, duodecimal, hexadecimal.

**octante** 1. †Cada una de las ocho regiones en que queda dividido el espacio por los tres ejes de un sistema tridimensional de coordenadas cartesianas. El primer octante es aquel en que $x$, $y$ y $z$ son todas positivas. El segundo, tercero y cuarto octantes se numeran en sentido contrario al de las manecillas del reloj en torno al eje $z$ positivo. El quinto octante queda debajo del primero, el sexto debajo del segundo, etc.
2. Unidad de ángulo plano igual a 45° ($\pi/4$ radianes).

**octógono** Figura plana con ocho lados. Un *octógono regular* tiene ocho lados iguales y ocho ángulos iguales.

**oersted** Símbolo: Oe †Unidad de intensidad de campo magnético en el sistema c.g.s. Es igual a $10^3/4\pi$ amperios por metro ($10^3/4\pi$ A m$^{-1}$).

**ohm** Símbolo: $\Omega$ Unidad SI de resistencia eléctrica, igual a la resistencia que deja pasar una corriente de un amperio cuando hay una diferencia de potencial de un volt entre sus extremos. 1 $\Omega$ = 1 V A$^{-1}$. †Anteriormente se definía por la resistencia de una columna de mercurio en condiciones determinadas.

**onda** Manera de transferirse energía con intervención de cierta forma de vibración. Por ejemplo, las ondas en la superficie de un líquido o a lo largo de una cuerda tensa implican un movimiento de vaivén de las partículas en torno a una posición media. Las ondas sonoras transportan energía por compresiones y rarefacciones alternadas del aire (u otros medios). En las ondas electromagnéticas, los campos eléctrico y magnético varían perpendicularmente a la dirección de propagación de la onda. En todo caso particular, el gráfico del desplazamiento respecto de la distancia es una curva regular que se repite –la *forma de la onda* o perfil de la onda. En una onda *progresiva* todo el desplazamiento periódico se mueve a través del medio. En todo punto del medio la perturbación

está cambiando con el tiempo. En ciertas condiciones se puede producir una onda estacionaria en la cual la perturbación no cambie con el tiempo.
†Para el caso simple de una onda plana progresiva el desplazamiento en un punto puede ser representado por una ecuación:

$$y = a\,\mathrm{sen}2\pi(ft - x/\lambda)$$

donde $a$ es la amplitud, $f$ la frecuencia, $x$ la distancia a partir del origen y $\lambda$ es la longitud de onda. Otras relaciones son:

$$y = a\,\mathrm{sen}2\pi(vt - x)/\lambda$$

donde $v$ es la velocidad, y

$$y = a\,\mathrm{sen}2\pi(t/T - x/\lambda)$$

donde $T$ es el período. Obsérvese que si se cambia el signo − por un + en la anterior ecuación, ello indica una onda semejante que se mueve en dirección opuesta. Para una onda estacionaria resultante de dos ondas en direcciones opuestas, el desplazamiento está dado por:

$$Y = 2a\cos 2\pi x/\lambda$$

*Véase también* onda longitudinal, onda estacionaria, onda transversal, †fase.

**onda, ecuación de la** Ecuación en derivadas parciales de segundo orden que describe el movimiento ondulatorio. La ecuación

$$\partial^2 u/\partial x^2 = (1/c^2)\partial^2 u/\partial t^2$$

puede representar, por ejemplo, el desplazamiento vertical $u$ de la superficie del agua cuando una onda plana de velocidad $c$ pasa a lo largo de la superficie, con la posición horizontal y el tiempo dados por $x$ y $t$ respectivamente. La solución general de esta ecuación unidimensional de la onda es una función periódica de $x$ y $t$.

**onda, longitud de** Símbolo: $\lambda$ Es la distancia entre los extremos de un ciclo completo de una onda. La longitud de onda está relacionada con la velocidad ($c$) de la onda y su frecuencia ($\nu$) así:

$$c = \nu\lambda$$

**onda, número de** Símbolo: $\sigma$ †Es el inverso de la longitud de onda. Es el número de ciclos de onda en una distancia unidad y se usa frecuentemente en espectroscopia. La unidad es el metro$^{-1}$ ($m^{-1}$). El número de onda circular (Símbolo: $k$) viene dado por

$$k = 2\pi\sigma.$$

**ondas, frente de** †Superficie continua asociada a una radiación ondulatoria, en la cual todas las vibraciones de que se trata están en fase. Un haz paralelo tiene frentes de ondas planos; una fuente puntual produce frentes de ondas esféricos.

**ondulatorio, movimiento** Toda forma de transferencia de energía que se puede describir como una onda en vez de una corriente de partículas. †El término también se usa a veces para hablar de un movimiento armónico.

**onza** 1. Unidad de masa igual a un dieciseisavo de libra (pound). Equivale a 0,028349 kg.
2. Unidad de capacidad, llamada frecuentemente *onza fluida* igual a un doceavo de una pinta. Equivale a $2{,}841\,3 \times 10^{-5}$ $m^3$. En EE.UU., una onza fluida es igual a un dieciseisavo de una pinta de EE.UU. Es equivalente a $2{,}057\,3 \times 10^{-5}$ $m^3$. 1 onza fluida del Reino Unido es igual a 0,960 8 onza fluida de EE.UU.

**operador** 1. Una función matemática, tal como la adición, la sustracción, la multiplicación o la extracción de la raíz cuadrada o el logaritmo, etc. *Véase* función.
2. Símbolo que denota una operación o función matemática, por ejemplo: +, −, ×, $\sqrt{}$, $\log_{10}$.

**operativo, sistema** Es la colección de programas utilizados en el control de un sistema de ordenador. Generalmente lo suministra el fabricante del ordenador. Un sistema operativo tiene que decidir en todo momento cuál de las muchas demandas de la atención del procesador central se ha de satisfacer en seguida.

Entre estas demandas están las entradas de varios dispositivos y las salidas de los mismos, la ejecución de varios programas, y la contabilidad y cálculo de tiempos. Los grandes ordenadores en los cuales se pueden efectuar muchas tareas simultáneamente, tienen un sistema operativo sumamente complejo; los pequeños ordenadores pueden tener uno muy sencillo. Un programa que discurre sin el beneficio de un sistema operativo se llama *programa único.*

**óptico de caracteres, reconocimiento** (OCR, optical character recognition) Sistema empleado para alimentar información a un ordenador. La información, por lo general en forma de letras y números, está impresa, mecanografiada o a veces escrita a mano. Los caracteres utilizados pueden ser leídos por las personas y también leídos e identificados ópticamente por una *lectora OCR*. La máquina interpreta cada carácter y lo traduce a una serie de pulsos eléctricos. Los pulsos pueden ser transmitidos entonces al procesador central del ordenador.

**opuesto** 1. Denota el lado de un triángulo que no es lado de un ángulo del mismo al cual se dice opuesto. En trigonometría, los cocientes de las longitudes del lado opuesto por los de los otros lados en un triángulo rectángulo se emplean para definir las funciones seno y tangente del ángulo.
2. Elemento que sumado a otro da el elemento neutro. Los números negativos son, pues, opuestos de los positivos y viceversa.

**opuestos por el vértice, ángulos** Son dos ángulos tales que los lados del uno son las prolongaciones de los lados del otro.

**órbita** Trayectoria curva a lo largo de la cual se desplaza un objeto móvil bajo la influencia de un campo gravitacional. Un objeto de masa insignificante que se mueve bajo la influencia de un planeta u otro cuerpo, tiene una órbita que es una sección cónica, es decir, una parábola, una elipse o una hipérbola. Al considerar el movimiento de los planetas, hay que hacer una corrección para tener en cuenta la masa del planeta.

**orden** 1. (de una matriz) Es el número de filas y columnas de la matriz. *Véase* matriz.
2. (de una derivada) Es el número de veces que se ha derivado una variable. Por ejemplo, $\mathrm{d}y/\mathrm{d}x$ es derivada de primer orden, $\mathrm{d}^2y/\mathrm{d}x^2$ es de segundo orden, etc.
3. (de una ecuación diferencial) Es el orden de derivada más elevado en una ecuación. Por ejemplo,

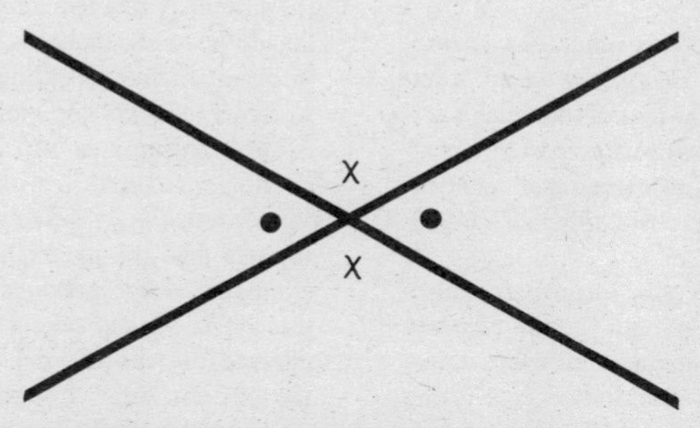


Angulos opuestos por el vértice en la intersección de dos rectas.

$$d^3y/dx^3 + 4xd^2y/dx^2 = 0$$

es una ecuación diferencial de tercer orden.

$$d^2y/dx^2 - 3x(dy/dx)^3 = 0$$

es una ecuación diferencial de segundo orden. *Compárese* con grado. *Véase también* ecuación diferencial.

**ordenación** Disposición ordenada de números o de otras piezas de información como las de una lista o cuadro. En informática, cada ordenación tiene su propio nombre o *identificador* y cada elemento de la ordenación está identificado por un subíndice que se utiliza con el identificador. Una ordenación puede ser examinada por un programa y extraerse una pieza particular de información utilizando este identificador y el subíndice.

**ordenada** Coordenada vertical o coordenada $y$ en un sistema bidimensional de coordenadas cartesianas rectangulares. *Véase* coordenadas cartesianas.

**ordenada, terna** †Tres números que indican valores de tres variables en un orden dado. Las coordenadas $x, y$ y $z$ de un punto en un sistema tridimensional de coordenadas constituyen una terna ordenada $(x,y,z)$.

**ordenado, conjunto** Conjunto de elementos en un orden dado. *Véase* sucesión.

**ordenado, par** †Dos números que indican valores de dos variables en un orden dado. Por ejemplo las coordenadas $x$ y $y$ de los puntos en un sistema bidimensional de coordenadas cartesianas constituye un conjunto de pares ordenados $(x,y)$.

**ordenador** 1. Todo dispositivo automático o máquina que puede efectuar cálculos y otras operaciones sobre datos. Los datos deben recibirse en una forma aceptable y procesarse de acuerdo con instrucciones. El ordenador más versátil y que más ampliamente se utiliza es el *ordenador digital* al cual por lo general se le llama simplemente un ordenador (véase más adelante). *Véase también* ordenador analógico, ordenador híbrido.
2. (ordenador digital) Máquina calculadora controlada automáticamente en la cual la información, llamada generalmente los datos, está representada por combinaciones de impulsos eléctricos discretos denotados por los dígitos binarios 0 y 1. Sobre los datos se efectúan varias operaciones, tanto aritméticas como lógicas, de acuerdo con un conjunto de instrucciones (un programa). Las instrucciones y los datos son alimentados al almacenamiento o memoria principal del ordenador, en donde se conservan hasta que se las necesite. Las instrucciones, codificadas como los datos en forma binaria, son analizadas y realizadas por el procesador central del ordenador. El resultado de este tratamiento o procesamiento se entrega entonces al usuario. La tecnología aplicada en los ordenadores digitales está hoy tan avanzada que operan a velocidades sumamente elevadas y pueden almacenar una enorme cantidad de información. Las válvulas termoiónicas que se empleaban en los primeros ordenadores han sido sustituidas por transistores; los transistores, las resistencias, etc., han sido posteriormente incorporados en circuitos integrados que se han vuelto más y más complicados. A medida que los circuitos electrónicos utilizados en los diversos dispositivos de un sistema informático han disminuido de tamaño y aumentado en complejidad, los ordenadores mismos se han hecho más pequeños, más rápidos y más potentes. El *miniordenador* y el *microordenador*, todavía más compacto, han sido perfeccionados como versiones algo más simples de la *unidad central de proceso* o procesador central del ordenador de tamaño corriente. Los ordenadores tienen hoy un inmenso campo de aplicaciones en la ciencia, la tecnología, la

industria, el comercio, la enseñanza y en muchos otros dominios.

**ordinal, número** Número natural que indica orden a diferencia del número cantidad, o sea que indica el primero, segundo, tercero, etc., elementos. Compárese con número cardinal.

**ordinaria, ecuación diferencial** Ecuación que contiene solamente derivadas totales. *Véase* ecuación diferencial.

**origen** El punto fijo de referencia en un sistema de coordenadas y en el cual todos los valores de las coordenadas son cero ya que es el punto de intersección de los ejes. *Véase* coordenadas.

**ortocentro** Punto de intersección de las alturas de un triángulo. †El triángulo cuyos vértices son los pies de las alturas es el *triángulo pedal.*

**ortogonal, proyección** Transformación geométrica que produce una imagen sobre una recta o plano mediante perpendiculares que cruzan el plano. Si se proyecta ortogonalmente un segmento de longitud $l$ desde un plano que forme el ángulo $\theta$ con el plano imagen, la longitud de su imagen es, pues, $l\cos\theta$. La imagen de un círculo es una elipse. *Véase también* proyección.

**oscilación** Movimiento o modificación que se repite regularmente. *Véase* vibración.

# P

**palabra** Es la unidad básica en la cual se almacena y se manipula información en un ordenador. Por lo general cada palabra consiste en un número fijo de bits, número que se conoce como *longitud de palabra*, varía con el tipo de ordenador y puede ser entre ocho y 60. A cada palabra se asigna una dirección única en la memoria. Una palabra puede representar una instrucción al ordenador o una pieza de datos. Una palabra instrucción está codificada para que dé la operación que se ha de efectuar y la dirección o direcciones de los datos sobre los cuales se ha de efectuar la operación. *Véase también* bit, byte.

**palanca** Tipo de máquina; es un objeto rígido que puede girar en torno a cierto punto (punto de apoyo). La relación de fuerzas y la relación de distancias (ventaja mecánica) depende de las posiciones relativas del punto de apoyo, del punto en que se ejerce la fuerza o potencia y del punto en que la palanca se aplica a la carga o resistencia. Hay tres tipos (géneros) de palanca.
*Primer orden*, en el cual el punto de apoyo está entre la carga y la potencia. Ejemplo es una alzaprima.
*Segundo orden*, en el cual la carga queda entre la potencia y el punto de apoyo, como ocurre en la carretilla.
*Tercer orden*, en el cual la potencia queda entre la carga y el punto de apoyo. Ejemplo las pinzas para azúcar.
Las palancas pueden tener alto rendimiento; las principales pérdidas de energía se deben al rozamiento en el punto de apoyo y a que la palanca misma se dobla. *Véase* máquina.

**papel, cinta de** Larga tira de papel o a veces de plástico flexible, en la cual se puede registrar información como una configuración de agujeros redondos perforados en filas a través de la cinta. Hay dos anchos normales: 0,6875 pulgadas y 1 pulgada (17,46 y 25,4 mm). Las posiciones en las cuales pueden estar perforados los agujeros se llaman *pistas*; se utiliza mucho cinta de una pulgada con ocho pistas por fila. También hay una línea de pequeños agujeros para arrastre

a lo largo de la cinta entre las pistas tres y cuatro. Una cifra o dígito (0-9), una letra o cualquier otro carácter está representado en la cinta por una combinación particular de agujeros en una fila; cuando se usan ocho pistas para representar caracteres, hay $2^8$ o sea 256 combinaciones posibles de agujeros y por tanto pueden representarse 256 caracteres. Para registrar una pieza de información se emplean varias filas adyacentes.
La cinta de papel se utiliza para información de entrada y de salida en una amplia variedad de dispositivos. El equipo de laboratorio, por ejemplo, a menudo producirá resultados perforados en cinta. La información perforada se alimenta al ordenador utilizando una *lectora de cinta de papel*. Esta máquina siente la presencia o ausencia de agujeros en cada fila y convierte la información en una serie de impulsos eléctricos. (Un agujero produce generalmente un impulso, la falta de agujero no produce impulso.) Los impulsos son entonces transmitidos al procesador central del ordenador. Aunque se puedan leer hasta 1000 filas por segundo, la lectora de cinta de papel es un dispositivo de entrada lento. La información se registra a la salida en cinta de papel utilizando una *perforadora de cinta de papel*. La cinta perforada que ha salido de un ordenador se puede volver a alimentar en una fecha posterior o bien alimentar a otro ordenador. *Compárese* con ficha, cinta magnética, disco.

**Pappus, teoremas de** †Son dos teoremas que se refieren a la rotación de una curva o forma plana en torno a una recta de su plano. El primer teorema dice que el área de la superficie generada por una curva que gira en torno a una recta que no la corta, es igual a la longitud de la curva multiplicada por la circunferencia del círculo descrito por su centroide. El segundo teorema dice que el volumen de un sólido de revolución generado por un área plana que gira en torno a una recta que no la cruza, es igual al área multiplicada por la circunferencia del círculo descrito por el centroide del área.

**par** (de fuerzas) Conjunto de dos fuerzas paralelas de sentido contrario que no actúan en un solo punto. Su resultante lineal es cero, pero hay un efecto neto de rotación (momento del par) el cual viene dado por:

$$T = Fd_1 + Fd_2$$

siendo $F$ la magnitud de cada fuerza y $d_1$ y $d_2$ las distancias de un punto cualquiera a las rectas de acción de cada fuerza. Esto equivale a

$$T = Fd$$

donde $d$ es la distancia entre las fuerzas.

**par, función** Función $f(x)$ de una variable $x$ para la cual $f(-x) = f(x)$. Por ejemplo, $\cos x$ y $x^2$ son funciones pares de $x$. *Compárese* con función impar.

**par, número** Número divisible por dos. El conjunto de los números pares es 2, 4, 6, 8, ... *Compárese* con impar.

**parábola** Cónica con excentricidad igual a 1. La curva es simétrica respecto de un eje que pasa por el foco perpendicularmente a la directriz. Este eje corta a la parábola en el *vértice*. Una cuerda a través del foco perpendicular al eje es el *latus rectum* de la parábola.
†En coordenadas cartesianas una parábola puede representarse por la ecuación:

$$y^2 = 4ax$$

En esta forma, el vértice está en el origen y el eje $x$ es el eje de simetría. El foco está en el punto $(o, a)$ y la directriz es la recta $x = -a$ (paralela al eje $y$). El *latus rectum* es $4a$.
Si se toma un punto en una parábola y se trazan dos rectas por el mismo –una paralela al eje y la otra del punto al foco– entonces estas rectas forman ángulos iguales con la tangente a la curva en ese punto. Esta es la conocida *propiedad de reflexión* de la parábola, que se aplica en reflectores parabólicos

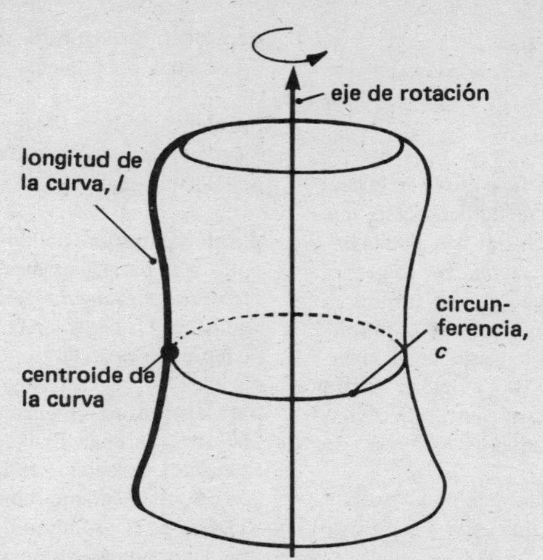


Teorema de Pappus: el área de la superficie curva es $A = l \times c$

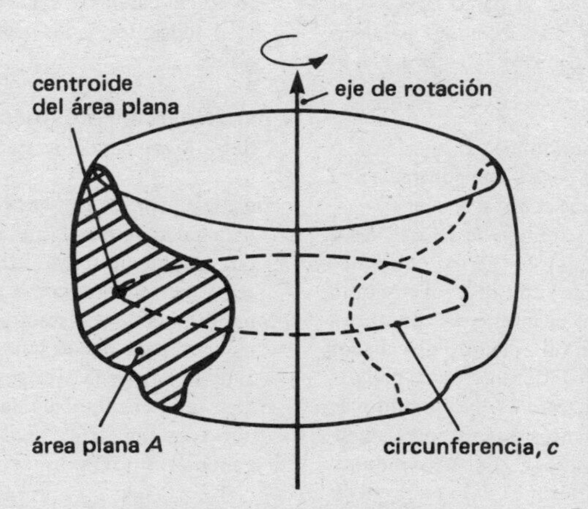


Teorema de Pappus: el volumen encerrado por la superficie curva es $V = A \times c$

y antenas parabólicas. La parábola es la curva trazada por un proyectil que cae libremente bajo la acción de la gravedad. Por ejemplo, una bola de tenis proyectada horizontalmente con una velocidad $v$ ha recorrido después del tiempo $t$ una distancia $d = vt$ horizontalmente y también ha caído verticalmente $h = gt^2/2$ debido a la aceleración de la caída libre, $g$. Estas dos ecuaciones son las *ecuaciones paramétricas* de una parábola. Su forma normal, correspondiente a $y^2 = 4ax$ es:

$$x = at^2$$

$$y = 2at$$

donde $x$ representa a $h$, la constante $a$ es $g/2$ y $y$ representa $d$. *Véase también* cónica.

**paraboloide** Superficie curva en la cual las secciones por cualquier plano que pase por un eje central son parábolas. Un *paraboloide de revolución* se genera por una parábola que gira en torno a su eje de simetría. En virtud de la propiedad de enfoque de la parábola las superficies parabólicas se emplean como espejos telescópicos, en reflectores, calentadores radiantes y antenas de radio.
Otro tipo de paraboloide es el *paraboloide hiperbólico*, que es una superficie de ecuación:

$$x^2/a^2 - y^2/b^2 = 2cz$$

donde $c$ es una constante positiva. Las secciones paralelas al plano $xy$ ($z = 0$) son hipérbolas. Las secciones paralelas a los otros dos planos ($x = 0$ o $y = 0$) son parábolas.

**paradoja** (antinomia) Proposición o enunciado que lleva a una contradicción tanto si se afirma *como si* se niega.
Ejemplo es la paradoja de Russell de la teoría de conjuntos. Ciertos conjuntos son elementos de sí mismos (el conjunto de conjuntos es él mismo un conjunto); otros no lo son (el conjunto de caballos no es un caballo). Considérese el conjunto $\{x: x \notin x\}$, esto es, el conjunto de todos los elementos que no son elementos de sí mismos. ¿Es ese conjunto elemento de sí mismo? Si lo es, no lo es, y si no lo es, lo es.

**paralelas, fuerzas** Cuando las fuerzas que actúan sobre un objeto pasan por un punto, se puede hallar su resultante por el paralelogramo de los vectores. Si las fuerzas son paralelas su resultante se halla por adición, teniendo en cuenta el signo. También puede haber un efecto de rotación en tales casos, el cual se calcula por el principio de los momentos.

**paralelas, postulado de las** †*Véase* geometría Euclidiana.

**paralelas, rectas** Rectas que se prolongan en la misma dirección y permanecen equidistantes.

**paralelepípedo** Sólido con seis caras que son paralelogramos. En un *paralelepípedo rectángulo* las caras son rectángulos. Si las caras son cuadrados el paralelepípedo es un cubo.

**paralelogramo** Figura plana de cuatro lados en la cual los lados opuestos son paralelos e iguales. Los ángulos opuestos de un paralelogramo también son iguales. El área es el producto de la longitud de un lado por la distancia perpendicular entre dicho lado y el opuesto. En el caso especial en que los ángulos son todos rectos, el paralelogramo es un rectángulo y si todos los lados son iguales es un rombo.

**paralelogramo de fuerzas, teorema del** *Véase* paralelogramo de vectores.

**paralelogramo de vectores** Método para hallar la resultante de dos vectores que actúan en un punto. Los dos vectores se representan como los lados de un paralelogramo y la resultante es la diagonal que pasa por el punto de origen de ambos. Se puede averiguar la resultante bien sea por dibujo cuidadoso a escala o por trigonometría. †Las relaciones trigonométricas dan:

$$F = \sqrt{F_1^2 + F_2^2 + 2F_1F_2 \cos\theta}$$

$$\alpha = \text{arcsen}[(F_2/F)\text{sen}\,\theta]$$

donde $\theta$ es el ángulo entre $F_1$ y $F_2$ y $\alpha$ el ángulo entre $F$ y $F_1$. *Véase* vector.

**paralelogramo de velocidades** *Véase* paralelogramo de vectores.

**paralelos, teorema de los ejes** †Si $I_0$ es el momento de inercia de un objeto respecto de un eje, el momento de inercia $I$ respecto de un eje paralelo viene dado por:

$$I = I_0 + md^2$$

donde $m$ es la masa del objeto y $d$ es la separación de los ejes.

**paramétricas, ecuaciones** †Ecuaciones que, en una función implícita (como la $f(x,y) = 0$) expresan $x$ y $y$ separadamente en función de una cantidad que es una variable independiente o parámetro. Por ejemplo, la ecuación de un círculo se puede escribir en la forma

$$x^2 + y^2 = r^2$$

o bien en ecuaciones paramétricas

$$x = r\cos\theta$$
$$y = r\,\mathrm{sen}\,\theta.$$

**parámetro** Cantidad que al variar afecta el valor de otra. Por ejemplo, si una variable $z$ es función de las variables $x$ y $y$, esto es, $z = f(x,y)$, entonces $x$ y $y$ son los parámetros que determinan a $z$.

**parcial, derivada** †Tasa de variación de una función de varias variables cuando una de ellas varía y las otras permanecen constantes. Por ejemplo, si $z = f(x,y)$ la derivada parcial $\partial z/\partial x$ es la tasa de variación de $z$ con respecto a $x$ cuando $y$ permanece constante. Su valor dependerá del valor constante elegido para $y$. En coordenadas cartesianas tridimensionales, $\partial z/\partial x$ es la pendiente de una curva en una tangente a la superficie curva $f(x,y)$ y paralelamente al eje $x$. *Compárese* con derivada total. *Véase también* diferencial parcial.

**parcial, diferencial** †Variación infinitesimal de una función de dos o más variables debida a la variación de una de las variables solamente mientras las otras permanecen constantes. La suma de todas las diferenciales parciales es la diferencial total. *Véase* diferencial.

**parcial, suma** †Es la suma de un número finito de términos de una serie infinita. Es una serie convergente, la suma parcial de los primeros $r$ términos, $S_r$, es una aproximación a la suma infinita. *Véase* serie.

**parciales, fracciones** Fracciones cuya suma es igual a una fracción dada, por ejemplo, $1/2 + 1/4 = 3/4$. †El expresar una fracción por fracciones parciales es útil para resolver ecuaciones o calcular integrales. Por ejemplo

$$1/x(x^2 + 1)$$

se puede escribir en la forma

$$a/x + (bx + c)/(x^2 + 1).$$

Los valores $a = 1$, $b = 1$ y $c = 0$ se calculan luego comparando los coeficientes de potencias idénticas de $x$ y se tiene

$$1/x(x^2 + 1) = 1/x - 1/(x^2 + 1)$$

forma que se puede integrar con respecto a $x$ como una suma de dos integrales.

**parsec** Símbolo: pc †Unidad de distancia usada en astronomía. Una estrella que está a un parsec de la tierra tiene una paralaje (desplazamiento aparente) debido al movimiento de la Tierra alrededor del Sol de un segundo de arco. Un parsec es aproximadamente $3{,}085\,61 \times 10^{16}$ metros.

**partícula** Simplificación abstracta de un objeto real – la masa está concentrada en el centro de masa del objeto; su volumen es cero. Así se pueden pasar por alto aspectos rotacionales.

**pascal** Símbolo: Pa Unidad SI de presión, igual a la presión de un newton por metro cuadrado ($1\ \mathrm{Pa} = 1\ \mathrm{N\ m^2}$). El pascal también es la unidad de tensión.

**Pascal, distribución de** (distribución binomial negativa) †Es la distribución del número de pruebas de Bernoulli independientes efectuadas hasta el $r$-ésimo éxito e incluido éste. La probabilidad de que el número de pruebas $x$ sea igual a $k$ está dada por

$P(x = k) = {}^{k-1}C_{r-1}p^r q^{k-r}$. La media y la varianza son $r/p$ y $rq/p^2$ respectivamente. *Véase también* distribución geométrica.

**Pascal, triángulo de** Disposición triangular de números en la cual cada fila empieza y termina con 1 y que se construye sumando dos números adyacentes de una fila para obtener el número que queda directamente debajo en la fila siguiente. Cada fila del triángulo de Pascal es un conjunto de coeficientes binomiales. En el desarrollo de $(x + y)^n$, los coeficientes de los términos están dados por $(n + 1)$-ésima fila.

**patrón** Es el instrumento de medida por el cual se calibran otros instrumentos.

**pedal, triángulo** † *Véase* ortocentro.

**pendiente** En coordenadas cartesianas rectangulares, es la proporción en que varía la ordenada $y$ de una curva o recta con respecto a la abscisa $x$. La recta $y = 2x + 4$ tiene una pendiente de $+2$: $y$ aumenta en dos por cada incremento de $x$ en una unidad. La ecuación general de una recta es $y = mx + c$, donde $m$ es la pendiente y $c$ es una constante ($(0, c)$ es el punto en que la recta corta al eje $y$, o sea la ordenada en el origen). Si $m$ es negativo, $y$ disminuye al aumentar $x$. Para una curva, la pendiente varía continuamente; la pendiente en un punto es la pendiente de la recta tangente a la curva en dicho punto. Para la curva $y = f(x)$, la pendiente es la derivada $dy/dx$. Por ejemplo, la curva $y = x^2$ tiene una pendiente dada por $dy/dx = 2x$ en todo

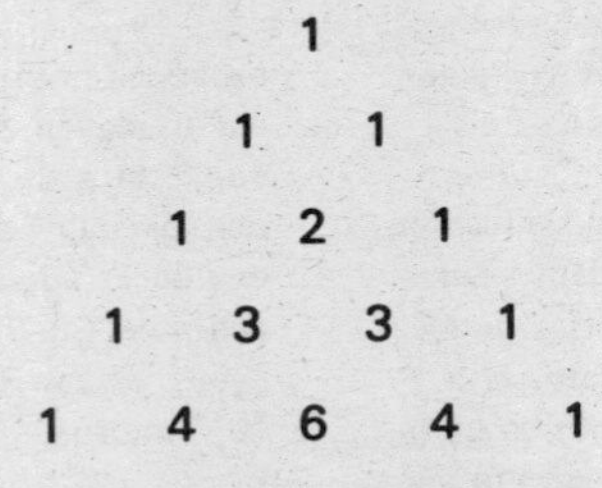

Triángulo de Pascal

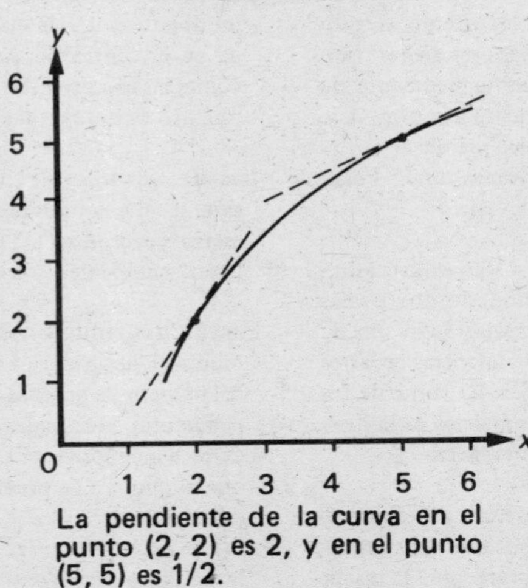

La pendiente de la curva en el punto (2, 2) es 2, y en el punto (5, 5) es 1/2.

punto de abscisa *x*. *Véase también* derivada.

**péndulo** Cuerpo que oscila libremente bajo la acción de la gravedad. Un *péndulo simple* consiste en una pequeña masa que oscila en movimiento de vaivén al extremo de un hilo muy delgado. Si la amplitud de oscilación es pequeña (menos de 10°) el movimiento es armónico simple; el período no depende de la amplitud. Hay un intercambio continuo de energía potencial y energía cinética en el movimiento pendular; en los extremos de la oscilación la energía potencial es máxima y la cinética es cero. En el punto medio de la trayectoria la energía cinética es máxima y la potencial es cero. El período está dado por

$$T = 2\pi\sqrt{l/g}$$

donde $l$ es la longitud del péndulo (desde el punto de soporte al centro de la masa) y $g$ es la aceleración de la caída libre.

†Un *péndulo compuesto* es un cuerpo rígido que oscila en torno a un punto. El período de un péndulo compuesto depende del momento de inercia del cuerpo. Para pequeñas oscilaciones viene dado por la misma relación que la del péndulo simple con $\sqrt{k^2 + h^2}/h$ en vez de $l$. Aquí $k$ es el radio de giro en torno a un eje que pasa por el centro de masa y $h$ es la distancia del punto de suspensión al centro de masa.

**pentágono** Figura plana con cinco lados. En un ***pentágono regular***, que tiene los cinco lados y los cinco ángulos iguales, los ángulos son de 108°. Un pentágono regular se puede yuxtaponer sobre sí mismo por una rotación de 72° ($2\pi/5$ radianes).

**percentil** †Cada uno de los puntos que dividen un conjunto de datos dispuestos en orden numérico en 100 partes. El $r$-ésimo percentil, $P_r$, es el valor por debajo del cual e incluido el mismo está el $r$% de los datos y por encima del cual está el $(100-r)$%. $P_r$ se puede averiguar en el gráfico de frecuencias acumuladas. *Véase también* cuartil, amplitud.

**perforada, ficha** *Véase* ficha.

**perforadora, máquina** *Véase* ficha.

**periférica, unidad** Dispositivo conectado al procesador central de un ordenador y controlado por éste. Entre las unidades periféricas están los dispositivos de entrada, los dispositivos de salida y la memoria complementaria. Ejemplos son las unidades de representación visual, las impresoras por líneas, las unidades de cinta magnética y las unidades de discos. *Véase también* entrada, salida.

**perímetro** Longitud del borde de una figura plana. Por ejemplo, el perímetro de un rectángulo es el doble de su longitud más el doble de su anchura. El perímetro de un círculo es su circunferencia.

**periódica, función** Función que repite de valor a intervalos regulares de la variable. Por ejemplo, sen$x$ es una función periódica de $x$ porque sen$x$ = sen$(x + 2\pi)$ para todos los valores de $x$.

**periódico, decimal** *Véase* decimal.

**periódico, movimiento** Todo tipo de movimiento que se repite regularmente como la oscilación de un péndulo, la vibración de una fuente de sonido o una onda electromagnética.

†Si el movimiento se puede representar como una pura onda sinusoidal, es un movimiento armónico simple. Los movimientos armónicos en general son la suma de dos o más sinusoides puras.

**período** Símbolo: $T$ El tiempo para un ciclo completo de una oscilación, movimiento ondulatorio u otro proceso que se repita regularmente. †Es el inverso de la frecuencia y se relaciona con la pulsatancia o frecuencia angular, ($\omega$) por $T = 2\pi/\omega$.

**permutación** Subconjunto ordenado de un conjunto dado de objetos. El número de permutaciones de $n$ objetos es $n!$ El número de permutaciones de $r$ objetos tomados de los $n$, cuando cada objeto solo puede entrar una vez, es

$${}^{n}P_{r}[=P(n,r)]=n!/(n-r)!={}^{n}C_{r}\times r!$$

Si cada objeto puede entrar cualquier número de veces, el número de permutaciones es $n^r$. *Véase también* factorial, combinación.

**perpendicular** Que forma ángulo recto. La mediatriz de un segmento es la perpendicular en el punto medio del mismo y por tanto forma ángulos rectos con dicho segmento. Una superficie vertical es perpendicular a una superficie horizontal.

**peso** Símbolo: $W$ Es la fuerza con la cual una masa es atraída por otra, tal como la Tierra. Es proporcional a la masa ($m$) del cuerpo, siendo la constante de proporcionalidad la intensidad del campo gravitacional (es decir, la aceleración de la caída libre). Así pues, $W = mg$ donde $g$ es la aceleración de la caída libre. La masa de un cuerpo normalmente es constante, pero su peso varía con la posición (porque depende de $g$).
Aunque masa y peso se usan frecuentemente de manera indistinta en el lenguaje cotidiano, son diferentes en el lenguaje científico y no deben confundirse.

**pi** ($\pi$) Es la relación de la circunferencia de un círculo a su diámetro. $\pi$ es aproximadamente igual a 3,14159... y es un número trascendente (su valor exacto no se puede conocer pero puede medirse con el grado de exactitud que se quiera).

**pico-** Símbolo: p Prefijo que indica $10^{-12}$. Por ejemplo, 1 picofarad (pF)= $10^{-12}$ farad (F).

**pictograma** Diagrama que representa datos estadísticos con una ilustración gráfica. Por ejemplo, el número de flores rosadas, rojas, amarillas y blancas que nacen de un paquete de semillas mezcladas se puede indicar por filas del número apropiado de formas de flores coloreadas.

**pinta** Unidad de capacidad. En el Reino Unido es igual a un octavo de un gallon del Reino Unido y equivale a $5{,}6826 \times 10^{-4}$ m$^3$. La pinta líquida de EE.UU. es igual a un octavo de un gallon de EE.UU. y equivale a $4{,}731\,8 \times 10^{-4}$ m$^3$. La pinta árida de EE.UU. es igual a un sesenta y cuatroavo de un bushel de EE.UU. y equivale a $5{,}506\,1 \times 10^{-4}$ m$^3$.

**pirámide** Sólido, una de cuyas caras, la base, es un polígono y las otras son triángulos que tienen un mismo vértice común. Si la base tiene centro de simetría, una recta desde el vértice al centro es el *eje* de la pirámide. Si este eje es perpendicular a la base, la pirámide es una *pirámide recta*, en otro caso la *pirámide es oblicua*. Una *pirámide regular* es aquella en que la base es un polígono regular y el eje es perpendicular a la base. En una pirámide regular todas las caras laterales son triángulos isósceles congruentes que forman el mismo ángulo con la base. En una *pirámide regular* los lados del polígono son iguales y los triángulos son congruentes y cada uno de ellos forma el mismo ángulo con la base. Una *pirámide cuadrada* tiene base cuadrada y cuatro caras que son triángulos congruentes. El volumen de una pirámide es un tercio del producto del área de la base por la distancia perpendicular (altura) del vértice a la base.

**pista** *Véase* disco, tambor, cinta magnética, cinta de papel.

**Pitágoras, teorema de** Relación entre las longitudes de los lados de un triángulo rectángulo: el cuadrado de la hipotenusa (el lado opuesto al ángulo recto) es igual a la suma de los cuadrados de los otros dos lados (los catetos).

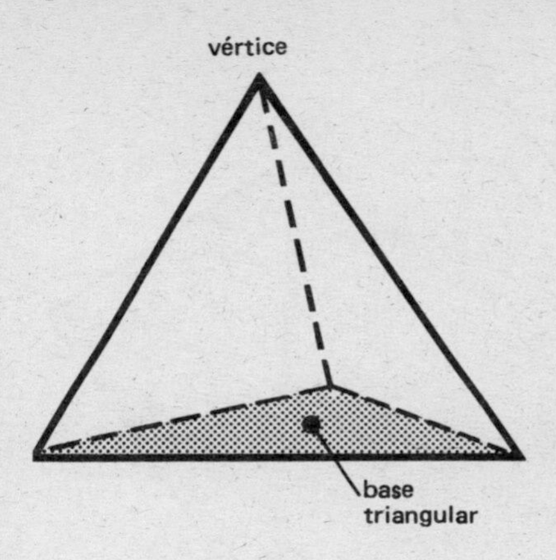


Pirámide triangular

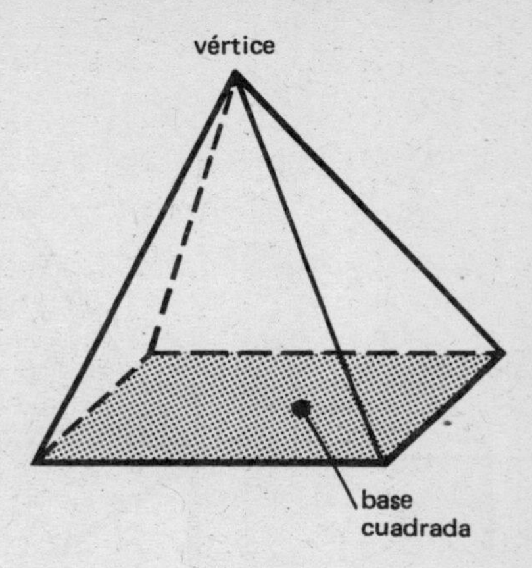


Pirámide cuadrada

**plano** Superficie, real o imaginaria, en la cual dos puntos están unidos por una recta que está contenida enteramente en dicha superficie. La *geometría plana* trata de las relaciones entre puntos, rectas y curvas que están en el mismo plano. En coordenadas cartesianas, todo punto de un plano puede definirse por dos coordenadas $x$ y $y$. En coordenadas tridimensionales, cada valor de $z$ corresponde a un plano paralelo al plano de los ejes $x$ y $y$. Para tres puntos cualesquiera, existe un plano y sólo uno que los contiene. Un plano dado también se puede determinar mediante una recta y un punto exterior a ella.

**PL/1** *Véase* programa.

**plazos, compra a** Sistema de compra en el cual el pago del valor de la compra se reparte a lo largo de un período determinado pagando un depósito inicial seguido de pagos regulares o plazos. Una vez pagado el depósito inicial, el comprador tiene el pleno disfrute de lo comprado. Todos los plazos comprenden una componente de abono y una componente de intereses.

**Poisson, distribución de** †Distribución de probabilidades de una variable aleatoria discreta. Se define, para una variable ($r$) que puede tomar valores en el intervalo 0, 1, 2, . . . , y tiene valor medio $\mu$, por

$$P(r) = e^{-\mu r}/r!$$

Una distribución binomial con pequeña frecuencia de éxitos $p$ en un gran número $n$ de pruebas se puede aproximar por una distribución de Poisson con media $np$.

**polares, coordenadas** Método para definir la posición de un punto por su distancia y dirección respecto de un punto fijo de referencia (polo). La dirección está dada como el ángulo entre la recta que va del origen al punto, y una recta fija (eje). En un plano, sólo son necesarios un ángulo $\theta$ y el radio $r$ para determinar un punto. Por ejemplo, si el eje es horizontal, el punto $(r, \theta)$ = $(1, \pi/2)$ es el punto situado a una unidad de longitud del origen en la dirección perpendicular. Por convención los ángulos se toman como positivos en el sentido contrario al de las manecillas del reloj. †En un sistema de coordenadas cartesia-

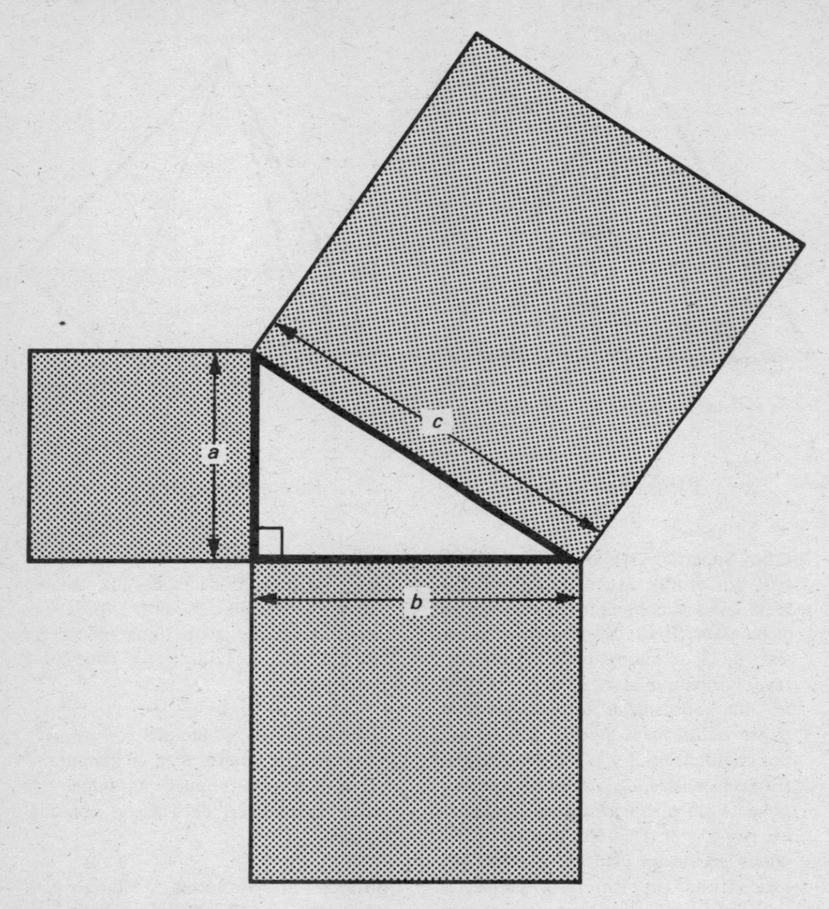


Teorema de Pitágoras: $c^2 = a^2 + b^2$

nas rectangulares con el mismo origen y el eje $x$ sobre $\theta = 0$, las coordenadas $x$ y $y$ del punto $(r, \theta)$ *son*

$$x = r\cos\theta$$

$$y = r\,\text{sen}\,\theta$$

Recíprocamente

$$r = \sqrt{x^2 + y^2}$$

y

$$\tan\theta = y/x$$

En tres dimensiones se pueden emplear dos tipos de sistemas de coordenadas polares. *Véase* coordenadas cilíndricas, coordenadas polares esféricas. *Véase también* coordenadas cartesianas.

**polea** Tipo de máquina. En todo sistema de poleas la potencia se transfiere a través de la tensión en una cuerda enrollada sobre una o más ruedas. La relación de fuerzas y la relación de distancias (ventaja mecánica) depende de la disposición relativa de cuerdas y ruedas. Generalmente, el rendimiento no suele ser muy elevado ya que hay que hacer

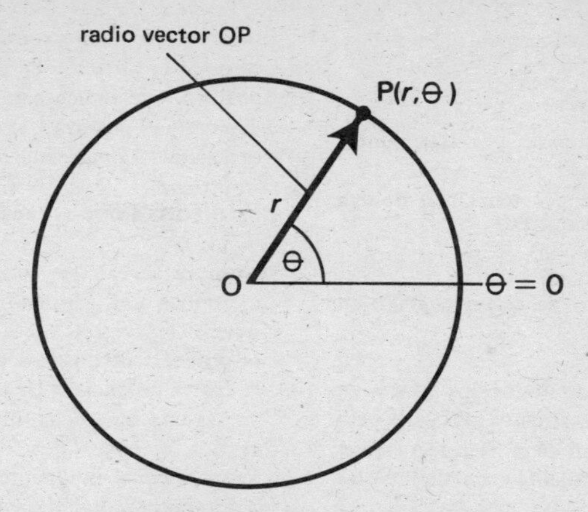


El punto P$(r, \theta)$ en coordenadas polares bidimensionales.

trabajo para vencer el rozamiento en las cuerdas y los soportes de las ruedas y para levantar toda rueda o polea móvil. *Véase* máquina.

**poliedro** Sólido limitado por caras planas poligonales. El punto en el cual se encuentran tres o más caras se llama *vértice* y la recta en la cual se intersectan dos caras se llama *arista*. En un *poliedro regular*, todas las caras son polígonos congruentes. Hay sólo cinco poliedros regulares: el tetraedro regular, que tiene por caras cuatro triángulos equiláteros; el exaedro regular, o cubo, cuyas caras son seis cuadrados; el octaedro regular que tiene por caras ocho triángulos equiláteros; el dodecaedro regular, cuyas caras son doce pentágonos regulares; y el icosaedro regular cuyas caras son veinte triángulos equiláteros. Todos estos son *poliedros convexos*, es decir, que en ellos todos los ángulos entre caras y aristas son convexos y el poliedro puede reposar sobre cualquiera de las caras. En un *poliedro cóncavo* hay por lo menos una cara en un plano que corta al poliedro y el sólido no puede reposar sobre esta cara.

**polígono** Figura plana limitada por rectas. En un *polígono regular*, todos los lados son iguales y todos los ángulos internos son iguales. En un polígono regular de $n$ lados el ángulo exterior es $360°/n$.

**polinomio** Suma de múltiplos de potencias enteras de una variable. La expresión general de un polinomio en la variable $x$ es

$$a_0x^n + a_1x^{n-1} + a_2x^{n-2} + \ldots$$

donde $a_0$, $a_1$, etc., son constantes y $n$ es el mayor exponente de $x$, que se llama *grado* del polinomio. Si $n = 1$, es una expresión *lineal*, por ejemplo, $f(x) = 2x + 3$. Si $n = 2$, es *cuadrática*, por ejemplo $x^2 + 2x + 4$. Si $n = 3$ es *cúbica*, por ejemplo $x^3 + 8x^2 + 2x + 3$. Si $n = 4$ es *bicuadrada*. Si $n = 5$ es de *quinto grado*, etc.

†En un gráfico en coordenadas cartesianas en el cual se representa $(n + 1)$ puntos, hay por lo menos una curva polinomial que pasa por todos los puntos. Tomando valores adecuados de $a_0$ y $a_1$, la recta

$$y = a_0x + a_1$$

se puede hacer pasar por dos puntos

cualesquiera. Análogamente, una cuadrática

$$y = a_0x^2 + a_1x + a_2$$

se puede hacer pasar por tres puntos cualesquiera.
Un polinomio puede tener más de una variable:

$$4x^2 + 2xy + y^2$$

es un polinomio de segundo grado en dos variables.

**polo** 1. Cada uno de los dos puntos de la superficie terrestre por los cuales pasa el eje de rotación de la Tierra, o bien el punto correspondiente en cualquier otra esfera.
2. † *Véase* proyección estereográfica.
3. *Véase* coordenadas polares.

**ponderada, media** *Véase* media.

**porcentaje** Número expresado como fracción de ciento. Por ejemplo, el 5 por ciento (o 5%) es igual a 5/100. Toda fracción o número decimal se puede expresar como porcentaje multiplicándolo por 100. Por ejemplo, 0,63 × 100 = 63% y 1/4 × 100 = 25%.

**porcentual, error** Error o incertidumbre de una medida expresado como porcentaje de la media total. Por ejemplo, si al medir una longitud de 20 metros una cinta puede medir con aproximación de cuatro centímetros, la medida se escribe 20 ± 0,04 metros y el error porcentual es (0,04/20 × 100 = 0,2%). *Véase también* error.

**posición** *Véase* memoria.

**posición, vector de** Vector que representa el desplazamiento de un punto desde un origen de referencia. Si en coordenadas polares un punto P tiene coordenadas $(r, \theta)$, **r** es el vector de posición de P –un vector de magnitud $r$ que forma el ángulo $\theta$ con el eje. *Véase* vector.

**positivo** Número o cantidad mayor que cero. Si la variación de una cantidad es positiva, ésta aumenta, o sea que se aleja de cero y es positiva y se acerca a cero si es negativa. *Compárese* con negativo.

**postulado** *Véase* axioma.

**potencia** 1. Número de veces que se multiplica una cantidad por sí misma. Así, $2^4 = 2 \times 2 \times 2 \times 2 = 16$ es la cuarta potencia de dos, o sea dos elevado a la cuarta potencia. †Una serie de potencias es una serie de la forma $a_0 + a_1x + a_2x^2 + \ldots + a_nx^n$.
*Véase también* exponente.
2. Símbolo: $P$ Es la tasa de transferencia de energía (o de trabajo hecho) por un sistema o a un sistema. La unidad de potencia es el watt –la transferencia de energía en joule por segundo.

**potencial, energía** Símbolo: $V$ Es el trabajo que un objeto puede hacer por su posición o estado. Hay muchos ejemplos. El trabajo que un objeto a cierta altura puede hacer al caer es su energía potencial gravitacional. La energía 'almacenada' en un elástico o resorte a tensión o compresión es energía potencial elástica. La diferencia de potencial en la electricidad es un concepto semejante, y así sucesivamente. †En la práctica, la energía potencial de un sistema es la energía invertida en llevarlo a su estado actual a partir de cierto estado de referencia, o viceversa. *Véase también* energía.

**potencias, serie de** Serie en la cual los términos contienen potencias uniformemente crecientes de una variable, por ejemplo,

$$S_n = 1 + 2x + 3x^2 + 4x^3 + \ldots + nx^{n-1}$$

es una serie de potencias en la variable $x$. En general, una serie de potencias es de la forma

$$a_0 + a_1x + a_2x^2 + \ldots + a_nx^n$$

donde $a_0, a_1$, etc., son constantes.

**pound** (libra) Unidad de masa que hoy se define como 0,453 592 37 kg.

**poundal** Símbolo: pdl †Unidad de fuerza en el sistema f.p.s. Es igual a 0,138 255 newton (0,138 255 N).

**precesión** †Si un objeto gira sobre un eje y se aplica una fuerza perpendicular a este eje, entonces el eje de rotación puede moverse en torno a otro eje que forma con él cierto ángulo. El efecto se observa en trompos y giroscopios que se 'bambolean' lentamente mientras giran debido a la fuerza de gravedad. La Tierra también tiene precesión –el eje de rotación describe un cono lentamente.
La precesión de Mercurio es un movimiento de la órbita del planeta en torno a un eje perpendicular al plano orbital. Se puede explicar mediante la mecánica relativista.

**precisión** Es el número de cifras de un número. Por ejemplo 2,342 tiene una precisión de cuatro cifras significativas o tres cifras decimales. La precisión de un número refleja normalmente la exactitud del valor que representa. *Véase también* exactitud.

**premisa** En lógica, proposición o enunciado inicial que se conoce o se supone cierto y sobre el cual se basa un razonamiento lógico. *Véase* lógica.

**presión** Símbolo: $p$ La presión sobre una superficie debida a fuerzas ejercidas por otra superficie o a un fluido es la fuerza que actúa perpendicularmente a la unidad de área de la superficie: presión = fuerza/área.
La unidad es el pascal (Pa).
Los objetos a menudo se diseñan para maximizar o minimizar la presión aplicada. Para dar presión máxima es necesaria una pequeña área de contacto –como ocurre con los alfileres y los instrumentos cortantes. Para obtener presión mínima hay que tener una gran área de contacto –como en el calzado para la nieve y en las llantas anchas de vehículos pesados.
Donde la presión sobre una superficie se debe a partículas de un fluido (líquido o gas) no siempre es fácil encontrar la fuerza por unidad de área. La presión a cierta profundidad en un fluido es el producto de la profundidad por la densidad media del fluido y por $g$ (la aceleración de la caída libre):
presión en un fluido = profundidad × densidad media × $g$
Como normalmente sólo es posible medir la densidad media de un líquido, esta relación está generalmente limitada a los líquidos.
La presión en un punto a cierta profundidad en un fluido:
(1) es la misma en todas las direcciones;
(2) aplica la fuerza perpendicularmente a toda superficie de contacto;
(3) no depende de la forma del recipiente.

**presión, centro de** †En un cuerpo o superficie en un fluido, punto en el cual actúa la resultante de las fuerzas de presión. Si una superficie está horizontal dentro de un fluido, la presión es igual en todos sus puntos; la fuerza resultante actúa entonces en el centroide. Si no está horizontal, la presión varía con la profundidad y la fuerza resultante actúa en otro punto y el centro de presión no está en el centroide.

**prima** 1. Diferencia entre el precio de emisión de una acción o título y su valor nominal cuando el precio de emisión es superior a éste. *Compárese* con descuento.
2. Suma que se paga anualmente a una compañía de seguros para tener cubierto un riesgo determinado.

**primer orden, ecuación diferencial de** Ecuación diferencial en la cual la derivada de más alto orden de la variable dependiente que existe es la primera derivada. *Véase* ecuación diferencial.

**primo, número** Número sin más factores que el mismo y 1. El conjunto de los números primos es {2, 3, 5, 7, 11, 13, 17, 19, 23, 29, . . .}. Los factores primos de un número son los números primos que lo dividen exactamente. Por ejemplo, los factores primos de 45 son 3, 3 y 5 ($45 = 3 \times 3 \times 5$). Todo número entero tiene un conjunto único de factores primos.

**principal, diagonal** *Véase* matriz cuadrada.

**principal, memoria** *Véase* memoria, procesador central.

**prisma** Poliedro con dos bases paralelas opuestas que son polígonos congruentes. Las demás caras, llamadas *caras laterales*, son paralelogramos que forman segmentos paralelos entre los vértices de las bases. Si las bases tienen centro, la recta que los une es el *eje* del prisma. Si el eje es perpendicular a las bases, el prisma es un *prisma recto* (en cuyo caso las caras laterales son rectángulos); en otro caso es un *prisma oblicuo*. Un *prisma triangular* tiene bases triangulares y tres caras laterales. Es esta la forma de muchos prismas de vidrio empleados en instrumentos ópticos. Un *prisma cuadrangular* tiene bases cuadriláteras y cuatro caras laterales. El cubo es un caso especial de este prisma con bases cuadradas y caras laterales cuadradas.

**probabilidad** Es la posibilidad de que ocurra un suceso especial. Si en un experimento hay $n$ resultados posibles e igualmente posibles, $m$ de los cuales son el suceso $A$, entonces la probabilidad de $A$ es $P(A) = m/n$. Por ejemplo, si $A$ es el que resulte un número par al jugar un dado, entonces $P(A) = 3/6$. Cuando no se conocen las probabilidades de los diferentes resultados posibles y el suceso $A$ ha ocurrido $m$ veces en $n$ pruebas, se define $P(A)$ como el límite de $m/n$ al hacerse $n$ infinitamente grande.

†En teoría de conjuntos, si $S$ es un conjunto de sucesos (llamado *espacio muestral*) y $A$ y $B$ son sucesos en $S$ (es decir, subconjuntos de $S$) la *función de probabilidad* P se puede representar en notación conjuntista. $P(S) = 1$ y $P(0) = 0$ significan que $S$ es 100% seguro y que la probabilidad de que ninguno de los sucesos de $S$ ocurra es cero. $0 \leqslant P(A) \leqslant 1$ para todo $A$ de $S$. Si $A$ y $B$ son *sucesos independientes* separados, esto es si $A \cap B = 0$, entonces $P(A \cup B) = P(A) + P(B)$. Si $A \cap B \neq 0$, entonces $P(A \cup B) = P(A) + P(B) - P(A \cap B)$.

La *probabilidad condicional* es la probabilidad de que $A$ ocurra cuando se sabe que ha ocurrido $B$. Se escribe

$$P(A|B) = P(A \cap B)/P(B).$$

Si $A$ y $B$ son sucesos independientes, $P(A|B) = P(A)$ y $P(A \cap B) = P(A)P(B)$. Si $A$ y $B$ no pueden ocurrir simultáneamente, es decir, si son sucesos mutuamente exclusivos, $P(A \cap B) = 0$.

**probabilidad, función de** †*Véase* probabilidad.

**probabilidades, función de densidad de** †*Véase* variable aleatoria.

**procedimiento** *Véase* subrutina.

**procesador** *Véase* procesador central.

**producto** El resultado obtenido por multiplicación (de números, vectores, matrices, etc.).

**productos, fórmulas de** †*Véase* fórmulas de adición.

**profundidad** Distancia hacia abajo respecto de un nivel de referencia o hacia atrás respecto de un plano de referencia. Por ejemplo, la distancia debajo de una superficie de agua y la distancia entre la superficie de una pared y la parte posterior de una alcoba en la pared, son ambas profundidades.

**programa** Conjunto completo de instrucciones a un ordenador escrito en un *lenguaje de programación*. Estas instrucciones junto con los elementos, que se llaman datos, sobre los cuales operan las instrucciones, permiten al ordenador efectuar una amplia variedad de trabajos. Por ejemplo, hay instrucciones para hacer cálculos aritméticos, para trasladar datos de la memoria principal al procesador central del ordenador, para efectuar operaciones lógicas, y para alterar el flujo de control en el programa. Las instrucciones y los datos deben estar expresados de tal modo que el procesador central pueda reconocer e interpretar las instrucciones y hacer que se cumplan sobre los datos adecuados. En realidad, deben estar en forma binaria, es decir, en un código que consiste en los dígitos o cifras binarias 0 y 1 (bits). Este código binario es el llamado *código de máquina* (o *lenguaje de máquina*). Cada tipo de ordenador tiene su propio código de máquina.
Es difícil, tedioso y dispendioso escribir programas en código de máquina. En vez de ello los programas suelen escribirse en un *lenguaje fuente* y estos *programas fuente* se traducen luego a código de máquina. La mayoría de los programas fuente son escritos en un *lenguaje de alto nivel* y convertidos en código de máquina mediante un programa complicado llamado *compilador*. Los lenguajes de alto nivel están más próximos al lenguaje natural y a la notación matemática que el código de máquina, con las instrucciones en forma de *enunciados*. Son bastante fáciles de usar. Están concebidos para resolver clases particulares de problemas y por eso se describen como 'lenguajes orientados hacia los problemas'. Se han ideado muchos y algunos de los más corrientes son *FORTRAN*, *ALGOL*, *BASIC* y *PL/1*, que se emplean todos para fines científicos y técnicos, y el *COBOL*, que se utiliza más que todo en aplicaciones comerciales. Para cada tipo de ordenador hay compiladores para variados lenguajes de alto nivel. También es posible escribir un programa fuente en un *lenguaje de bajo nivel*. Estos son lenguajes que se asemejan al código de máquina más estrechamente que el lenguaje natural y son por tanto difíciles de usar. Están diseñados para ordenadores particulares y por eso se les describe como 'lenguajes orientados hacia la máquina'. Los *lenguajes ensambladores* son lenguajes de bajo nivel. Un programa escrito en un lenguaje ensamblador se convierte en código de máquina mediante un programa especial llamado *ensamblador*. *Véase también* rutina, subrutina, soporte lógico.

**programación, lenguaje de** *Véase* programa.

**programar** Escribir las instrucciones para un ordenador.

**programas, biblioteca de** Colecciones de programas de ordenador que han sido adquiridos, aportados por los usuarios o suministrados por los fabricantes del ordenador para su uso en informática. Las bibliotecas que han sido adquiridas o suministradas por los fabricantes por lo general tienen un tema, tal como la ingeniería o las matemáticas.

**progresión** *Véase* sucesión.

**progresiva, onda** *Véase* onda.

**propia, fracción** *Véase* fracción.

**proporción, compás de** Instrumento de dibujo parecido a un compás corriente pero con puntas agudas en ambos extremos. Se emplea para medir longitudes en un dibujo o para dividir rectas y copiar dibujos en una proporción dada.

**proporcional** Símbolo: $\propto$ Que varía

en relación constante respecto de otra cantidad. Por ejemplo, si la longitud $l$ de una barra metálica aumenta 1 milímetro por cada 10°C de aumento de su temperatura $T$, entonces la longitud es proporcional a la temperatura y la constante de proporcionalidad $k$ es 1/10 milímetro por grado Celsius; $l = l_0 + kT$, donde $l_0$ es la longitud inicial. Si dos cantidades $a$ y $b$ son *directamente proporcionales*, entonces $a/b = k$, siendo $k$ una constante. Si son *inversamente proporcionales*, entonces su producto es una constante; es decir, $ab = k$, o bien $a = k/b$.

**proposición** Un enunciado o fórmula en un razonamiento lógico. Una proposición tiene un valor de verdad; es decir, puede ser verdadera o falsa pero no ambas cosas. Todo razonamiento lógico consiste en una sucesión de proposiciones vinculadas por operaciones lógicas con una proposición como conclusión.
†Las proposiciones pueden ser simples o compuestas. Una *proposición compuesta* es la formada de varias proposiciones. Por ejemplo, una proposición $P$ puede constar de las partes constituyentes 'si $R$ entonces $S$ o no $Q$'; es decir, en este caso $P = R \rightarrow (S \vee Q)$. Una *proposición simple* es la que no es compuesta. *Véase también* lógica, lógica simbólica.

**proposicional, cálculo** *Véase* lógica simbólica.

**proposicional, lógica** *Véase* lógica simbólica.

**proyección** Transformación geométrica en la cual una recta, figura, etc., se convierte en otra según ciertas reglas geométricas. Un conjunto de puntos (el *objeto*) se transforma por la proyección en otro conjunto (la *imagen*). *Véase* proyección de Mercator, proyección ortogonal, †proyección central, proyección estereográfica.

**proyección, centro de** †Punto de intersección de las rectas que forman una proyección central. *Véase* proyección central.

**proyectil** Objeto que cae libremente en un campo gravitacional después de haber sido proyectado a una velocidad $v$ y formando un ángulo de elevación $\theta$ con la horizontal. En el caso especial $\theta = 90°$ el movimiento es rectilíneo en dirección vertical. Se puede tratar entonces aplicando las ecuaciones del movimiento.
†En todos los demás casos hay que tratar por separado los componentes vertical y horizontal de la velocidad. Si no hay rozamiento, la componente horizontal es constante y el movimiento vertical se puede tratar con las ecuaciones del movimiento. La trayectoria del proyectil es un arco de parábola. En seguida se dan algunas relaciones útiles.
Tiempo para llegar a la altura máxima:

$$t = v \operatorname{sen} \theta / g$$

Altura máxima:

$$h = v^2 \operatorname{sen}^2 \theta / g$$

Alcance horizontal:

$$R = v^2 \operatorname{sen} 2\theta / g$$

*Véase también* órbita.

**proyectiva, geometría** Es el estudio de cómo se alteran por proyección las propiedades geométricas de una figura. Hay una correspondencia biunívoca entre los puntos de una figura y los de su imagen proyectada, pero las relaciones entre longitudes cambian a menudo. Por ejemplo, en la proyección central, un triángulo se transforma en un triángulo y un cuadrilátero en un cuadrilátero, pero los lados y los ángulos pueden variar. *Véase también* proyección.

**Ptolomeo, teorema de** †Dado un cuadrilátero inscrito, en cuyo caso los ángulos opuestos son suplementarios, sean $a$, $b$, $c$ y $d$ (en su orden) los lados del cuadrilátero. El *teorema de Ptolomeo* dice que $ac + bd$ es igual al producto de las diagonales.

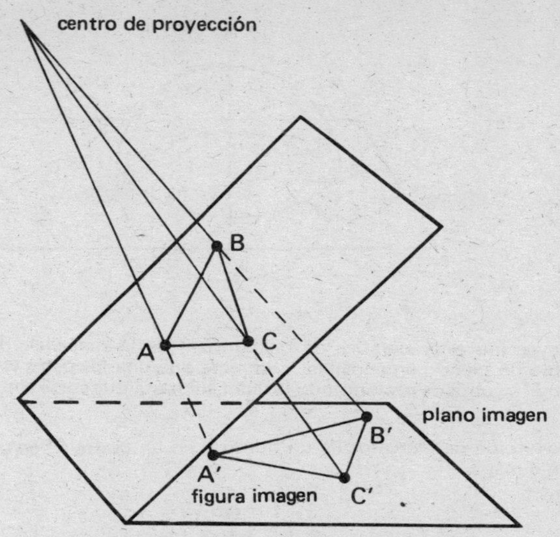


proyección central de un triángulo ABC en un triángulo A′B′C′

proyección ortogonal de un triángulo ABC en un triángulo A′B′C′

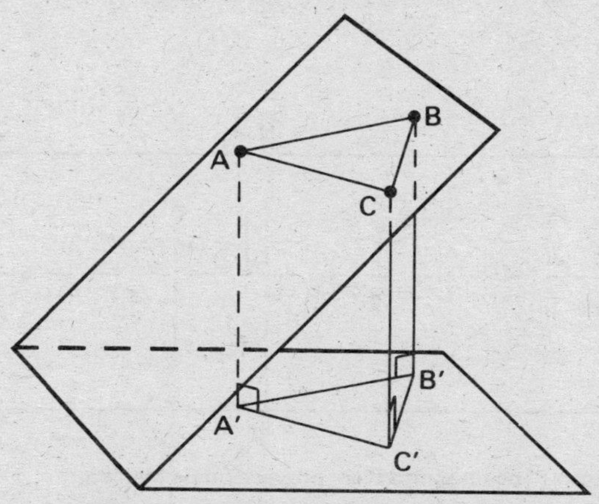


Métodos de proyección de un plano en otro

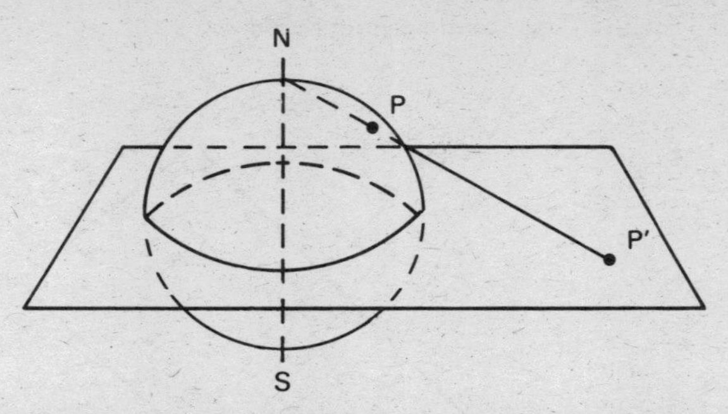


Proyección estereográfica de un punto P de la superficie de una esfera sobre un plano perpendicular a la recta que une los polos N y S. La imagen P' se obtiene prolongando la recta NP hasta que corta al plano imagen.

Proyección de Mercator de un punto P en un punto P' en un plano imagen o mapa.

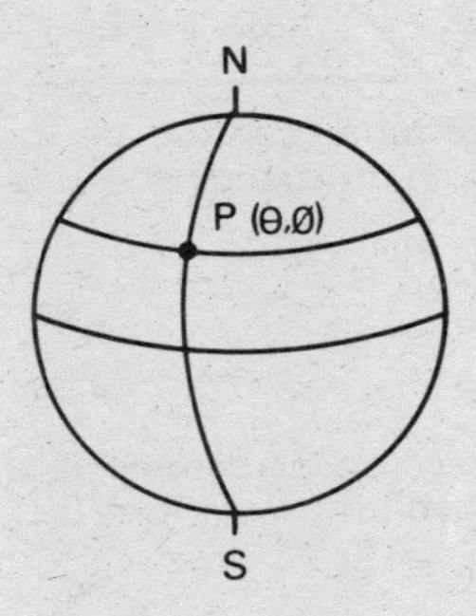


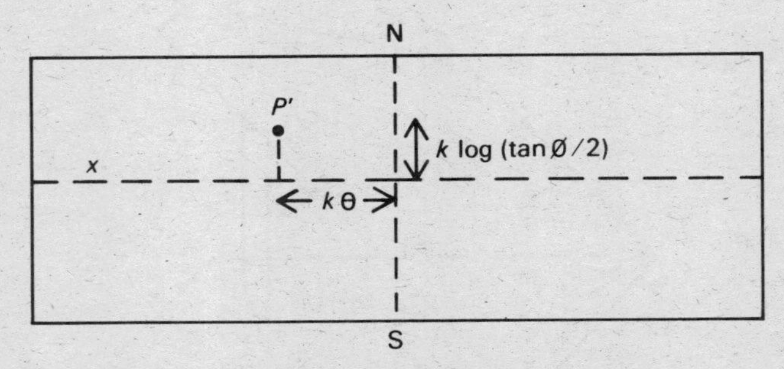


La imagen P' de un punto P en proyección de Mercator.

Métodos de proyección de una superficie esférica en un plano.

**pulsatancia** *Véase* frecuencia angular.

**punto** Situación en el espacio, sobre una superficie o en un sistema de coordenadas. Un punto carece de dimensiones y solamente está definido por su posición.

**puras, matemáticas** Estudio de la teoría y estructuras matemáticas sin tener en cuenta sus aplicaciones. Por ejemplo, el estudio de las propiedades generales de los vectores, considerados puramente como entidades con ciertas propiedades, podría considerarse como una rama de matemáticas puras. El uso del álgebra vectorial en la mecánica para resolver un problema de fuerzas o de velocidad relativa es una rama de las matemáticas aplicadas. Las matemáticas puras, pues, tratan de entidades abstractas sin referirse necesariamente a las aplicaciones prácticas en el 'mundo real'.

# Q

**quart** Unidad de capacidad igual a 2 pintas en el Reino Unido o a dos pintas de EE.UU. en los Estados Unidos. En EE.UU. un cuarto árido es igual a dos pintas áridas de EE.UU.

**quilate** (métrico) Unidad de masa que se emplea para piedras preciosas. Es igual a 200 miligramos.

**quinto grado, ecuación de** Ecuación polinomial en la cual la más alta potencia de la indeterminada es cinco. La forma general de una ecuación de quinto grado en una variable es:

$$ax^5 + bx^4 + cx^3 + dx^2 + ex + f = 0$$

donde $a$, $b$, $c$, $d$, $e$ y $f$ son constantes. A veces también se escribe en la forma reducida

$$x^5 + bx^4/a + cx^3/a + dx^2/a + ex/a + f/a = 0$$

En general, hay cinco valores de $x$ que satisfacen a una ecuación de quinto grado. Por ejemplo,

$$2x^5 - 17x^4 + 40x^3 + 5x^2 - 102x + 72 = 0$$

se puede factorizar así:

$$(2x+3)(x-1)(x-2)(x-3)(x-4) = 0$$

y sus soluciones (o raíces) son $-3/2$, 1, 2, 3 y 4. En un gráfico en coordenadas cartesianas, la curva

$$y = 2x^5 - 17x^4 + 40x^3 + 5x^2 - 102x + 72$$

cruza el eje $x$ en $x = -3/2; x = 1; x = 2; x = 3$ y $x = 4$. *Compárese* con ecuación cuadrática, ecuación cúbica, ecuación bicuadrada.

# R

**racionales, números** Símbolo: $Q$ Conjunto de números que comprende los enteros y las fracciones. Los números racionales se pueden expresar como cocientes exactos o bien como decimales periódicos. Por ejemplo 1/3 (= 0,333...) y 1/4 (= 0,25) son racionales. En cambio la raíz cuadrada de 2 (= 1,4142136...) no lo es. *Compárese* con números irracionales.

**racionalizadas, unidades** †Sistema de unidades en el cual las ecuaciones tienen una forma lógica relacionada con la estructura del sistema. Las unidades SI constituyen un sistema racionalizado de unidades. Por ejemplo, en dicho sistema las fórmulas relacionadas con simetría circular contienen un factor $2\pi$; las que se refieren a simetría radial contienen un factor $4\pi$.

**radián** Símbolo: rad Unidad SI de medida de ángulo plano. Es el ángulo subtendido en el centro de un círculo por un arco de longitud igual al radio del círculo. $\pi$ radianes = 180°.

**radicación** Proceso de averiguar una raíz de un número.

**radical** Expresión de la raíz. Por ejemplo en $\sqrt{2}$, $\sqrt{\ }$ es el signo radical.

**radio** Distancia del centro de un círculo a un punto de su circunferencia o del centro de una esfera a un punto de su superficie. En coordenadas polares, se utilizan un radio $r$ (distancia a un origen fijo) y un ángulo $\theta$ para especificar la posición de un punto.

**raíz** En una ecuación, valor de una variable independiente que satisface a la ecuación. En general, el número de raíces de una ecuación es igual a su grado. Dado un número $a$, la raíz $n$-ésima de $a$ es un número que satisface a la ecuación

$$x^n = a$$

*Véase también* discriminante, polinomio, ecuación cuadrática.

**rango** Ordenación de un conjunto de objetos de acuerdo con la magnitud o importancia de una variable que se mide en ellos, por ejemplo, ordenar diez hombres por estatura. †Si los objetos se ordenan utilizando dos variables diferentes, el grado de asociación entre los dos rangos está dado por el coeficiente de correlación de rangos. *Véase también* método de Kendall.

**razón** Cociente de dos números o cantidades. La razón de dos cantidades variables $x$ y $y$, que se escribe $x/y$ o $x{:}y$ es constante si la una es proporcional a la otra. *Véase también* fracción.

**razonamiento, principios del** Son tres principios lógicos que tradicionalmente se consideran –como otras reglas lógicas– como ejemplos de algo fundamental en cuanto a la manera como pensamos; es decir, que no es arbitrario que tengamos ciertas formas de razonamiento por correctas. Por el contrario, sería imposible pensar de otra manera.
1. *El principio de contradicción* (principio de no contradicción). Algo no puede ser verdadero y no verdadero: simbólicamente

$$\sim(p \wedge \sim p)$$

2. *El principio de tercero excluido*. Una proposición tiene que ser verdadera o no verdadera: simbólicamente

$$p \vee \sim p$$

3. *El principio de identidad*. Si algo es verdadero, entonces es verdadero: simbólicamente

$$p \rightarrow p$$

**reacción** La tercera ley de Newton dice que si el objeto A aplica una fuerza sobre el objeto B, B aplica una fuerza igual sobre A. Fuerza se decía antiguamente 'acción'; 'reacción' es, pues, el otro elemento del par.
A menudo es difícil o imposible decidir cuáles son A y B. Así en la interacción entre dos cargas eléctricas, cada una ejerce una fuerza sobre la otra; así que en general, acción y reacción dicen poco. La palabra 'reacción' suele usarse todavía en casos restringidos, como en el de la reacción de un apoyo sobre el objeto que soporta. En este caso la 'acción' es el efecto del peso del objeto sobre el apoyo.

**real, tiempo** Tiempo efectivo en el cual ocurre un proceso físico o durante el cual un proceso físico, máquina, etc., está bajo el control directo de un ordenador. Un *sistema de tiempo real* puede reaccionar suficientemente rápido como para poder controlar un proceso continuo haciendo alteraciones o modificaciones cuando sea necesario. El control del tráfico aéreo y las reservas en las aerolíneas exigen sistemas de tiempo real. *Compárese* con proceso por lotes. *Véase también* tiempo compartido.

**reales, números** Símbolo: $R$ Es el conjunto de los números que comprende todos los racionales y los irracionales.

**realimentación** † *Véase* cibernética.

**recíproca, función** Definida la función que aplica un conjunto $A$ en un conjunto $B$, si también existe la función que aplica el conjunto $B$ en el conjunto $A$, esta se llamá función recíproca de la primera. *Véase* función.

**recíproca, proposición** Proposición condicional en el orden contrario. Por ejemplo, la recíproca de
si tengo menos de 16 años, entonces voy a la escuela, es
si voy a la escuela, entonces tengo menos de 16 años.
La recíproca de una condicional (o implicación) no siempre es verdadera aunque la condicional misma sea verdadera. Hay varios teoremas en matemática para los cuales tanto el enunciado directo como el recíproco son verdaderos. Por ejemplo, el teorema:
si dos cuerdas de un círculo equidistan del centro, entonces son iguales tiene un recíproco verdadero:
si dos cuerdas de un círculo son iguales, entonces equidistan del centro del círculo.
*Véase también* implicación.

**rectángulo** Figura plana con cuatro lados, dos pares paralelos de igual longitud que forman cuatro ángulos rectos. El área del rectángulo es el producto de dos lados de longitud diferente, o sea la longitud por la anchura. Un rectángulo tiene dos ejes de simetría, que son las dos rectas que pasan por los puntos medios de los lados. También se le puede superponer sobre sí mismo después de una rotación de 180° ($\pi$ radianes). Las dos diagonales de un rectángulo son iguales.

**rectángulo, paralelepípedo** *Véase* paralelepípedo.

**rectilíneo** Movimiento en línea recta.

**recto, ángulo** Angulo de 90° o sea $\pi/2$ radianes. Es el ángulo formado por dos rectas o planos perpendiculares entre sí.

**recto, sólido** Sólido que tiene un eje perpendicular a la base. *Compárese* con sólido oblicuo.

**recubrimiento** †Técnica empleada en informática cuando las necesidades totales de almacenamiento de un programa extenso sobrepasan el espacio disponible en la memoria principal. El programa se reparte en secciones de modo que solamente la sección o secciones necesarias en un momento cualquiera se transfieren a la memoria principal desde una unidad de disco u otra memoria complementaria. La estructura de recubrimiento debe estar organizada de manera que ninguna rutina llame a otra que la pueda recubrir.

**reducción, fórmulas de** En trigonometría son las fórmulas que expresan el seno, el coseno y la tangente de un ángulo en función de un ángulo entre 0 y 90° (entre 0 y $\pi/2$). Por ejemplo:

$$\mathrm{sen}(90° + \alpha) = \cos\alpha$$
$$\mathrm{sen}(180° + \alpha) = -\mathrm{sen}\,\alpha$$
$$\mathrm{sen}(270° + \alpha) = -\cos\alpha$$
$$\cos(90° + \alpha) = -\mathrm{sen}\,\alpha$$
$$\tan(90° + \alpha) = -\mathrm{cotan}\,\alpha$$

**reducida, forma** (de un polinomio) La ecuación de la forma

$$x^n + (b/a)x^{n-1} + (c/a)x^{n-2} + \ldots = 0$$

que se deduce de un polinomio de la forma

$$ax^n + bx^{n-1} + cx^{n-2} + \ldots = 0$$

Por ejemplo,

$$2x^2 - 11x + 12 = 0$$

es equivalente a la forma reducida

$$x^2 - \frac{11}{2}x + 6 = 0$$

Ambas ecuaciones tienen la solución $x =$

3/2 y $x = 4$. El gráfico en coordenadas cartesianas de

$$y = 2x^2 - 11x + 12$$

cruza el eje $x$ en los mismos puntos, $x = 3/2$ y $x = 4$ que el gráfico de

$$y = x^2 - 11x/2 + 6$$

*Véase también* ecuación, polinomio, ecuación cuadrática.

**referencia, sistema de** †Conjunto de ejes de coordenadas respecto del cual se ha de especificar la posición de un objeto cuando esta varía con el tiempo. El origen de los ejes y su dirección en el espacio deben estar especificados a cada instante del tiempo para que el sistema esté perfectamente determinado.

**registro** *Véase* procesador central.

**regresión, recta de** Recta $y = ax + b$ llamada de regresión de $y$ respecto de $x$, que da el valor esperado de una variable aleatoria y condicionado al valor dado de una variable aleatoria $x$. La recta de regresión de $x$ respecto de $y$ no es en general la misma que la de $y$ respecto de $x$. Si se traza un diagrama de dispersión de puntos de datos $(x_1,y_1), \ldots, (x_n,y_n)$ y se percibe una relación lineal, la recta puede trazarse a pulso. La mejor recta se traza aplicando el método de mínimos cuadrados.
*Véase también* coeficiente de correlación, método de mínimos cuadrados, diagrama de dispersión.

**regulador** Dispositivo mecánico que controla la velocidad de una máquina. Un tipo sencillo de regulador consiste en dos cargas fijadas a un eje de modo que al aumentar la velocidad de rotación del eje, las cargas se muevan alejándose del centro de rotación permaneciendo fijas al eje. Al alejarse del eje, actúan sobre un control que reduce el combustible o la energía que recibe la máquina. Al reducirse la velocidad y moverse las cargas hacia adentro, aumenta el combustible o la energía que recibe la máquina. Así pues, de acuerdo con el principio de realimentación negativa, la velocidad de la máquina se mantiene perfectamente constante en condiciones de carga variables.

**regular** Polígono o poliedro que tiene sus lados o caras iguales. *Véase* polígono, poliedro.

**relativa, velocidad** Si dos objetos se mueven con velocidades $v_A$ y $v_B$ en una dirección dada, la velocidad de A con relación a B es $v_A - v_B$ en esa dirección. †En general, si dos objetos se mueven en el mismo sistema de referencia a velocidades no relativísticas, su velocidad relativa es la diferencia vectorial de las dos velocidades.

**relatividad, teoría de la** †Teoría expuesta en dos partes por Albert Einstein. La teoría especial (1905) se refería solamente a los sistema de referencia no acelerados (inerciales). La teoría general (1915) también es aplicable a sistemas acelerados.
La *teoría especial* se basaba en dos postulados:
(1) Que las leyes físicas son las mismas en todos los sistemas de referencia inerciales.
(2) Que la velocidad de la luz en el vacío es constante para todos los observadores, independientemente del movimiento de la fuente o del observador.
El segundo postulado parece contrario al 'sentido común' en cuanto a las ideas de movimiento. Einstein llegó a la teoría al considerar el problema del 'éter' y la relación entre los campos eléctrico y magnético en movimiento relativo. La teoría explica el resultado negativo del experimento de Michelson-Morley y demuestra que la contracción de Lorentz-Fitzgerald es tan solo un efecto aparente del movimiento de un objeto respecto de un observador, y no una contracción 'real'. Conduce al resultado de que la masa de un objeto que se mueve a una

velocidad $v$ respecto de un observador está dada por:

$$m = m_0/\sqrt{1 - v^2/c^2}$$

donde $c$ es la velocidad de la luz y $m_0$ la masa del objeto en reposo en relación con el observador. El aumento de la masa es significativo a altas velocidades. Otra consecuencia de la teoría es que un objeto tiene un contenido de energía en virtud de su masa, y que análogamente esa energía tiene inercia. Masa y energía están relacionadas por la famosa ecuación $E = mc^2$.

La *teoría general* de la relatividad trata de explicar la diferencia entre sistemas de referencia acelerados y no acelerados y la naturaleza de las fuerzas que actúan en ambos. Por ejemplo, una persona en una nave espacial alejada en el espacio no estaría sometida a fuerzas gravitacionales. Si la nave estuviera en rotación, se vería empujada contra las paredes de la nave y pensaría que tenía peso. No habría diferencia alguna entre esta fuerza y la fuerza de gravedad. Para un observador exterior la fuerza es simplemente un resultado de la tendencia a continuar en línea recta, es decir, de su inercia. Este tipo de análisis de fuerzas llevó a Einstein a un *principio de equivalencia* de que las fuerzas inerciales y las fuerzas gravitacionales son equivalentes y que la gravitación se puede explicar por las propiedades geométricas del espacio. Pensaba en un continuo espacio-tiempo en el cual la presencia de una masa afecta a la geometría –el espacio es 'curvado' por la masa.

**relativista, celeridad** (velocidad relativista) †Toda celeridad (velocidad) que sea suficientemente elevada para hacer que la masa de un objeto sea suficientemente mayor que su masa en reposo. Por lo general se expresa como una fracción de $c$, la velocidad de la luz en el espacio libre. A una velocidad $c/2$ la masa relativista de un objeto es como el 15% mayor que la masa en reposo. *Véase también* masa relativista, masa en reposo.

**relativista, masa** †Masa de un objeto medida por un observador en reposo en un sistema de referencia en el cual se mueve el objeto con velocidad $v$. Está dada por

$$m_0 = m\sqrt{1 - v^2/c^2}$$

donde $m_0$ es la masa en reposo, $c$ la velocidad de la luz y $m$ la masa relativista. La ecuación es consecuencia de la teoría especial de la relatividad y está en excelente acuerdo con los experimentos. Ningún objeto se puede mover a velocidad superior a la de la luz ya que entonces su masa se haría infinita. *Véase también* relatividad, masa en reposo.

**relativista, mecánica** Sistema de mecánica que se basa en la teoría de la relatividad. *Véase también* mecánica clásica.

**relativo** Que se expresa como una diferencia respecto de cierto nivel de referencia o como una relación respecto de dicho nivel. La densidad relativa, por ejemplo, es la masa de una sustancia por unidad de volumen expresada como una fracción de una densidad patrón, como la del agua. *Compárese* con absoluto.

**relativo, error** Error o incertidumbre en una medida expresado como una fracción de la medida. Por ejemplo, si al medir una longitud de 10 metros la cinta solamente mide al centímetro, entonces la medida se puede escribir 10 ± 0,01 metros. El error relativo es 0,01/10 = 0,001. *Compárese* con error absoluto. *Véase también* error.

**relativo, máximo** †*Véase* máximo local.

**relativo, mínimo** †*Véase* mínimo local.

**reloj, impulso de** Uno de una serie de impulsos regulares que son producidos por un dispositivo electrónico llamado *reloj* y que se utilizan para sincronizar operaciones en un ordenador. Toda instrucción en un programa de ordenador da lugar a que el procesador central efectúe varias operaciones. Cada una de estas operaciones, realizadas por la unidad de control o la unidad aritmética y lógica es puesta en marcha por un impulso de reloj y ha de completarse antes del siguiente impulso de reloj. El intervalo entre los impulsos suele ser de unos cuantos microsegundos (millonésimas de segundo). *Véase también* procesador central.

**reloj, sentido del** Que gira en el mismo sentido que las manecillas de un reloj. Por ejemplo, la cabeza de un tornillo corriente gira en sentido del reloj (mirándolo por la cabeza) para entrar en la rosca. Mirado por el otro extremo, el giro es contrarreloj.

**rendimiento** Símbolo: $\eta$ Medida empleada en los procesos de transferencia de energía; es la relación entre la energía útil producida por un sistema o aparato a la energía de entrada. Por ejemplo, el rendimiento de un motor eléctrico es la relación entre su potencia mecánica de salida y la potencia eléctrica de entrada. No hay unidad de rendimiento, sino que éste suele darse como un porcentaje. En los sistemas prácticos siempre ocurre cierta disipación de energía (por rozamiento, resistencia del aire, etc.) y el rendimiento, pues, es necesariamente menor que 1. En una máquina, el rendimiento es la ventaja mecánica dividida por la relación de distancias.

**rentabilidad** Ingreso que produce una acción o título expresado como porcentaje de su valor en el mercado. Por ejemplo, si un título de valor nominal de 50¢ paga un dividendo del 12%, pagará 6¢ por acción. Si el precio en el mercado es de 80¢, la rentabilidad será (6 × 100)/80 = 7,5%. En el caso de las acciones que pagan un interés fijo, la rentabilidad determina en gran parte el precio en el mercado de la acción. Los compradores de acciones esperan un rendimiento comparable al de las tasas de interés corriente; si éstas están subiendo, la rentabilidad de los valores de interés fijo también debe subir, lo cual solamente puede ocurrir si baja el precio en el mercado. Así pues, las tasas de interés en alza bajan el precio en el mercado de las acciones y viceversa. *Véase también* acciones y títulos.

**reposo, masa en** Símbolo: $m_0$ Masa de un objeto en reposo medida por un observador en reposo situado en el mismo sistema de referencia. *Véase también* masa relativista.

**representación** Conjunto de puntos representados en un gráfico, que puede indicar una relación general entre las variables representadas por los ejes horizontal y vertical. Por ejemplo, en un experimento científico una cantidad puede ser representada por $x$ y otra por $y$. Los valores de $y$ para diferentes valores de $x$ se representan luego como una serie de puntos en un gráfico. Si tales puntos quedan sobre una recta o curva, entonces se dice que la recta o curva trazada por los puntos es una representación de $y$ con respecto a $x$.

**representativa, fracción** Fracción empleada para expresar la escala de un mapa y en la cual el numerador representa una distancia en el mapa en tanto que el denominador representa la distancia correspondiente en el terreno. Como una fracción es una relación, las unidades de numerador y denominador deben ser las mismas. Por ejemplo, una escala de 1 cm = 1 km se indicaría como una fracción representativa de 1/100 000, pues hay 100 000 cm en 1 km. *Véase también* escala.

**residuo** *Véase* resto.

**resolución de triángulos** Cálculo de los lados y ángulos desconocidos en los triángulos. Como la suma de los ángulos de un triángulo es 180°, el tercer ángulo puede averiguarse si se conocen dos. Todos los lados y ángulos se calculan cuando se conocen dos lados y el ángulo que forman; pero cuando se conocen dos lados y otro ángulo hay dos soluciones posibles. Dos ángulos cualesquiera y un lado son suficientes para resolver un triángulo. *Véase también* trigonometría.

**resonancia** Vibración de gran amplitud de un objeto o sistema cuando recibe impulsos a su frecuencia natural. Por ejemplo, un péndulo oscila a una frecuencia natural que depende de su longitud y masa. Si se le aplica un 'empuje' periódico a esta frecuencia –por ejemplo, a cada máximo de una oscilación completa– la amplitud aumenta con poco esfuerzo. Mucho más esfuerzo se necesitaría para producir una oscilación de la misma amplitud a una frecuencia diferente.

**restitución, coeficiente de** Símbolo: $e$ En el choque de dos cuerpos, la elasticidad del choque se mide por el coeficiente de restitución. Es la velocidad relativa después del choque dividida por la velocidad relativa antes del choque (velocidades medidas a lo largo de la recta de los centros). Para esferas A y B:

$$v'_A - v'_B = e(v_A - v_B)$$

siendo $v$ la velocidad antes del choque y $v'$ la velocidad después del choque. La energía cinética se conserva únicamente en un choque perfectamente elástico.

**resto** Es el número que queda cuando se divide un número por otro. Al dividir 57 por 12 se tiene un cociente 4 y un resto 9 ($4 \times 12 = 48$; $57 - 48 = 9$).

**resto, teorema del** †Es el teorema que expresa la igualdad

$$f(x) = (x - a)g(x) + f(a)$$

Esto quiere decir que si un polinomio en $x$, $f(x)$, se divide por $(x - a)$, donde $a$ es una constante, el resto o residuo es igual al valor del polinomio cuando $x = a$. Si por ejemplo dividimos

$$2x^3 + 3x^2 - x - 4$$

por $(x - 4)$, entonces el resto será

$$f(4) = 128 + 48 - 4 - 4 = 168$$

El teorema del resto o residuo es muy útil cuando se desean encontrar los factores de un polinomio. En el ejemplo mencionado,

$$f(1) = 2 + 3 - 1 - 4 = 0$$

de donde $(x - 1)$ es un factor.

**resultante** *Véase* eliminante.

**resultante** Vector que tiene el mismo efecto que varios vectores. Así, la resultante de un conjunto de fuerzas es una fuerza que tiene el mismo efecto que ellas; es igual en magnitud y opuesta en dirección a la equilibrante. La resultante de un conjunto de vectores se puede encontrar por diferentes métodos, de acuerdo con las circunstancias. *Véase* fuerzas paralelas, paralelogramo de vectores, principio de los momentos.

**revolución, sólido de** Sólido que puede obtenerse por revolución de una recta o curva (la *generatriz*) en torno a un eje fijo. Por ejemplo, la rotación de un círculo en torno a un diámetro genera una esfera. La rotación de un círculo en torno a un eje que no lo corta genera un toro.

**revolución, superficie de** Superficie generada por la rotación de una recta o curva en torno a un eje. Por ejemplo, la rotación de una parábola en torno a su eje de simetría produce un paraboloide de revolución.

**Riemann, integral de** †*Véase* integral definida, suma de Riemann.

**Riemann, suma de** †Suma que aproxima el área entre la curva de una función $f(x)$ y el eje $x$:

$$\sum_{i=1}^{n} f(\xi_i)\Delta x_i$$

donde $\Delta x$ es un incremento de $x$, $f(\xi_i)$ es un valor de $f(x)$ dentro del intervalo y $n$ es el número de intervalos. La integral definida (o integral de Riemann) es el límite de la suma al hacerse $n$ infinitamente grande y $\Delta x$ infinitamente pequeño.

**rígido, cuerpo** En mecánica, cuerpo para el cual toda alteración de forma producida por fuerzas aplicadas al cuerpo se puede omitir en los cálculos.

**rodadura, rozamiento de** *Véase* rozamiento.

**Rolle, teorema de** †Una curva que corta el eje $x$ en dos puntos $a$ y $b$, es continua y tiene tangente en todo punto entre $a$ y $b$, tiene por lo menos un punto en este intervalo en el cual la tangente a la curva es horizontal. Para una curva $y = f(x)$, se sigue por el teorema de Rolle que la función $f(x)$ tiene un extremo (un valor máximo o un valor mínimo) entre $f(a)$ y $f(b)$, donde la derivada es $f'(x) = 0$. *Véase también* extremo.

**rombo** Figura plana con cuatro lados iguales. Su área es igual a la mitad del producto de las longitudes en sus dos diagonales, las cuales se cortan perpendicularmente en su punto medio. El rombo es simétrico respecto de ambas diagonales y también tiene simetría rotacional, pues se puede superponer sobre sí mismo después de una rotación de 180° ($\pi$ radianes).

**romboedro** Sólido limitado por seis caras, cada una de las cuales es un paralelogramo; las caras opuestas son congruentes.

**romboide** Figura plana de cuatro lados en la que dos pares de lados adyacentes son iguales. Dos de los ángulos de un romboide son opuestos e iguales. Sus diagonales se cruzan perpendicularmente y la más corta es dividida en dos segmentos iguales por la otra. El área de un romboide es igual al producto de las

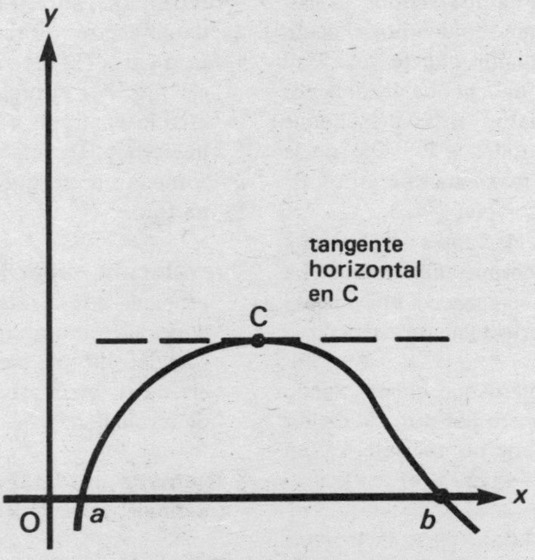


Teorema de Rolle para una función $f(x)$ continua entre $x = a$ y $x = b$ y para la cual $f(a) = f(b) = 0$.

longitudes de sus diagonales. En el caso especial en que las dos diagonales son iguales, el romboide es un rombo.

**rosa** †Curva que se obtiene al representar la ecuación

$$r = a\operatorname{sen} n\theta$$

en coordenadas polares ($a$ es un número real constante y $n$ es un entero constante). Tiene varios bucles en forma de pétalo u hoja. Cuando $n$ es par hay $2n$ bucles y cuando $n$ es impar hay $n$ bucles. Por ejemplo, el gráfico de $r = a\operatorname{sen}2\theta$ es una rosa de cuatro hojas.

**rotación** Transformación geométrica en la cual una figura se mueve sin deformación alrededor de un punto fijo. Si el punto, o centro de rotación es O, entonces para todo punto P de la figura que se transforma en el punto P′ por la rotación, el ángulo POP′ es el mismo. Este ángulo es el ángulo de rotación. Hay figuras que no varían por ciertas rotaciones. Un círculo no se afecta por rotación en torno a su centro, un cuadrado no cambia si se rota 90° en torno al punto de intersección de las diagonales, un triángulo equilátero no varía por rotación de 120° en torno a su centroide. Son propiedades de *simetría rotacional* de la figura. *Véase también* rotación de ejes, transformación.

**rotación, momento de** (par de torsión) Símbolo: $T$ Fuerza de rotación (o momento). El momento de rotación de una fuerza $F$ en torno a un eje (o a un punto) es $Fs$, donde $s$ es la distancia del eje a la recta de acción de la fuerza. La unidad es el newton metro. Obsérvese que la unidad de *trabajo*, que también es el newton metro, se llama joule. Pero el momento de rotación *no* se mide sin embargo en joules. †Las dos cantidades físicas no son en realidad la misma. El trabajo (un escalar) es el producto escalar de la fuerza por el desplazamiento. El momento de rotación es su producto vector y es un vector perpendicular al plano de la fuerza y el desplazamiento. *Véase también* par, momento.

**rotación, movimiento de** †Movimiento de un cuerpo que gira en torno a un eje. Las cantidades y las leyes físicas empleadas para describir el movimiento rectilíneo tienen sus análogas rotacionales y las ecuaciones del movimiento de rotación son las análogas de las del movimiento rectilíneo. Entre tales ecuaciones están, además de las cinemáticas, la ecuación $T = I\alpha$ análoga a la $F = ma$. Aquí $T$ es el momento o par de rotación (análogo de la fuerza), $I$ el momento de inercia (análogo de la masa) y $\alpha$ es la aceleración angular (análoga de la aceleración lineal).

Las ecuaciones cinemáticas relacionan la velocidad angular $\omega_1$ del objeto en el origen del tiempo con su velocidad angular $\omega_2$ en un momento ulterior $t$, y por tanto con el desplazamiento angular $\phi$. Son:

$$\omega_2 = \omega_1 + \alpha t$$
$$\theta = (\omega_1 + \omega_2)/2t$$
$$\theta = \omega_1 t + \alpha t^2/2$$
$$\theta = \omega_2 t - \alpha t^2/2$$
$$\omega_2^2 = \omega_1^2 + 2\alpha\theta$$

**rotación de ejes** †En geometría analítica, es el cambio de los ejes de referencia de modo que queden girados con respecto a los ejes originales del sistema en un ángulo ($\theta$). Si los nuevos ejes son $x'$ y $y'$ y los ejes originales son $x$ y $y$, entonces las coordenadas $(x,y)$ de un punto respecto de los ejes originales están relacionadas con las nuevas coordenadas $(x',y')$ por:

$$x = x'\cos\theta - y'\operatorname{sen}\theta$$
$$y = x'\operatorname{sen}\theta - y'\cos\theta$$

**rotor** Símbolo: $\nabla\times$ †Operador vectorial sobre una función vectorial. Dada una función vectorial tridimensional, su rotor es igual a la suma de los productos vectores de los vectores unidad por las derivadas parciales de la función en cada una de las direcciones componentes.

Esto es:

$$\text{rotor}\, F = \nabla \times F = \mathbf{i} \times \partial F/\partial x + \mathbf{j} \times \partial F/\partial y + \mathbf{k} \times \partial F/\partial z$$

donde **i**, **j**, **k** son los vectores unitarios en las direcciones $x$, $y$ y $z$ respectivamente. En física, el rotor de un vector se presenta en la relación entre la corriente eléctrica y el flujo magnético, y en la relación entre la velocidad y el momento angular de un fluido de movimiento. *Véase también* divergencia, gradiente.

**rozamiento** Fuerza que se opone al movimiento relativo de dos superficies en contacto. En efecto, cada superficie aplica sobre la otra una fuerza en la dirección opuesta al movimiento relativo: las fuerzas son paralelas a la línea de contacto. Las causas exactas del rozamiento no están todavía plenamente explicadas. Probablemente se debe a las menudas asperezas de la superficie, aún en superficies aparentemente 'lisas'. Las fuerzas de rozamiento no dependen del área de contacto. Los lubricantes actúan probablemente separando las superficies. †En el rozamiento entre dos superficies sólidas, el *rozamiento de deslizamiento* (o *rozamiento cinético*) opone el rozamiento entre dos superficies móviles. Es menor que la fuerza del *rozamiento estático* (o *rozamiento límite*) que opone el rozamiento al deslizamiento entre superficies que están en reposo. El *rozamiento de rodadura* ocurre cuando un cuerpo rueda sobre una superficie: aquí la superficie de contacto está cambiando constantemente. La fuerza de rozamiento ($F$) es proporcional a la fuerza que mantiene juntos los cuerpos ('la reacción normal' $R$). Las constantes de proporcionalidad (para casos diferentes) se llaman *coeficientes de rozamiento* (Símbolo: $\mu$):

$$\mu = F/R$$

Las *leyes del rozamiento* se suelen enunciar como sigue:
(1) La fuerza de rozamiento es independiente del área de contacto (para la misma fuerza que mantenga las superficies juntas).
(2) La fuerza de rozamiento es proporcional a la fuerza que mantiene las superficies en contacto. En el rozamiento de deslizamiento es independiente de las velocidades relativas de las superficies.

**Runge-Kutta, método de** †Técnica iterativa para resolver ecuaciones diferenciales ordinarias y que se utiliza en el análisis con ordenadores. *Véase también* ecuación diferencial, iteración.

**rutina** Sucesión de instrucciones empleada en la programación de ordenadores. Puede ser un programa breve o a veces parte de un programa. *Véase también* subrutina.

# S

**salida** 1. La señal u otra forma de información obtenida de un dispositivo eléctrico, máquina, etc. La salida de un ordenador es la información o resultados derivados de los datos e instrucciones programadas con que se ha alimentado al ordenador. Esta información se transfiere como una serie de impulsos eléctricos desde el procesador central del ordenador a un *dispositivo de salida*. Algunas de estas unidades de salida convierten los impulsos a una forma legible o gráfica; ejemplos son la impresora por líneas, la trazadora de gráficos, la unidad de representación visual (que también puede utilizarse como dispositivo de entrada). Otros dispositivos de salida transcriben los impulsos a una forma que pueda ser alimentada nuevamente al ordenador en una etapa posterior; la cinta de papel perforada es un ejemplo.
2. El proceso o medios mediante los cuales se obtiene la salida.

3. Entregar como salida.
*Véase también* entrada, entrada/salida.

**salto** *Véase* bifurcación.

**secante** 1. Recta que corta una curva. La intersección es una cuerda de la curva.
2. (sec) †Función trigonométrica de un ángulo igual al inverso de su coseno, o sea que $\sec\alpha = 1/\cos\alpha$. *Véase también* trigonometría.

**sección** Corte de un sólido por un plano y la figura plana que produce dicho corte.

**sech** †Secante hiperbólica. *Véase* funciones hiperbólicas.

**sector** Parte de un círculo limitada por dos radios y la circunferencia. Su área es $\frac{1}{2}r^2\theta$, donde $r$ es el radio y $\theta$ el ángulo, en radianes, formado en el centro del círculo por los dos radios.

**sectores, diagrama de** Diagrama que ilustra proporciones como sectores de un círculo cuyas áreas relativas representan las distintas proporciones. Por ejemplo, si de 100 obreros de una fábrica 25 van al trabajo en automóvil, 50 en bus, 10 en tren y el resto a pie, los que viajan en bus estarán representados por la mitad de un círculo, los que van en automóvil por un cuarto, los usuarios de tren por un sector de 36° y así sucesivamente.

**segmento** Parte de una recta o de una curva entre dos puntos, parte de una figura plana separada por una recta o parte de un sólido separada por un plano. Por ejemplo, en un gráfico, un segmento de recta puede indicar los valores de una función dentro de un cierto intervalo. El área entre una cuerda de un círculo y el arco correspondiente es un segmento del círculo. Una sección a través de un cubo paralelamente a una de las caras forma dos segmentos paralelepípedos.

**segundo** 1. Símbolo: s La unidad fundamental SI de tiempo. †Se define como la duración de 9 192 631 770 ciclos de una longitud de onda particular de radiación correspondiente a una transición entre dos niveles hiperfinos en el estado básico del átomo de cesio-133.
2. Unidad de ángulo plano igual a un trescientos sesentavo de grado.

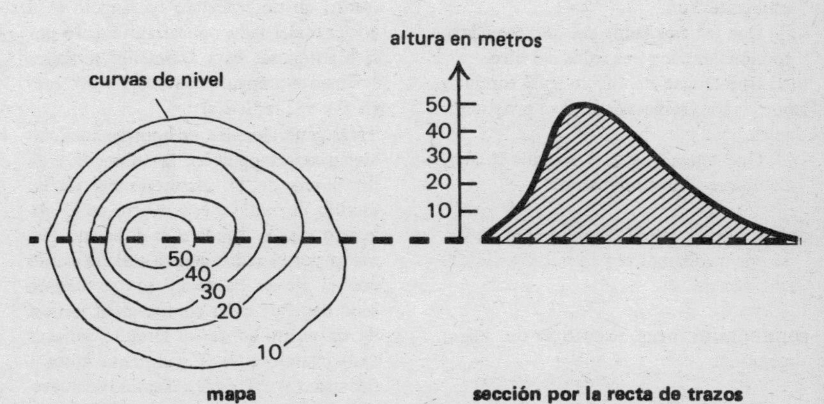


Una colina representada por curvas de nivel en un mapa y por una sección.

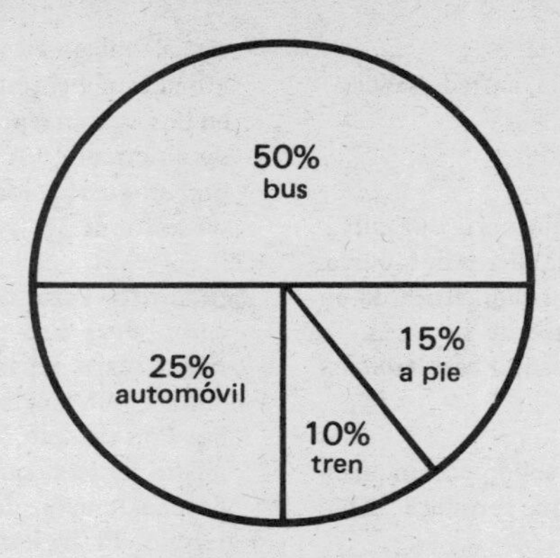


Diagrama de sectores que muestra cómo se desplaza al trabajo un grupo de obreros.

**segundo orden, determinante de** † *Véase* determinante.

**segundo orden, ecuación diferencial de** Ecuación diferencial en la cual la derivada de orden más alto de la variable dependiente es la segunda derivada. *Véase* ecuación diferencial.

**semejantes** Dos o más figuras que difieren de tamaño pero no de forma. Las condiciones para que dos triángulos sean semejantes son:

(1) Que los tres lados del uno sean proporcionales a los tres lados del otro.

(2) Que tengan un ángulo igual formado por lados respectivamente proporcionales.

(3) Que tengan los tres ángulos iguales. *Compárese* con congruentes.

**semicírculo** Mitad de un círculo limitada por un diámetro y la mitad de la circunferencia.

**semiconductores, memoria de** *Véase* memoria.

**semilogarítmico, gráfico** Gráfico en el cual un eje tiene escala logarítmica y el otro escala lineal. En un gráfico semilogarítmico, una función exponencial (función de la forma $y = ke^{ax}$, donde $k$ y $a$ son constantes) es una recta. Los valores de $y$ se llevan sobre la escala lineal y los de $x$ sobre la escala logarítmica. *Véase también* escala logarítmica.

**senh** †Seno hiperbólico. *Véase* funciones hiperbólicas.

**seno** (sen) Función trigonométrica de un ángulo. El seno de un ángulo $\alpha$ (sen$\alpha$) en un triángulo rectángulo es el cociente del lado opuesto al ángulo por la hipotenusa. Esta definición se aplica solamente a ángulos entre 0° y 90° (entre 0 y $\pi/2$ radianes).

†Más generalmente, en coordenadas cartesianas rectangulares, la ordenada $y$ de un punto de la circunferencia de un círculo de radio $r$ con centro en el origen es $r$sen$\alpha$, donde $\alpha$ es el ángulo formado por el radio que va a dicho punto con el eje $x$. Es decir, que la función seno depende de la componente vertical de un punto sobre un círculo. Sen$\alpha$ es cero cuando $\alpha$ es 0°, aumenta hasta 1 cuando $\alpha$ = 90° ($\pi/2$), disminuye nuevamente hasta cero para $\alpha$ = 180° ($\pi$), se hace negativo y llega a $-1$ para $\alpha$ = 270° ($3\pi/2$) y luego vuelve a cero para $\alpha$ =

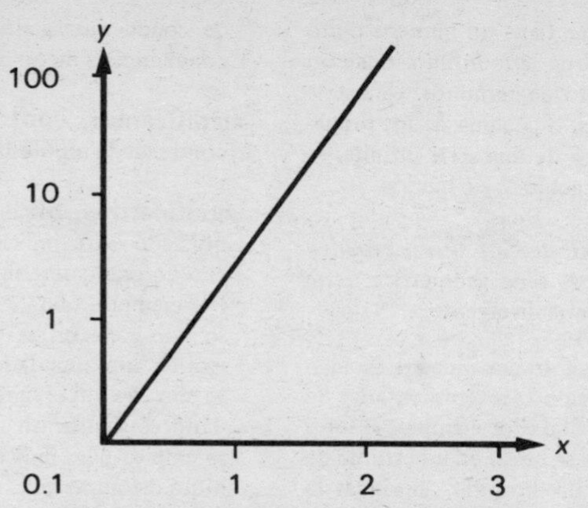


En este gráfico semilogarítmico, la función $y = 4{,}9\ e^{1{,}5x}$ queda representada por una recta de pendiente 1.5.

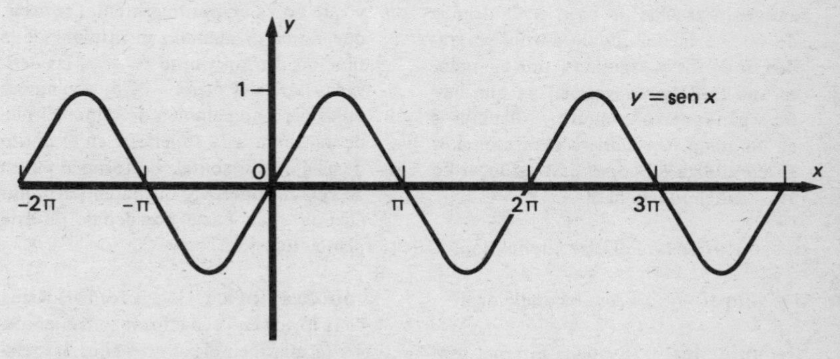


El gráfico de $y = \text{sen}\, x$ en radianes.

360° (2π). Este ciclo se repite a cada revolución completa. La función seno tiene las propiedades siguientes:

$$\text{sen}\alpha = \text{sen}(\alpha + 360°)$$
$$\text{sen}\alpha = -\text{sen}(180° + \alpha)$$
$$\text{sen}(90° - \alpha) = \text{sen}(90° + \alpha)$$

La función seno también se puede definir por una serie infinita. En el intervalo entre 1 y −1:

$$\text{sen}x = x/1! - x^3/3! + x^5/5! - \ldots$$

*Véase también* trigonometría.

**seno, teorema del** †En un triángulo, la relación de la longitud de un lado al seno del ángulo opuesto es la misma para los tres lados. Así pues, en un triángulo de lados $a$, $b$ y $c$ y ángulos $\alpha$, $\beta$ y $\gamma$ opuestos respectivamente a aquellos:

$$a/\text{sen}\alpha = b/\text{sen}\beta = c/\text{sen}\gamma$$

**serial, acceso** *Véase* acceso aleatorio.

**serie** Suma de un conjunto ordenado de números. Cada término de la serie se puede escribir como una función algebraica de su posición. Por ejemplo, en la serie 2 + 4 + 6 + 8 + ... la expresión general del $n$-ésimo término $a_n$ es $2n$.

Una *serie finita* tiene un número finito de términos. Una *serie infinita* tiene un número infinito de términos. Una serie de $m$ términos, o la suma de los primeros $m$ términos de una serie infinita, se puede escribir como $S_m$ o bien

$$\Sigma a_n$$

*Compárese* con sucesión. *Véase también* serie aritmética, serie geométrica, serie convergente, serie divergente.

**sesgo** Propiedad de una muestra estadística que la hace no ser representativa de la población total. Por ejemplo, si unos datos médicos se basan en un estudio de pacientes de un hospital, entonces la muestra es una estimación sesgada de la población general, puesto que se han excluido las personas sanas.

**sexagesimal** Que se basa en múltiplos de 60. La medida de un ángulo en grados, minutos y segundos, por ejemplo, es una medida sexagesimal ya que hay 60 segundos en un minuto y 60 minutos en un grado. Un número sexagesimal es el que utiliza 60 como base en lugar de 10. *Véase también* base.

**si. . . entonces. . .** *Véase* implicación.

**si y sólo si** (ssi) *Véase* bicondicional.

**SI, unidades** (Système International d'Unités) Es el sistema adoptado internacionalmente que se utiliza para fines científicos. Tiene siete unidades fundamentales (metro, kilogramo, segundo, kelvin, amperio, mole y candela) y dos unidades suplementarias (radián y esteradián). Las unidades derivadas se forman por multiplicación o división de las unidades fundamentales y varias de ellas tienen nombres especiales. Se emplean prefijos normalizados para los múltiplos y submúltiplos de las unidades SI. †El sistema SI es un sistema de unidades coherente y racionalizado.

**siemens** (mho) Símbolo: S Unidad SI de conductancia eléctrica, igual a una conductancia de un $\text{ohm}^{-1}$.

**significancia, contraste de** †*Véase* contraste de hipótesis.

**significativas, cifras** Número de cifras utilizado para indicar un valor exacto con un grado determinado de exactitud. Por ejemplo, 6084,324 es un valor exacto con siete cifras significativas. Si se escribe aproximadamente 6080, es exacto con tres cifras significativas. El último 0 no es significativo porque solamente se emplea para indicar el orden de magnitud del número.

**silla, punto de** †Punto estacionario sobre una superficie curva que representa una función de dos variables, $f(x,y)$, y que no es un punto extremo, es decir, que no es ni máximo ni mínimo de la función. En un punto de silla, las derivadas parciales $\partial f/\partial x$ y $\partial f/\partial y$ son ambas nulas pero no cambian de signo. El plano tangente a la superficie en el punto de silla es horizontal. En torno al punto de silla la superficie queda en parte por encima y en parte por debajo de este plano tangencial.

**simbólica, lógica** (lógica formal) Rama de la lógica en la cual los razonamientos, los términos empleados en ellos, las relaciones entre ellos y las diversas operaciones que se pueden efectuar sobre ellos están todos representados por símbolos. Entonces las propiedades lógicas y las implicaciones de los razonamientos pueden estudiarse estricta y formalmente con mayor facilidad valiéndose de técnicas algebraicas, demostraciones y teoremas de una manera rigurosamente matemática. A veces se la llama lógica matemática.

El sistema más simple de lógica simbólica es la *lógica proposicional* (o *cálculo proposicional* como a veces se la llama) en la cual se representan las proposiciones o enunciados con letras como $P$, $Q$,

$R$, etc., y las relaciones que puede haber entre ellas se representan mediante varios signos especiales. *Véase también* bicondicional, conjunción, disyunción, implicación, negación, tabla de verdad.

**simetría** Transformación geométrica de un punto o conjunto de puntos de un lado de un punto, recta o plano, a la posición simétrica del otro lado. En la *simetría respecto de una recta*, la imagen de un punto P es un punto P′ a igual distancia de la recta pero en el lado opuesto. La recta, que es el *eje de simetría,* es la mediatriz del segmento PP′.
En una figura simétrica plana hay un eje de simetría respecto del cual la figura es simétrica de sí misma. Un triángulo equilátero, por ejemplo, tiene tres ejes de simetría. En un círculo, un diámetro es eje de simetría. Análogamente, puede ser simétrico *respecto de un plano*. En una esfera, todo plano que pase por el centro de la esfera es un plano de simetría.
En un sistema de coordenadas cartesianas, la simetría respecto del eje $x$ cambia el signo de la coordenada $y$. Un punto $(a, b)$ se transforma en el $(a, -b)$. En tres dimensiones, el cambio de signo de $z$ equivale a una simetría respecto del plano de los ejes $x$ y $y$. La *simetría respecto de un punto* equivale a una rotación de 180°. Cada punto P se mueve a una posición P′ tal que el *centro de simetría* o punto respecto del cual se efectúa la simetría, es el punto medio del segmento PP′. La *simetría respecto del origen* de coordenadas cartesianas cambia los signos de todas las coordenadas. Equivale a una simetría respecto del eje $x$ seguida de una simetría respecto del eje $y$ o viceversa. *Véase también* rotación.

**simétrica** Figura que puede ser dividida en dos partes simétricas una de la otra. La letra A, por ejemplo, es simétrica y no cambia si se la mira en un espejo, pero la letra R no es simétrica. Una figura plana simétrica tiene al menos una recta que es un eje de simetría y que la divide en dos partes simétricas.

**simple, interés** Interés que devenga un capital cuando el interés se retira al ser pagado, de tal manera que el capital permanece invariable. Si la cantidad de dinero invertida (el capital) se denota por $P$, el tiempo en años por $T$ y la tasa anual en por ciento por $R$, entonces el interés simple es $PRT/100$. *Compárese* con interés compuesto.

**Simpson, regla de** †Regla para hallar el área aproximada bajo una curva dividiéndola en pares de columnas verticales de igual anchura cuyas bases están a lo largo del eje horizontal. Cada par de columnas está limitado por las rectas verticales desde el eje $x$ a los puntos correspondientes en la curva y arriba por una parábola que pasa por estos tres puntos y la cual es una aproximación de la curva. Por ejemplo, si se conoce el valor de $f(x)$ en $x = a, x = b$ y en un valor en el punto medio entre $a$ y $b$, la integral de $f(x)dx$ entre los límites $a$ y $b$ es aproximadamente igual a $h/3(f(a) + 4f[(a + b)/2] + f(b))$ donde $h$ es la mitad de la distancia entre $a$ y $b$. Como para la regla del trapecio, que es menos exacta, se puede obtener mejor aproximación subdividiendo el área en 4, 6, 8, ... columnas hasta que una mayor subdivisión no dé ya lugar a diferencia significativa en el resultado. *Compárese* con regla del trapecio. *Véase también* integración numérica.

**simultáneas, ecuaciones** Conjunto de dos o más ecuaciones que determinan condiciones para dos o más variables. Si el número de variables desconocidas es igual al de ecuaciones, entonces hay un valor único para cada variable que satisface a todas las ecuaciones. Por ejemplo, las ecuaciones

$$x + 2y = 6$$

y

$$3x + 4y = 9$$

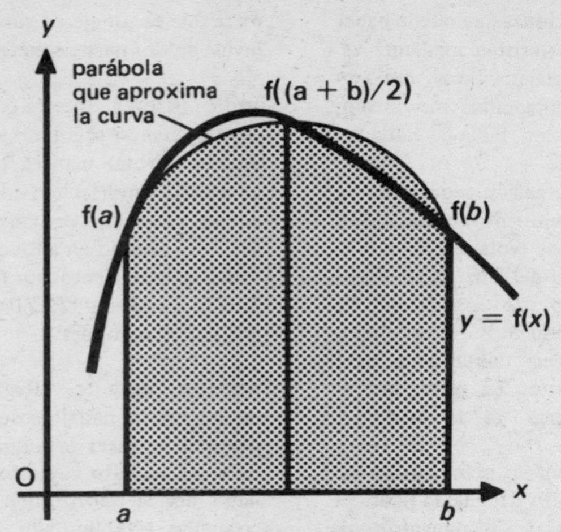


Aproximación por la regla de Simpson del área bajo una curva $y = f(x)$, utilizando dos columnas en el intervalo $x = a$ a $x = b$.

tienen la solución $x = -3$, $y = -1{,}5$. El método de solución de ecuaciones simultáneas consiste en eliminar una de las variables sumando o restando las ecuaciones dadas. Por ejemplo, multiplicando la primera ecuación del ejemplo por 2 y restándola de la segunda se tiene:

$$3x + 4y - 2x - 4y = 9 - 12$$

o sea que $x = -3$. Sustituyendo este valor en cualquiera de las ecuaciones se tiene el valor de $y$. Las ecuaciones simultáneas también se pueden resolver gráficamente. En un gráfico cartesiano, cada ecuación es una recta y el punto en el cual se cortan las dos rectas es, en este caso $(-3, -1{,}5)$. *Véase también* sustitución, matriz inversa.

**singular, matriz** †Matriz cuadrada cuyo determinante es cero y que por tanto carece de matriz inversa. *Véase también* determinante.

**singular, punto** †Punto de una curva $y = f(x)$ en el cual la derivada $dy/dx$ toma la forma indeterminada 0/0. Los

$$\begin{pmatrix} 2 & 1 \\ 4 & 2 \end{pmatrix}$$

$$\begin{vmatrix} 2 & 1 \\ 4 & 2 \end{vmatrix} = (2 \times 2) - (4 \times 1) = 0$$

Ejemplo de una matriz sinqular 2 X 2

puntos singulares de una curva se encuentran escribiendo la derivada en la forma

$$dy/dx = g(x)/h(x)$$

y averiguando luego los valores de $x$ para los cuales $g(x)$ y $h(x)$ son ambos cero.

**sinusoidal** †Que tiene una forma de onda que es una onda sinusoidal.

**sinusoidal, onda** La forma de onda que resulta al representar el seno de un ángulo respecto del ángulo. Todo movimiento que se pueda representar de manera que dé una onda sinusoidal es un movimiento armónico simple.

**sistemas, análisis de** †Análisis detallado de las actividades de una organización o sistema, de sus objetivos básicos y de las necesidades que deben satisfacer, de manera que se pueda mejorar su rendimiento o pueda resolverse algún otro problema. El analista de sistemas reduce las etapas necesarias para mejorar una situación particular o resolver un problema, a una forma lógica. Entonces se puede escribir un programa de ordenador adecuado para contrastar o efectuar una solución, etc.

**sistemático, error** *Véase* error.

**sistemático, muestreo** *Véase* muestreo.

**sobreamortiguamiento** † *Véase* amortiguamiento.

**sobregiro** Saldo negativo de una cuenta corriente en un banco. Los intereses para los sobregiros se calculan diariamente. Un sobregiro se diferencia de un préstamo bancario en que éste es una suma fija sobre la cual se abonan intereses mensual o trimestralmente.

**sólido** Figura u objeto tridimensional, como una esfera o un cubo.

**sólido, ángulo** Símbolo: $\Omega$ †Es el análogo tridimensional del ángulo; región subtendida en un punto por una superficie (y no por una línea). La unidad es el esteradián (sr) que se define análogamente al radián –el ángulo sólido subtendido por la unidad de área a la unidad de distancia. Como el área de una superficie esférica es $4\pi r^2$, el ángulo sólido correspondiente a la vuelta completa ($2\pi$ radianes) es $4\pi$ esteradianes.

**solución** Valor de una variable que satisface a una ecuación algebraica. Por ejemplo, la solución de $2x + 4 = 12$ es $x = 4$. Una ecuación puede tener más de una solución; por ejemplo, $x^2 = 16$ tiene dos: $x = 4$ y $x = -4$.

**Spearman, método de** †Método para medir el grado de asociación entre dos rangos de $n$ objetos utilizando dos variables diferentes $x$ y $y$ que aportan datos $(x_1,y_1), \ldots, (x_n,y_n)$. Los objetos se ponen en rangos utilizando primero las $x$ y luego las $y$ y la diferencia, $D$ entre los rangos calculados para cada objeto. El coeficiente de Spearman de correlación por rangos es

$$\rho = 1 - (6\Sigma D^2/[n(n^2 - 1)])$$

*Véase también* rango.

**stone** Unidad de masa igual a 14 pounds. Equivale a 6,350 3 kg.

**Student, contraste $t$ de** †Contraste de hipótesis para aceptar o descartar la hipótesis de que la media de una distribución normal de varianza desconocida es $\mu_0$ utilizando una muestra pequeña. El estadígrafo $t = (\bar{x} - \mu_0)\sqrt{n/s}$ se calcula a partir de los datos $(x_1, x_2, \ldots x_n)$ donde $\bar{x}$ es la media muestral, $s$ la desviación típica de la muestra y $n < 30$. Si la hipótesis es cierta, $t$ tiene una distribución $t_{n-1}$. Si $t$ está en la región crítica $|t| > t_{n-1}(1 - \alpha/2)$ la hipótesis se descarta a un nivel de significancia $\alpha$. *Véase también* contraste de hipótesis, distribución $t$ de Student.

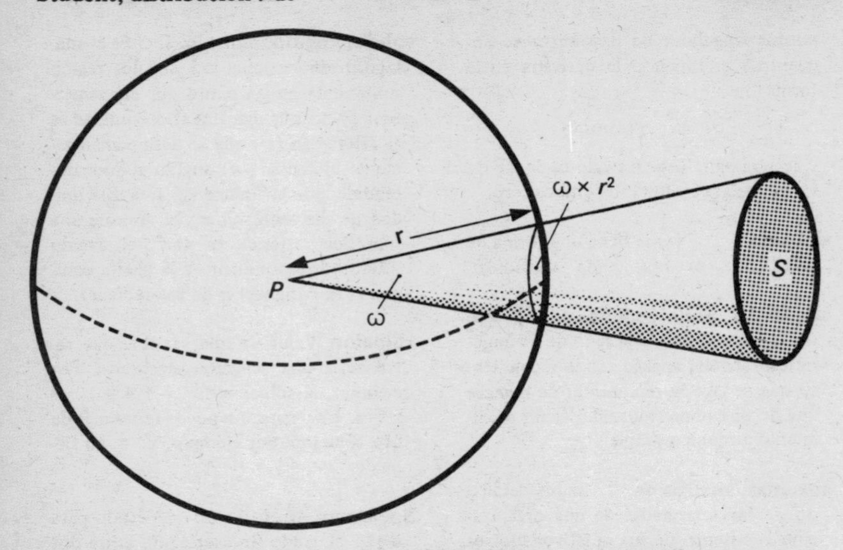


La superficie $S$ subtiende un ángulo sólido $\omega$ en esteradianes en el punto P. Un área que hace parte de la superficie de una esfera de radio $r$, centro $P$ y que subtiende el mismo ángulo sólido $\omega$ en $P$ es igual a $\omega r^2$.

**Student, distribución $t$ de** †Es la distribución, que se escribe $t_n$, de una variable aleatoria

$$t = (\bar{x} - \mu)\sqrt{n}/\sigma$$

tomando una muestra aleatoria de tamaño $n$ de una población normal $x$ de media $\mu$ y desviación típica $\sigma$. $n$ es el llamado número de grados de libertad. La media de la distribución es 0 para $n > 1$ y la varianza es $n/(n-2)$ para $n > 2$. Cuando $n$ es grande $t$ tiene distribución normal típica aproximadamente. La función de densidad de probabilidades, $f(t)$, tiene un gráfico simétrico. Los valores $t_n(\alpha)$ para los cuales es $P(t \leqslant t_n(\alpha)) = \alpha$ están tabulados para varios valores de $n$. *Véase también* media, desviación típica, contraste $t$ de Student.

**subconjunto** Símbolo: $\subset$ Conjunto que forma parte de otro conjunto. Por ejemplo, el conjunto de los números naturales $N = \{1, 2, 3, 4, \ldots\}$ es subconjunto del conjunto de los enteros $Z = \{\ldots -2, -1, 0, 1, 2, \ldots\}$ lo cual se escribe $N \subset Z$. $\subset$ indica la relación de *inclusión*, y así $N \subset Z$ se puede leer $N$ está incluido en $Z$. También se emplea a veces el símbolo $\supset$ que significa 'incluye a'. *Véase también* diagramas de Venn.

**subnormal** †Proyección sobre el eje $x$ del segmento de normal a una curva en el punto $P_0(x_0,y_0)$ y que va de $P_0$ al eje $x$. La longitud de la subnormal es $my_0$, donde $m$ es la pendiente de la tangente a la curva en $P_0$.

**subrutina** (procedimiento) Parte de un programa de ordenador que efectúa un trabajo que se puede necesitar varias veces en diferentes partes del programa. En vez de insertar la misma sucesión de instrucciones en varios puntos diferentes, el control se transfiere a la subrutina y, cuando ya el trabajo está terminado se vuelve a la parte principal del programa. *Véase también* rutina.

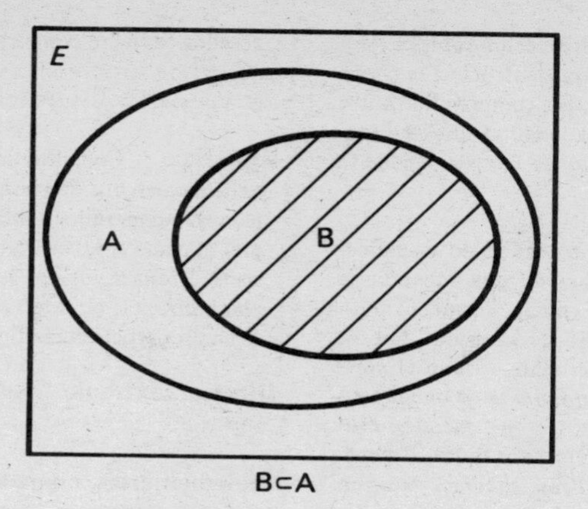


El conjunto B, que aparece rayado en el diagrama de Venn, es un subconjunto de A.

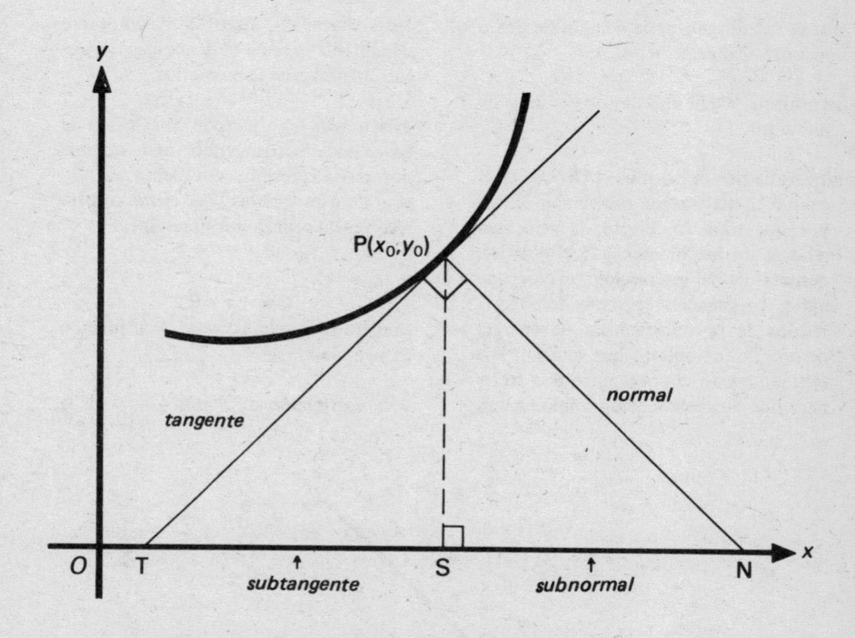


La subtangente TS y la subnormal SN de una curva en un punto $P(x_0, y_0)$.

**subtangente** †Proyección sobre el eje $x$ del segmento de tangente a una curva en un punto $P_0(x_0, y_0)$ comprendido entre $P_0$ y el eje $x$. La longitud de la subtangente es $y_0/m$, donde $m$ es la pendiente de la tangente.

**sucesión** Conjunto ordenado de números. Cada término de una sucesión se puede expresar en función de su posición. Por ejemplo, la sucesión $\{2, 4, 6, \ldots\}$ tiene por término $n$-ésimo el $a_n = 2n$. Una *sucesión finita* tiene un número finito de términos, y una *sucesión infinita* tiene un número infinito. *Compárese* con serie. *Véase también* sucesión aritmética, sucesión geométrica, sucesión convergente, sucesión divergente.

**suficiente, condición** *Véase* condición.

**suma** Resultado de la adición de dos o más cantidades.

**sumando** Cada uno de los términos de una suma.

**superelástico, choque** †Choque en el cual el coeficiente de restitución es mayor que uno. En efecto, la velocidad relativa de los objetos que chocan es, después de la interacción, mayor que antes. La ganancia aparente de energía resulta de la transferencia de energía dentro de los objetos que chocan. Por ejemplo, si un choque entre dos troles hace que un resorte comprimido en uno de ellos se libere contra el otro, el choque puede ser superelástico. *Véase también* coeficiente de restitución.

**superficie** Conjunto de puntos que se extienden en dos dimensiones. Puede ser plana o curva, finita o infinita. Por ejemplo, el plano $z = 0$ en coordenadas cartesianas tridimensionales es una superficie plana infinita; el exterior de una esfera es una superficie curva finita.

**superior, extremo** Es la mínima cota superior.

**suplementarias, unidades** Son las unidades sin dimensión –el radián y el estereradián– que se emplean con unidades fundamentales para formar unidades derivadas. *Véase también* unidades SI.

**suplementarios, ángulos** Angulos que suman 180° o sea $\pi$ radianes. *Compárese* con ángulos complementarios.

**sustitución** Método de solución de ecuaciones sustituyendo una variable por una expresión equivalente en función de otra variable. Por ejemplo, para resolver las ecuaciones simultáneas

$$x + y = 4$$

y

$$2x + y = 9$$

primero se puede expresar $x$ en función de $y$, es decir,

$$x = 4 - y$$

y la sustitución de $x$ por $4 - y$ en la

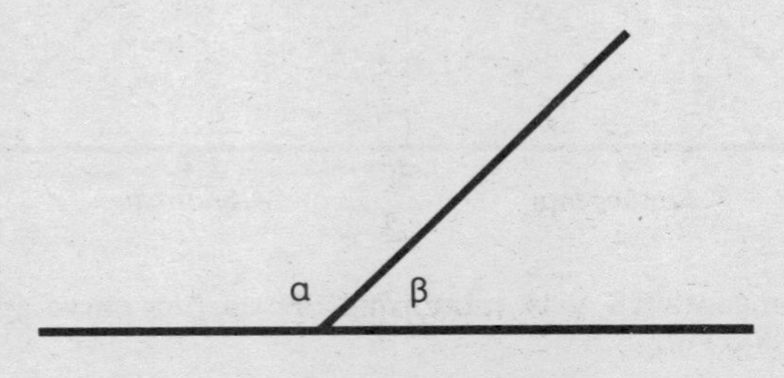


Angulos suplementarios: $\alpha + \beta = 180°$

segunda ecuación da:

$$2(4-y)+y=9$$

de donde $y = -1$ y por lo tanto, por la primera ecuación, $x = 5$. Otro uso de la sustitución de variables es la integración. *Véase también* ecuaciones simultáneas, †integración por sustitución.

**sustracción** Símbolo: – Operación binaria para hallar la diferencia entre dos cantidades. En aritmética, lo que no ocurre con la adición, la sustracción no es conmutativa ($4 - 5 \neq 5 - 4$) ni asociativa [$2 - (3 - 4) \neq (2 - 3) - 4$]. El elemento neutro en la sustracción aritmética sólo es cero a la derecha ($5 - 0 = 5$ pero $0 - 5 \neq 5$). En la *sustracción vectorial* se ponen dos vectores con el origen común formando dos lados de un triángulo. La longitud y dirección del tercer lado da la diferencia vectorial. Y así como el signo de la diferencia de dos números depende del orden de la sustracción, el sentido de la diferencia vectorial depende del sentido del ángulo entre los vectores. La *sustracción matricial*, como la adición matricial, solamente se puede efectuar entre matrices con igual número de filas y columnas. *Compárese* con adición. *Véase también* diferencia, diferencia de vectores.

**Système International d'Unités** *Véase* unidades SI.

# T

***t*, distribución** †*Véase* distribución *t* de Student.

**tambor** Cilindro metálico cubierto de una sustancia magnetizable que se utiliza en sistemas de ordenador para almacenar información. La información se almacena en forma de pequeñas zonas magnetizadas que están estrechamente reunidas en *pistas* concéntricas alrededor de la circunferencia del tambor. Cuando está en uso el tambor gira a gran velocidad. Pequeños electroimanes, llamados *cabezas de lectura/grabación*, están fijados en posición sobre cada pista y extraen (leen) o registran (graban) piezas de información en posiciones particulares sobre la pista según lo especificado por el procesador central. El tiempo necesario para obtener una pieza de información es extremadamente breve. Actualmente, los tambores solamente se utilizan en unas cuantas aplicaciones especiales en informática. *Compárese* con disco, cinta magnética. *Véase también* procesador central, acceso aleatorio.

**tambor, impresora de** *Véase* impresora por líneas.

**tangente** 1. Recta o plano que tienen sólo un punto común con una curva o superficie. En un gráfico, la pendiente de la tangente a una curva es la pendiente de la curva en el punto de contacto. †En coordenadas cartesianas, la pendiente es la derivada $dy/dx$. Si $\theta$ es el ángulo entre el eje $x$ y una recta que va del origen al punto $(x,y)$, entonces la función trigonométrica $\tan\theta = y/x$. *Véase también* cónica, coordenadas polares.
2. Función trigonométrica de un ángulo. La tangente de un ángulo $\alpha$ en un triángulo rectángulo es el cociente de las longitudes del lado opuesto al ángulo y el lado adyacente. Esta definición se aplica solamente a los ángulos entre 0° y 90° (0 y $\pi/2$ radianes). †Generalmente, en coordenadas cartesianas rectangulares de origen O, el cociente de la ordenada $y$ por la ordenada $x$ de un punto $P(x,y)$ es la tangente del ángulo que forma la recta OP con el eje $x$. La función tangente, como las funciones seno y coseno, es periódica, pero se repite cada 180° y no es continua. Es cero para $\alpha = 0°$ y se hace infinitamente grande positiva cuando aumenta hasta 90°. Como $\tan(-\alpha) = -\tan\alpha$, $\tan\alpha$ es negativa para $\alpha$ de 0° a

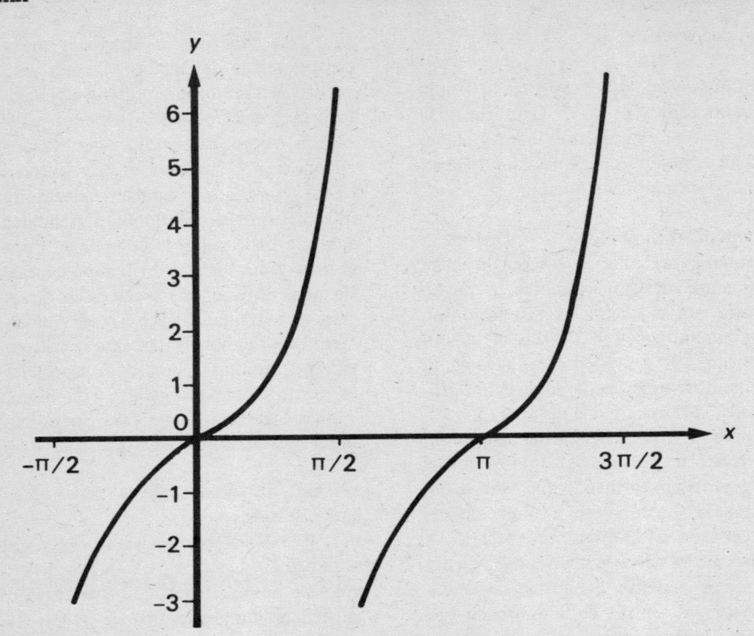


Gráfico de $y = \tan x$, con $x$ en radianes.

$-90°$. Para $\alpha = +90°$ $\tan\alpha$ salta de $+$ a $-$ y entonces aumenta hasta cero para $\alpha = 180°$. *Véase también* trigonometría.

**tanh** †Tangente hiperbólica. *Véase* funciones hiperbólicas.

**tautología** En lógica, es una proposición o enunciado de una forma que no puede ser falsa. Por ejemplo 'si todos los cerdos comen ratones entonces algunos cerdos comen ratones' y 'si vengo entonces vengo' son ambas verdaderas independientemente de que las proposiciones componentes 'todos los cerdos comen ratones' y 'vengo' sean verdaderas o falsas. Más estrictamente, una tautología es una proposición compuesta que es verdadera sean cuales fueren los valores de verdad asignados a las proposiciones simples componentes. Una tautología es verdadera debido únicamente a las leyes de la lógica y no en razón de un hecho real (los principios del razonamiento son tautologías). Una tautología no contiene por tanto información. *Compárese* con contradicción. *Véase también* lógica.

**Taylor, serie de** (desarrollo de Taylor) †Fórmula para desarrollar una función $f(x)$ expresándola como una serie infinita de derivadas para un valor fijo de la variable, $x = a$:

$$f(x) = f(a) + f'(a)(x - a) + f''(a)(x - a)^2/2! + f'''(x - a)^3/3! + \ldots$$

Si $a = 0$, la fórmula da

$$f(x) = f'(0) + f'(0)x + f''(0)x^2/2! + \ldots$$

que es la llamada *serie de Maclaurin* o desarrollo de Maclaurin. *Véase también* desarrollo.

**teclado a cinta** *Véase* cinta magnética.

**teclado a disco** *Véase* disco.

**Teletipo** (*nombre de marca*) *Véase* terminal.

**tensión** Fuerza que tiende a estirar un cuerpo (cuerda, varilla, alambre, etc.).

**tensor** †Entidad matemática que es en un sistema de coordenadas *n*-dimensional el equivalente de un vector en dos o tres dimensiones. Los tensores se emplean para describir cómo se comportan las componentes de una cantidad sometidas a ciertas transformaciones, así como un vector describe una traslación de un punto a otro en un plano o en el espacio. *Véase también* vector.

**tera-** Símbolo: T Prefijo que indica $10^{12}$. Por ejemplo, un terawatt (TW) = $10^{12}$ watts (W).

**tercer orden, determinante de** *Véase* determinante.

**tercero excluido, principio de** *Véase* principios del razonamiento.

**termia** †Unidad de energía calórica igual a $10^5$ British thermal units (1,055 056 joules).

**terminal** Punto en el cual un usuario puede comunicarse directamente con un ordenador tanto para la entrada como para la salida de información. Está situado fuera del sistema de ordenador, con frecuencia a cierta distancia, y conectado al mismo por cable eléctrico, teléfono u otro canal de transmisión. Para alimentar información al ordenador se emplea un teclado parecido al de una máquina de escribir. La salida puede ser impresa, como en el teletipo, o bien aparecer en una pantalla como ocurre en la unidad de representación visual. †Un *terminal interactivo* es un terminal conectado al ordenador, que da una respuesta casi inmediata a una consulta del usuario. Un *terminal inteligente* puede almacenar información y efectuar operaciones sencillas sobre la misma sin la asistencia del procesador central del ordenador.
*Véase también* entrada/salida, unidad de representación visual.

**tesla** Símbolo: T †Unidad SI de densidad de flujo magnético, igual a la densidad de flujo de un weber de flujo magnético por metro cuadrado. 1 T = 1 Wb $m^{-2}$.

**tetraedro** (pirámide triangular) Sólido limitado por cuatro caras triangulares. Un *tetraedro regular* tiene cuatro triángulos equiláteros congruentes como caras. *Véase también* poliedro, pirámide.

**thou** *Véase* mil.

**típica, desviación** †Medida de la dispersión de una muestra estadística, igual a la raíz cuadrada de la varianza. En una muestra de *n* observaciones, $x_1, x_2, x_3, \ldots x_n$ la *desviación muestral típica* es:

$$s = \sqrt{\sum_1^n (x_i - \bar{x})^2 / (n-1)}$$

donde $\bar{x}$ es la media muestral. Si se supone conocida la media $\mu$ de la población total de la cual se toma la muestra, entonces

$$s = \sqrt{\sum_1^n (x_i - \mu)^2 / n}$$

**tonelada** 1. Unidad de masa igual a 2240 pounds. Equivale a 1016,05 kg.
2. Unidad utilizada para expresar la potencia explosiva de un arma nuclear (en cuyo caso se dice ton). Es igual a una explosión con una energía equivalente a una tonelada de TNT o es aproximadamente $5 \times 10^9$ joules.

**tonelada métrica** Símbolo: t Unidad de masa igual a $10^3$ kilogramos.

**topología** Estudio de las propiedades generales de las formas y del espacio. Se puede considerar como el estudio de las propiedades que no se modifican por deformaciones continuas, tales como el estiramiento o la torsión. Una esfera y un elipsoide son figuras diferentes en geometría pero en topología se consideran equivalentes ya que la una puede transformarse en la otra mediante una deformación continua. Un toro, por otra parte, no es topológicamente equivalente a una esfera –no sería posible distorsionar una esfera y volverla un toro sin romper o unir superficies. Un toro es, pues, un *tipo de forma* diferente del de una esfera. La topología estudia tipos de formas y sus propiedades. Un caso especial es la investigación de las redes de líneas y las propiedades de los nudos.

En efecto, el estudio hecho por Euler del problema de los puentes de Königsberg fue uno de los primeros resultados en topología. Un ejemplo moderno es el análisis de los circuitos eléctricos. Un diagrama de circuito no es una reproducción exacta de las trayectorias de los alambres, pero indica las conexiones entre diferentes puntos del circuito (es decir, que le es topológicamente equivalente). En los circuitos impresos o integrados es importante disponer las conexiones de manera que no se crucen.

†La topología emplea métodos del álgebra superior entre ellos la teoría de grupos y la teoría de conjuntos. Una noción importante es la de conjuntos de puntos y de puntos en el entorno de un punto dado (es decir a cierta distancia del punto). Un *conjunto abierto* es un conjunto de puntos tal que cada punto del conjunto tiene un entorno que contiene puntos del conjunto. Hay una transformación topológica cuando hay una correspondencia biunívoca entre puntos de una figura y puntos de otra figura de modo que los conjuntos abiertos en una de ellas correspondan a conjuntos abiertos en la otra. Si una figura se puede transformar en otra mediante una transformación semejante, los conjuntos son *topológicamente equivalentes*.

**topológicamente equivalentes** *Véase* topología.

**topológico, espacio** †Un conjunto $X$ que tiene un conjunto $T$ de todos sus subconjuntos y que satisface a las condiciones $\phi \in T$; $X \in T$ y si $U \in T$ y $V \in T$ entonces $(U \cup V) \in T$ y $(u \cap V) \in T$. Los elementos de $T$ se llaman *conjuntos abiertos* del espacio topológico $X$. Todo conjunto de puntos que forman una figura geométrica y satisfacen a estas condiciones, es un espacio topológico. En topología está definido por las propiedades de sus conjuntos abiertos. *Compárese* con espacio métrico. *Véase también* topología.

**tornillo** Tipo de máquina, aplicación del plano inclinado y, en la práctica de la palanca de segundo género. El rendimiento de los sistemas de tornillos es muy bajo por causa del rozamiento. Aún así, la ventaja mecánica $(F_2/F_1)$ puede ser muy elevada.

La relación de distancias está dada por $2\pi r/p$, siendo $r$ el radio y $p$ el paso de rosca (el ángulo que forma el filete con un plano perpendicular al cilindro del tornillo).

**torno** Máquina simple que consta de una rueda montada sobre un árbol que tiene una cuerda enrollada. Una fuerza aplicada a la rueda se transmite a una carga que se ejerce sobre la cuerda del árbol. La ventaja mecánica es igual a $r_W/r_A$ donde $r_W$ es el radio de la rueda y $r_A$ el del árbol. *Véase* máquina.

**toro** Superficie curva cerrada con un agujero, como el neumático de una llanta. Se puede generar por rotación de un círculo en torno a un eje de su plano pero que no lo corte. †Una sección normal del toro por un plano perpendicular al eje consiste en dos círculos concéntricos. Una sección por un plano que contenga al eje consiste en un par de círculos congruentes a igual distancia de cada lado del eje. El volumen de un toro es $4\pi dr^2$ y el área de su superficie es $3\pi^2 dr$, donde $r$ es el radio del círculo generador y $d$ es la distancia de su centro al eje. En coordenadas cartesianas, un torno cuyo eje esté sobre el eje $z$ y cuyo círculo generador esté en el plano $y$-$z$ con su centro a una distancia $d$ sobre el eje $y$, tiene por ecuación:

$$\sqrt{(x^2 + y^2) - d^2} + z^2 = r^2$$

**torr** †Unidad de presión igual a una presión de 101 325/760 pascal (133,322 Pa). Es igual al mmHg.

**torsión, onda de** †Movimiento ondulatorio en el cual las vibraciones del medio son movimientos armónicos simples de rotación en torno a la dirección de transferencia de la energía.

**total, derivada** †Derivada que se puede expresar como suma de derivadas parciales. Por ejemplo, si la función $z = f(x, y)$ es función continua de $x$ y $y$, y $x$ y $y$ son funciones continuas de otra variable $t$, entonces la derivada total de $z$ con respecto a $t$ es:

$$dz/dt = (\partial z/\partial x)(dx/dt) + (\partial z/\partial y)(dy/dt)$$

*Véase también* regla de derivación en cadena, diferencial total.

**total, diferencial** †Variación infinitesimal en una función de una o más variables. Es la suma de las diferenciales parciales. *Véase* diferencial.

**trabajo** Símbolo: $W$ El trabajo efectuado por una fuerza es el producto de la fuerza por el desplazamiento de su punto de aplicación en la misma dirección:

trabajo = fuerza × desplazamiento

El trabajo es un proceso de transferencia de energía, y, como ésta, se mide en joules. Si las direcciones de la fuerza ($F$) y del movimiento no son las mismas, se emplea entonces la componente de la fuerza en la dirección del movimiento:

$$W = Fs\cos\theta$$

donde $s$ es el desplazamiento y $\theta$ el ángulo que forman las direcciones de la fuerza y del movimiento. †El trabajo es el producto escalar de la fuerza por el desplazamiento.

**trabajo** Unidad de trabajo sometido a un ordenador. Suele incluir varios programas. La información necesaria para procesar un trabajo se introduce en forma de un programa breve escrito en el *lenguaje de control de trabajo* del ordenador, el cual es interpretado por el sistema operativo y utilizado para identificar el trabajo y describir lo que exige al sistema operativo.

**transformación** 1. En general, toda función o aplicación que convierte una cantidad en otra. *Véase* función.
2. Modificación de una expresión o ecuación algebraica en otra equivalente de forma diferente. Por ejemplo, la ecuación

$$(x - 3)^2 = 4x + 2$$

se puede transformar en

$$x^2 - 10x - 11 = 0$$

3. En geometría, cambio de una forma en otra por movimiento de cada punto a una posición diferente, por lo general según un procedimiento específico. Por ejemplo, una figura plana puede ser movida con respecto a dos ejes rectangulares. Otro ejemplo es cuando una figura es ampliada. *Véase* traslación. *Véase también* deformación, dilatación, ampliación, proyección, rotación.

**transformación de coordenadas** 1. Cambio de la posición de los ejes de referencia en un sistema de coordenadas por traslación, rotación o ambas, por lo general con el objeto de simplificar la ecuación de una curva. *Véase* rotación de ejes, traslación de ejes.
2. Cambio del tipo de sistema de coordenadas, en el cual se describe una figura geométrica. Por ejemplo, de coordena-

das rectangulares a coordenadas polares. *Véase* coordenadas polares.

**transportador** Instrumento de dibujo utilizado para marcar o medir ángulos. Generalmente consiste en una pieza de plástico transparente marcada con rectas radiales a intervalos de un grado.

**transversal, onda** Movimiento ondulatorio en el cual el movimiento o cambio es perpendicular a la dirección de transferencia de energía. Las ondas electromagnéticas y las ondas en el agua son ejemplos de ondas transversales. *Compárese* con ondas longitudinales.

**transverso, eje** *Véase* hipérbola.

**trapecio** Cuadrilátero en el cual dos lados son paralelos. Su área es el producto de la semisuma de los lados paralelos por la distancia entre ambos.

**trapecios, regla de los** Método para encontrar el área aproximada bajo una curva dividiéndola en pares de secciones de forma trapezoidal y formando columnas verticales de igual anchura con las bases sobre el eje horizontal. La regla de los trapecios se aplica como método de integración numérica. Por ejemplo, si el valor de una función $f(x)$ se conoce en $x = a$, $x = b$ y en un valor intermedio entre $a$ y $b$, la integral es aproximadamente:

$$(h/2)[f(a) + 2f((a+b)/2) + f(b)]$$

donde $h$ es la mitad de la distancia entre $a$ y $b$. Si esto no da un resultado suficientemente exacto, el área se puede subdividir en 4, 6, 8, ... columnas hasta que una subdivisión más avanzada no produzca ya diferencias significativas en el resultado.
*Véase también* integración numérica, regla de Simpson.

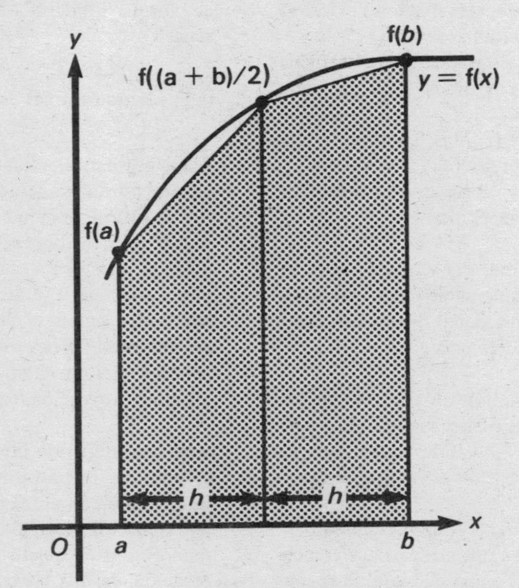


Aproximación por la regla del trapecio del área bajo una curva $y = f(x)$ utilizando dos columnas en el intervalo $x = a$ a $x = b$.

**trascendente, número** *Véase* número irracional, pi.

**traslación** Movimiento de una figura geométrica de modo que sólo cambie su posición con respecto a unos ejes fijos, pero no su orientación, tamaño ni forma. † *Véase también* traslación de ejes.

**traslación de ejes** †En geometría analítica, desplazamiento de los ejes de referencia de modo que cada eje sea paralelo a su posición original y cada punto tenga un nuevo par de coordenadas. Por ejemplo, el origen $O$ de un sistema de ejes $x$ y $y$ puede desplazarse al punto $O'(3, 2)$ respecto del sistema original. Los nuevos ejes $x'$, $y'$ están ahora en $x = 3$ y $y = 2$, respectivamente. Esto se hace a veces para simplificar la ecuación de una curva. El círculo $(x - 3)^2 + (y - 2)^2 = 4$ se puede describir mediante nuevas coordenadas $x' = (x - 3)$ y $y' = (y - 2)$ quedando $x'^2 + y'^2 = 4$. El origen $O'$ está entonces en el centro del círculo. *Véase también* rotación de ejes.

**traslación, movimiento de** †Movimiento con cambio de posición, a diferencia del movimiento de rotación y del movimiento vibratorio. Cada uno de ellos está asociado con energía cinética. En un objeto en movimiento de traslación, todos los puntos se mueven en trayectorias paralelas. El movimiento de traslación se suele describir por su celeridad o velocidad (lineal) y su aceleración.

**traspuesta, matriz** Matriz que resulta de intercambiar filas y columnas en una matriz.

†El determinante de la traspuesta de una matriz cuadrada es igual al de la matriz original. La traspuesta de un vector fila es un vector columna y viceversa. Si dos matrices $A$ y $B$ son conformes (es decir, si se pueden multiplicar), entonces la traspuesta de la matriz producto $AB = C$ es $\widetilde{C} = (\widetilde{A}\widetilde{B}) = \widetilde{B}\widetilde{A}$. O sea que la traspuesta de un producto de matrices es el producto de las traspuestas de éstas en orden inverso.

**traza** *Véase* matriz cuadrada.

**triangular, desigualdad** En todo triángulo ABC, un lado es menor que la suma de los otros dos:

$$AB < BC + CA$$

**triangular, matriz** †Matriz cuadrada en la cual son nulos todos los elementos que quedan encima de la diagonal principal o bien todos los que quedan debajo de la misma. El determinante de una matriz triangular es el producto de sus elementos diagonales.

**triangulares, números** Es el conjunto de números $\{1, 3, 6, 10, \ldots\}$ generado por disposiciones triangulares de puntos. Cada triángulo de puntos tiene una fila más que el precedente y la fila adicional tiene un punto más que la más larga en el precedente. El $n$-ésimo número triangular es $n(n + 1)/2$.

**triángulo** Figura plana con tres lados. El área de un triángulo es la mitad del producto de la longitud de un lado, la base, por la altura del vértice opuesto a dicha base. La suma de los ángulos interiores de un triángulo es 180° (o $\pi$ radianes). En un *triángulo equilátero*, los tres lados son iguales y los tres ángulos son

$$A = \begin{pmatrix} a_1 & b_1 \\ a_2 & b_2 \\ a_3 & b_3 \end{pmatrix} \rightarrow \widetilde{A} = \begin{pmatrix} a_1 & a_2 & a_3 \\ b_1 & b_2 & b_3 \end{pmatrix}$$

La traspuesta $\widetilde{A}$ de una matriz A

Una transformación se puede representar mediante una matriz 2 × 2
Un punto $(x, y)$ se transforma en un punto $(x', y')$ multiplicando el vector columna de $(x, y)$ por una matriz **M**

$$\text{es decir,} \quad \mathbf{M}\begin{pmatrix} x \\ y \end{pmatrix}$$

Las matrices de transformación son:

| | |
|---|---|
| simetría respecto del eje $x$ | $\begin{pmatrix} 1 & 0 \\ 0 & -1 \end{pmatrix}$ |
| simetría respecto del eje $y$ | $\begin{pmatrix} -1 & 0 \\ 0 & 1 \end{pmatrix}$ |
| ampliación en un factor de escala $k$ | $\begin{pmatrix} k & 0 \\ 0 & k \end{pmatrix}$ |
| alargamiento en la dirección $x$ | $\begin{pmatrix} k & 0 \\ 0 & 1 \end{pmatrix}$ |
| alargamiento en la dirección $y$ | $\begin{pmatrix} 1 & 0 \\ 0 & k \end{pmatrix}$ |
| rotación de ángulo $\alpha$ (positiva contrarreloj) | $\begin{pmatrix} \cos\alpha & -\text{sen}\,\alpha \\ \text{sen}\,\alpha & \cos\alpha \end{pmatrix}$ |
| deformación en la dirección $x$ por $k$ | $\begin{pmatrix} 1 & k \\ 0 & 1 \end{pmatrix}$ |

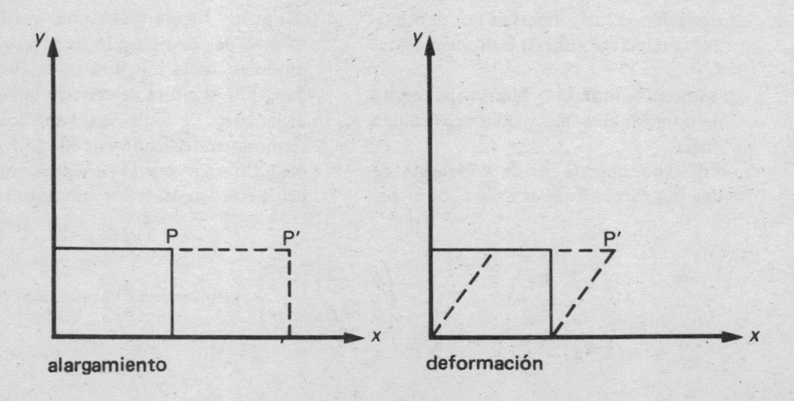

Traslación

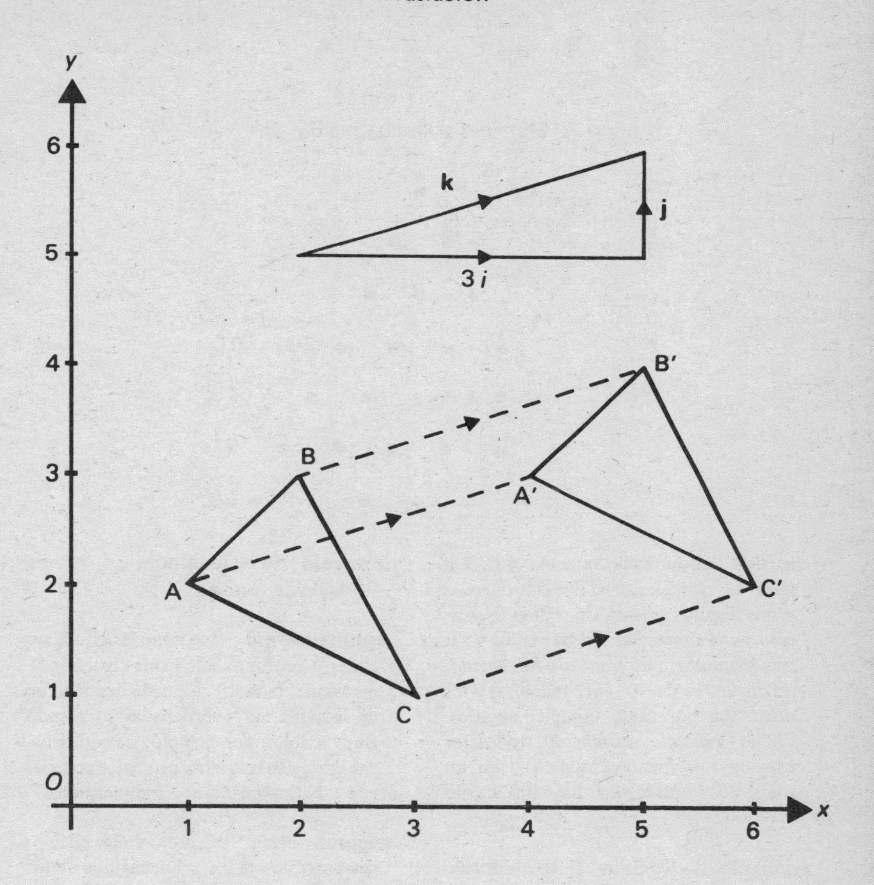


La traslación de un triángulo ABC
El vector de traslación es $\mathbf{k} = 3\mathbf{i} + \mathbf{j}$

Una traslación en $a$ en la dirección $x$ y en $b$ en la dirección y trasforma un punto $(x, y)$ en el $(x', y')$.

En forma matricial

$$\begin{pmatrix} x' \\ y' \end{pmatrix} = \begin{pmatrix} x \\ y \end{pmatrix} + \begin{pmatrix} a \\ b \end{pmatrix}$$

$$\begin{pmatrix} a_{11} & a_{12} & a_{13} \\ 0 & a_{22} & a_{23} \\ 0 & 0 & a_{33} \end{pmatrix} \qquad \begin{pmatrix} a_{11} & 0 & 0 \\ a_{21} & a_{27} & 0 \\ a_{31} & a_{32} & a_{33} \end{pmatrix}$$

Matrices triangulares 3 × 3.

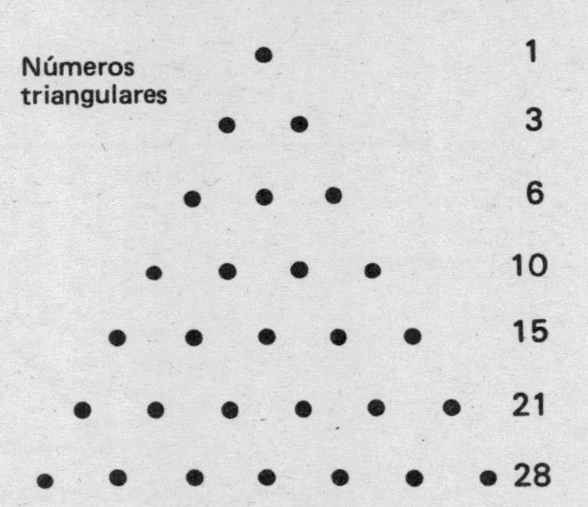


iguales siendo cada uno de 60°. Un *triángulo isósceles* tiene dos lados iguales y dos ángulos iguales. Un *triángulo escaleno* tiene desiguales sus tres lados y sus tres ángulos. En un *triángulo rectángulo*, un ángulo es de 90° ($\pi/2$ radianes) y los otros son por tanto complementarios. En un *triángulo acutángulo*, todos los ángulos son menores que 90°. En un triángulo *obtusángulo* hay un ángulo mayor que 90°.

**triángulo de fuerzas** *Véase* triángulo de vectores.

**triángulo de vectores** Triángulo que representa tres vectores coplanarios que actúan sobre un punto y tienen resultante nula. Cuando se dibujan a escala —en tamaño, dirección y sentido correctos pero no en posición— forman un triángulo cerrado. Así pues, tres fuerzas que actúan sobre un objeto en equilibrio forman un *triángulo de fuerzas*. Análogamente se puede construir un *triángulo de velocidades*. *Véase* vector.

**triángulo de velocidades** †*Véase* triángulo de vectores.

**tridimensional** Que tiene longitud, anchura y profundidad. †Una figura tridimensional (sólido) se puede describir en un sistema de coordenadas utilizando tres variables, por ejemplo, las coordenadas cartesianas tridimensionales con ejes $x$, $y$ y $z$. *Compárese* con bidimensional.

**trigonometría** Estudio de las relaciones entre los lados y los ángulos de un triángulo por las funciones trigonométricas de los ángulos (seno, coseno y tangente). Las *funciones trigonométricas* se pueden definir por las relaciones entre los lados de un triángulo rectángulo: si llamamos $\alpha$ uno de los ángulos agudos y $o$ es el lado opuesto a $\alpha$, $a$ el lado adyacente a $\alpha$ y $h$ es la hipotenusa, entonces las funciones trigonométricas de $\alpha$ quedan definidas así:

$$\text{sen}\alpha = o/h$$
$$\cos\alpha = a/h$$
$$\tan\alpha = o/a$$

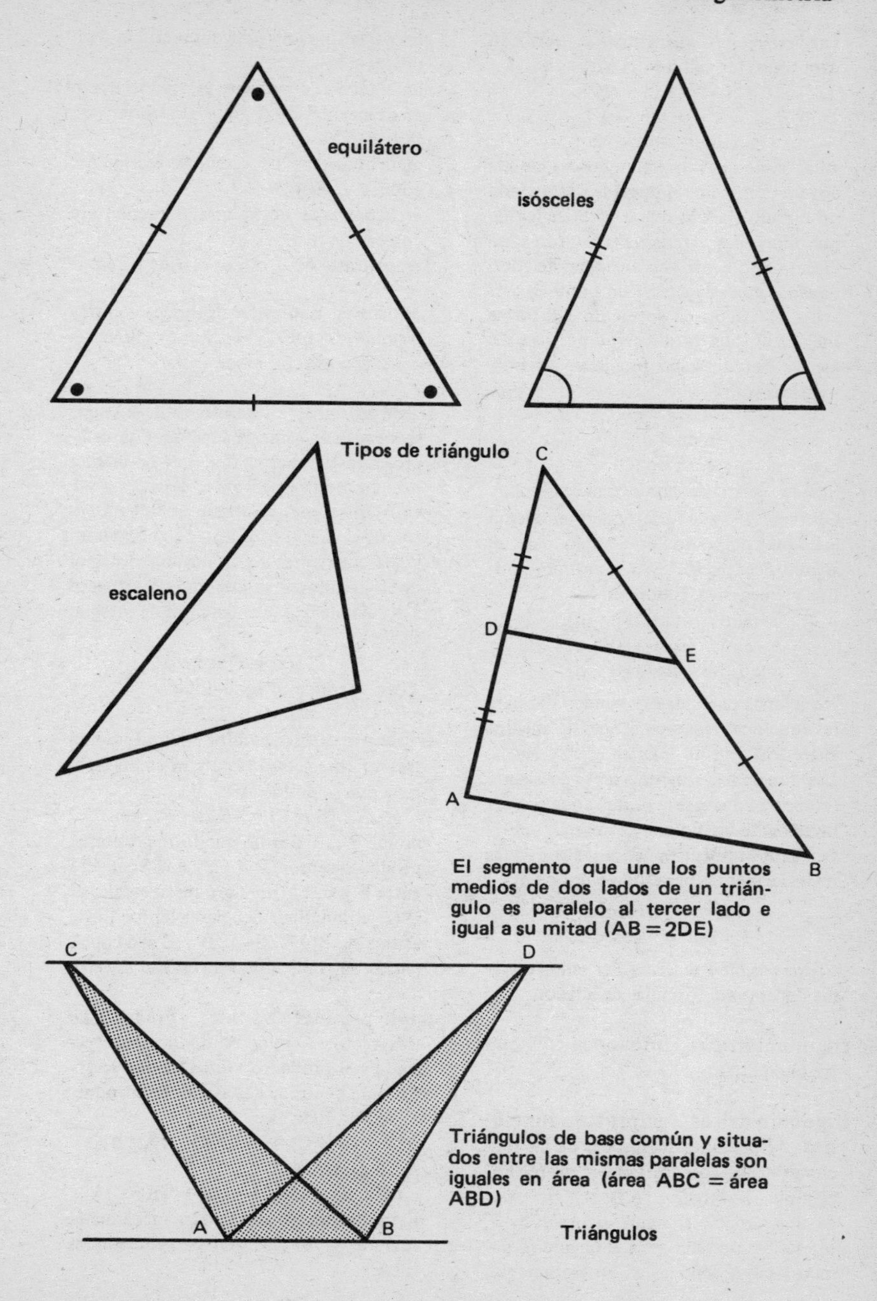


Tipos de triángulo

El segmento que une los puntos medios de dos lados de un triángulo es paralelo al tercer lado e igual a su mitad (AB = 2DE)

Triángulos de base común y situados entre las mismas paralelas son iguales en área (área ABC = área ABD)

Triángulos

Las relaciones siguientes se verifican para todos los valores del ángulo $\alpha$:

$$\cos\alpha = \text{sen}(\alpha + 90°)$$
$$\cos^2\alpha + \text{sen}^2\alpha = 1$$
$$\tan\alpha = \text{sen}\alpha/\cos\alpha$$

†Las funciones trigonométricas de un ángulo también se pueden definir con un círculo (por lo que a veces se las llama *funciones circulares*). Se toma un círculo con centro en el origen de coordenadas cartesianas. Si un punto P está sobre el círculo el segmento OP forma un ángulo con la dirección positiva del eje $x$. Entonces, las funciones trigonométricas son:

$$\tan\alpha = y/x$$
$$\text{sen}\alpha = y/\text{OP}$$
$$\cos\alpha = x/\text{OP}$$

Siendo $(x,y)$ las coordenadas del P y $\text{OP} = \sqrt{x^2 + y^2}$. Se tienen en cuenta los signos de $x$ y $y$. Por ejemplo, para un ángulo $\beta$ entre 90° y 180° $y$ será positiva y $x$ negativa. Entonces:

$$\tan\beta = -\tan(180 - \beta)$$
$$\text{sen}\beta = +\text{sen}(180 - \beta)$$
$$\cos\beta = -\cos(180 - \beta)$$

Relaciones parecidas se pueden dar para las funciones trigonométricas de ángulos entre 180° y 270° y entre 270° y 360°. Las funciones secante (sec), cosecante (cosec) y cotangente (cotan) que son los inversos de las funciones coseno, seno y tangente respectivamente, siguen las reglas siguientes para todo valor de $\alpha$:

$$\tan^2\alpha + 1 = \sec^2\alpha$$
$$1 + \cos^2\alpha = \text{cosec}^2\alpha$$

*Véase también* teorema del seno, teorema del coseno, fórmulas de adición.

**trigonométricas, funciones** *Véase* trigonometría.

**trigonométricas recíprocas, funciones** †Funciones recíprocas de las funciones seno, coseno, tangente, etc. Por ejemplo, la *función recíproca del seno* de una variable se llama arcoseno de $x$, se escribe arc sen$x$ y es el ángulo (o número) cuyo seno es $x$. Análogamente, las otras funciones trigonométricas recíprocas son:
arcocoseno de $x$, que se escribe arc cos$x$
arcotangente de $x$, que se escribe arc tan$x$
arcocotangente de $x$, que se escribe arc cotan$x$
arcocosecante de $x$, que se escribe arc cosec$x$
arcosecante de $x$, que se escribe arc sec$x$.

**trinomio** Expresión algebraica con tres términos, como $2x + 2y + z$ o $3a + b = c$. *Compárese* con binomio.

**triple integral** †Resultado de integrar tres veces una misma función. Por ejemplo, si una función $f(x,y,z)$ se integra primero con respecto a $x$ dejando $y$ y $z$ constantes y el resultado se integra entonces con respecto a $y$, dejando ahora $x$ y $z$ constantes y por último la integral doble resultante se integra con respecto a $z$ dejando $x$ y $y$ constantes, la integral triple es

$$\int\int\int f(x,y,z)\,dz\,dy\,dx.$$

*Véase también* integral doble.

**triple producto escalar** †Producto de tres vectores cuyo resultado es un escalar y que se define así:

$$\mathbf{A} \cdot (\mathbf{B} \times \mathbf{C}) = ABC\,\text{sen}\theta\cos\phi$$

donde $\theta$ es el ángulo que forma **A** con el producto vector (**B** × **C**) y $\theta$ es el ángulo entre **B** y **C**. El triple producto escalar es igual al volumen del paralelepípedo de aristas **A**, **B** y **C**. Si **A**, **B** y **C** son coplanarios, su triple producto escalar es cero.

**triple producto vector** †Producto de tres vectores cuyo resultado es un vector. Es el producto vector de dos vectores, uno de los cuales es a su vez producto vector. Esto es:

$$\mathbf{A} \times (\mathbf{B} \times \mathbf{C}) = (\mathbf{A} \cdot \mathbf{C})\mathbf{B} - (\mathbf{A} \cdot \mathbf{B})\mathbf{C}$$

Análogamente

$$(\mathbf{A} \times \mathbf{B}) \times \mathbf{C} = (\mathbf{A} \cdot \mathbf{C})\mathbf{B} - (\mathbf{B} \cdot \mathbf{C})\mathbf{A}.$$

Estos productos son iguales únicamente cuando **A**, **B** y **C** son perpendiculares entre sí.

**trirrectángulo** Que tiene tres ángulos rectos. *Véase* triángulo esférico.

**trisección** División en tres partes iguales.

**trivial, solución** Solución de una ecuación o conjunto de ecuaciones que es obvia y no aporta información útil acerca de las relaciones entre las variables que intervienen. Por ejemplo, $x^2 + y^2 = 2x + 4y$ tiene la solución trivial $x = 0$; $y = 0$.

**tronco** Sólido geométrico producido por dos planos paralelos que cortan a un sólido o por un plano paralelo a la base del sólido.

**truncado** Sólido generado a partir de un sólido dado por dos planos no paralelos que cortan al dicho sólido.

# U

**unaria, operación** Operación matemática que cambia un número en otro. Por ejemplo, extraer la raíz cuadrada de un número es una operación unaria. *Compárese* con operación binaria.

**única, solución** Valor único posible de una variable que puede satisfacer a una ecuación. Por ejemplo, $x + 2 = 4$ tiene la solución única $x = 2$, pero $x^2 = 4$ no tiene solución única porque $x = +2$ y $x = -2$ satisfacen ambas a la ecuación.

**unidad** Valor de referencia de una cantidad utilizado para expresar otros valores de la misma cantidad. *Véase también* unidades SI.

**unidad, matriz** (matriz identidad) Símbolo: $I$ Matriz cuadrada en la cual los elementos de la diagonal principal son todos iguales a uno, y los demás elementos son cero. Si una matriz $A$ de $m$ filas y $n$ columnas se multiplica por una matriz unidad $n \times n$, $I$, permanece invariable, esto es, $IA = A$. La matriz unidad es la *matriz identidad* o elemento neutro de la multiplicación matricial. *Véase también* matriz.

**uniforme aceleración** Aceleración constante.

**uniforme, celeridad** Celeridad constante.

**uniforme, distribución** *Véase* función de distribución.

**uniforme, movimiento** Expresión vaga que por lo general significa movimiento a velocidad constante, frecuentemente en línea recta.

**uniforme, velocidad** Velocidad constante de un movimiento rectilíneo con aceleración nula.

**unión** Símbolo: $\cup$ Conjunto que contiene todos los elementos de dos o más conjuntos. Si $A = \{2, 4, 6\}$ y $B = \{3, 6, 9\}$ entonces $A \cup B = \{2, 3, 4, 6, 9\}$. *Véase también* diagramas de Venn.

**unitario, vector** Vector de magnitud igual a una unidad. Todo vector $\mathbf{r}$ se puede expresar por su magnitud, la cantidad escalar $r$, y el vector unitario $\mathbf{r}'$ que tiene la misma dirección de $\mathbf{r}$: $\mathbf{r} = r\mathbf{r}'$. En coordenadas cartesianas tridimensionales con origen 0, los vectores unitarios $\mathbf{i}$, $\mathbf{j}$ y $\mathbf{k}$ se utilizan en las direcciones $x$, $y$ y $z$ respectivamente.

**universal, conjunto** Símbolo: $E$ o & Es el conjunto que contiene todos los elementos posibles. En un problema dado, $E$ se definirá de acuerdo con el alcance del problema. Por ejemplo, en un cálculo en que entran solamente números positivos, el conjunto universal

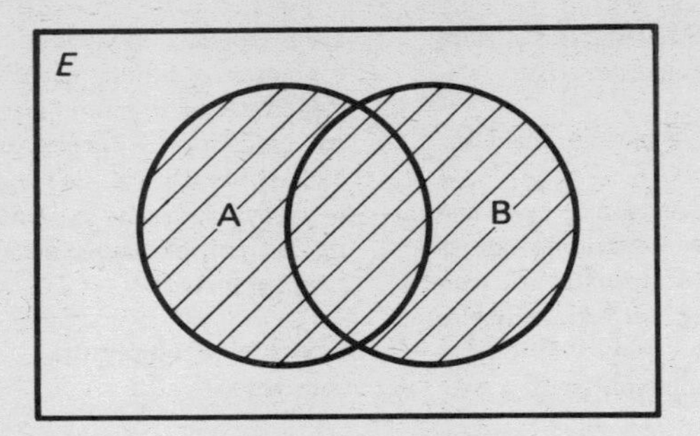


El área rayada en el diagrama de Venn es la unión de los conjuntos A y B.

*E* es el conjunto de todos los números positivos. *Véase también* diagramas de Venn.

**universo, curva de** † *Véase* espacio-tiempo.

**utilidad, programas de** Programas que contribuyen al proceso general de un sistema de ordenador. Se pueden utilizar, por ejemplo, para hacer copias de archivos (colecciones organizadas de datos) y para transferir datos de un dispositivo de memoria a otro, como de una unidad de cinta magnética a una memoria de disco. *Véase también* programa.

# V

**vacío, conjunto** Símbolo: $\phi$ Conjunto que no contiene ningún elemento. Por ejemplo, el conjunto de 'números naturales menores que 0' es un conjunto vacío, lo cual se podría escribir $\{m: m \in N; m < 0\} = \phi$.

**validez** En lógica, es una propiedad de los razonamientos, inferencias o deducciones. Un razonamiento es válido si es imposible que la conclusión sea falsa siendo verdaderas las premisas. Es decir, que afirmar las premisas y negar la conclusión sería una contradicción.

**valor medio, teorema del** Teorema del cálculo diferencial que dice que si $f(x)$ es continua en el intervalo $a \leqslant x \leqslant b$ y la derivada $f'(x)$ existe en todo punto de este intervalo, entonces hay por lo menos un valor $x_0$ de $x$ entre $a$ y $b$ para el cual:

$$[f(b) - f(a)]/(b - a) = f'(x_0)$$

Geométricamente esto significa que si se traza una recta entre dos puntos $(a, f(a))$ y $(b, f(b))$ de una curva continua, entonces hay por lo menos un punto entre éstos donde la tangente a la curva es paralela a dicha recta. Este teorema se deduce del teorema de Rolle. *Véase también* teorema de Rolle.

**variable** Cantidad que se suele denotar por una letra en las ecuaciones algebraicas y que puede tomar un valor cualquiera dentro de un intervalo de valores posibles. Pueden efectuarse cálculos sobre variables porque hay ciertas reglas que se aplican a todos los posibles valores. Por ejemplo, para efectuar la operación de elevar al cuadrado todos los en-

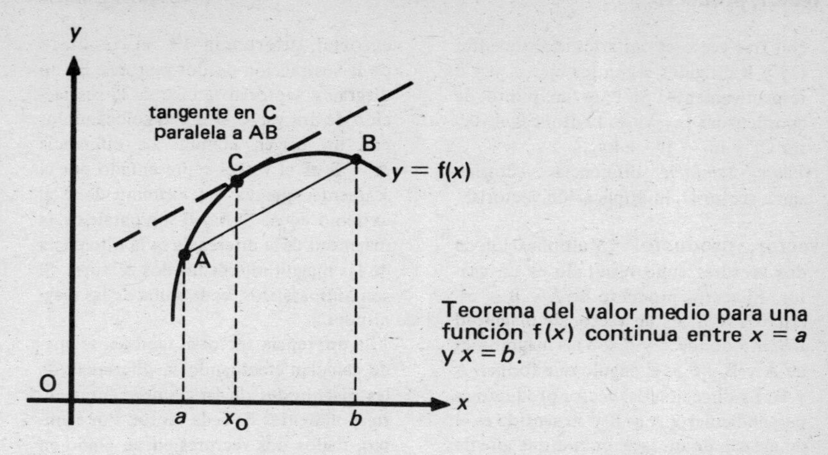


Teorema del valor medio para una función $f(x)$ continua entre $x = a$ y $x = b$.

teros entre 0 y 10, se puede escribir una igualdad en función de una *variable entera* $n$ : $y = n^2$ con la condición de que $n$ esté entre 0 y 10 ($0 < n < 10$). $y$ se dice *variable dependiente* porque su valor depende del valor de $n$ que se tome, o sea que sólo puede tener los valores 1, 4, 9, ... etc. Una *variable independiente* no guarda tal relación con otra variable. Por ejemplo, si una variable $x$ denota el número de estudiantes de una escuela y otra, $y$, denota la proporción del total de estudiantes que desean almorzar en la escuela, entonces $x$ y $y$ son variables independientes y una variación en una de ellas no afecta a la otra. Sin embargo, su producto $xy$ afectará a una tercera cantidad –el número de almuerzos pedidos. Las variables también pueden denotar cantidades diferentes a los números de la aritmética corriente, por ejemplo, variables vectoriales y variables matriciales.

**variables, separación de** †Método de resolución de ecuaciones diferenciales ordinarias. En una ecuación diferencial de primer orden,

$$dy/dx = F(x,y)$$

si $F(x,y)$ se puede escribir como $f(x)$, $g(y)$, las variables en la función son separables y la ecuación se puede por tanto resolver escribiéndola en la forma

$$dy/g(y) = f(x)dx$$

e integrando ambos miembros. *Véase también* ecuación diferencial.

**varianza** Medida de la dispersión de una muestra estadística. En una muestra de $n$ observaciones $x_1, x_2, x_3, \ldots x_n$ con una media muestral $\bar{x}$, la varianza muestral es

$$s^2 = [(x_1 - \bar{x})^2 + (x_2 - \bar{x})^2 + (x_3 - \bar{x})^2 + \ldots + (x_n - \bar{x})^2]/n - 1.$$

*Véase también* desviación típica.

**vector** Cantidad en la cual interviene la dirección. Por ejemplo, el desplazamiento es una cantidad vectorial mientras que la distancia es un escalar. El peso, la velocidad y la intensidad de campo magnético son otros ejemplos de vectores –se expresan como un número con una unidad y una dirección. Los vectores se denotan en tipos de letra negrita **F**. El *álgebra vectorial* trata los vectores simbólicamente de manera parecida a como el álgebra trata las cantidades escalares pero con reglas diferentes para la adición, sustracción, multiplicación, etc.

†Todo vector se puede representar en función de vectores componentes. En particular, en coordenadas cartesianas tridimensionales se puede representar

con tres vectores unitarios componentes **i**, **j** y **k** dirigidos según los ejes $x$, $y$ y $z$ respectivamente. Si P es un punto de coordenadas $(x_1, y_1, z_1)$ entonces el vector OP = $\mathbf{i}x_1 + \mathbf{j}y_1 + \mathbf{k}z_1$.
*Véase también* diferencia vectorial, suma vectorial, multiplicación vectorial.

**vector, producto** †Multiplicación de dos vectores cuyo resultado es un vector. El vector producto de **A** y **B** se escribe **A** × **B**. Es un vector de magnitud $AB\text{sen}\,\theta$ donde $A$ y $B$ son las magnitudes de **A** y **B** y $\theta$ es el ángulo que forman **A** y **B**. La dirección del vector producto es perpendicular a **A** y **B** y su sentido es el de avance de un sacacorchos que gire de **A** hacia **B**. Ejemplo de producto vector es la fuerza **F** que se ejerce sobre una carga móvil $Q$ en un campo **B** con velocidad **v** (como en el efecto motor). Aquí

$$\mathbf{F} = Q\mathbf{B} \times \mathbf{v}$$

Otro ejemplo es el producto de una fuerza y una distancia para dar un momento (efecto de rotación) que puede ser representado por un vector perpendicular al plano en el cual actúa el efecto de rotación. El producto vector no es conmutativo ya que

$$\mathbf{A} \times \mathbf{B} = -(\mathbf{B} \times \mathbf{A})$$

Es distributivo con respecto a la adición vectorial:

$$\mathbf{C} \times (\mathbf{A} \times \mathbf{B}) = (\mathbf{C} \times \mathbf{A}) + (\mathbf{C} \times \mathbf{B})$$

La magnitud de **A** × **B** es igual al área del paralelogramo formado por los lados **A** y **B**. En un sistema tridimensional de coordenadas cartesianas con vectores unitarios **i**, **j** y **k** en las direcciones $x$, $y$ y $z$ respectivamente,

$$\mathbf{A} \times \mathbf{B} = (a_1\mathbf{i} + a_2\mathbf{j} + a_3\mathbf{k}) \times (b_1\mathbf{i} + b_2\mathbf{j} + b_3\mathbf{k})$$

expresión que también se puede escribir en forma de determinante. *Véase también* producto escalar.

**vector, radio** Es el vector que representa la distancia y dirección de un punto desde el origen en un sistema de coordenadas polares.

**vectorial, diferencia** Es el resultado de la sustracción de dos vectores. En un diagrama vectorial se efectúa la sustracción de dos vectores **A** y **B** colocándolos con un origen común. La diferencia **A** − **B** es el vector representado por el segmento que va del extremo de **B** al extremo de **A**. Si **A** y **B** son paralelos, la magnitud de la diferencia es la diferencia de las magnitudes de los dos vectores. Si son antiparalelos, es la suma de las magnitudes.
†La diferencia vectorial también se puede calcular efectuando la diferencia de las magnitudes de las componentes correspondientes de cada vector. Por ejemplo, dados dos vectores en un plano en un sistema de coordenadas cartesianas

$$\mathbf{A} = 4\mathbf{i} + 2\mathbf{j}$$
$$\mathbf{B} = 2\mathbf{i} + \mathbf{j}$$

donde **i** y **j** son los vectores unitarios paralelos a los ejes $x$ y $y$ respectivamente,

$$\mathbf{A} - \mathbf{B} = 2\mathbf{i} - \mathbf{j}$$

*Véase también* vector, suma vectorial.

**vectorial, multiplicación** Multiplicación de dos o más vectores. Se puede definir de dos maneras según que el resultado sea un vector o un escalar. *Véase* producto escalar, producto vector, triple producto escalar, triple producto vector.

**vectorial, proyección** †Es el vector que resulta de la proyección ortogonal de un vector sobre otro. Por ejemplo, la proyección vectorial de **A** sobre **B** es $\mathbf{b}A\cos\theta$ donde $\theta$ es el menor ángulo formado entre **A** y **B**, y **b** es el vector unitario en la dirección de **B**. *Compárese* con proyección escalar.

**vectorial, suma** Resultado de sumar dos vectores. En un diagrama vectorial, los vectores se suman poniendo el origen de uno en el extremo del otro. La suma es el vector representado por el segmento que va del origen del primero al extremo del último. Si son paralelos, la magnitud de la suma es la suma de las magnitudes de los vectores sumandos. Si dos

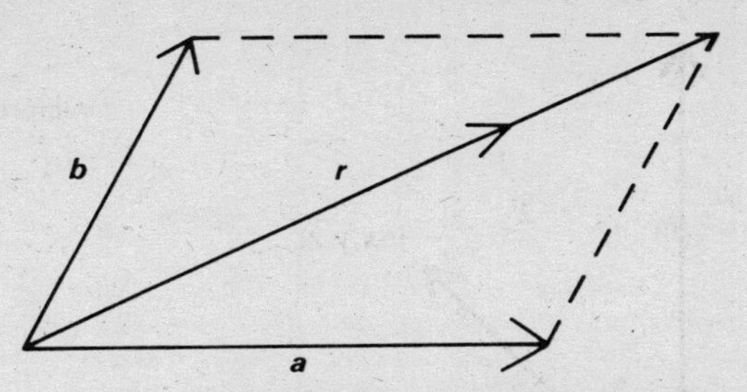


Ley del paralelogramo: **r** es la resultante de **a** y **b**

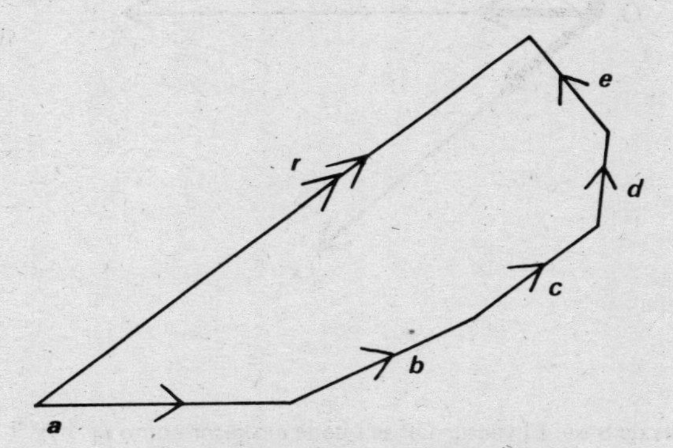


Polígono de vectores: **r** es la resultante

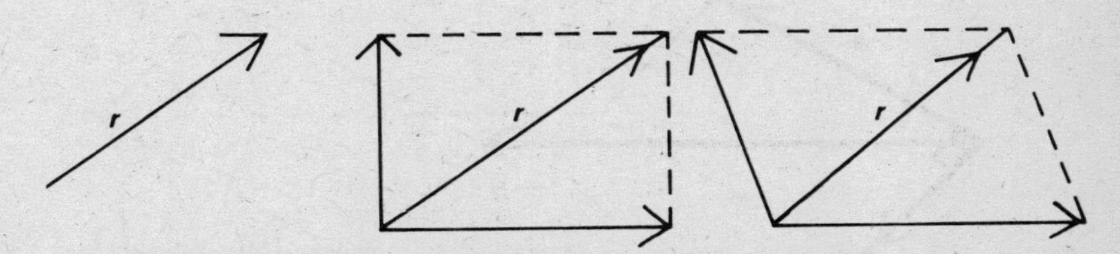


Descomposición del vector **r** en pares diferentes de componentes

Vectores

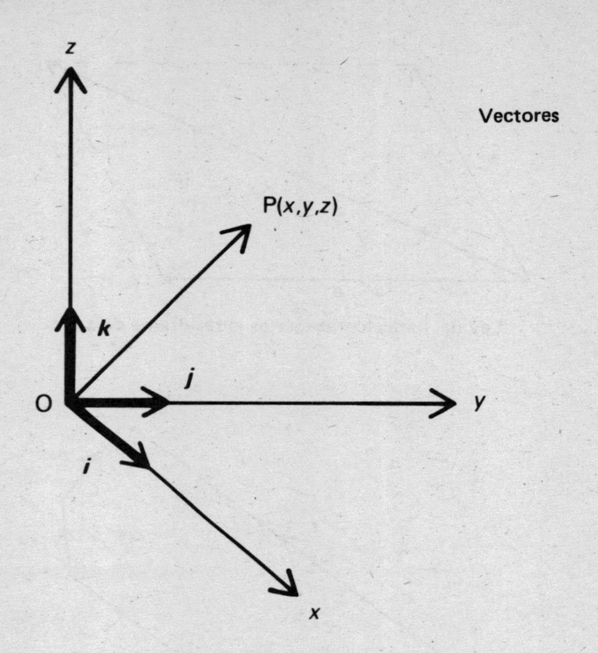


Vectores de base. El vector OP se puede expresar como $ix + jy + kz$

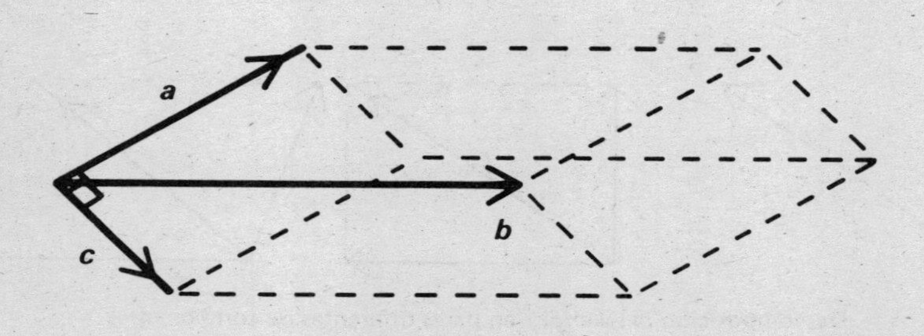


Producto vector $\mathbf{c} = \mathbf{a} \times \mathbf{b}$

vectores son antiparalelos, la magnitud de la suma es la diferencia de las magnitudes de los dos vectores.

†La suma vectorial se puede calcular asimismo sumando las magnitudes de las componentes correspondientes a cada vector. Por ejemplo, dados los dos vectores **A** = 2**i** + 3**j** y **B** = 6**i** + 4**j**, en un sistema de coordenadas cartesianas con vectores unitarios **i** y **j** paralelos a los ejes *x* y *y* respectivamente, el vector suma **A** + **B** es igual a 8**i** + 4**j**.
*Véase también* vector, diferencia vectorial.

**velocidad** Símbolo: *v* Desplazamiento por unidad de tiempo. La unidad es el metro por segundo ($m\ s^{-1}$). La velocidad es una cantidad vectorial de la cual la celeridad es la forma escalar. Si la velocidad es constante, viene dada por la pendiente de un gráfico de la posición respecto del tiempo, y por el desplazamiento dividido por el tiempo empleado. Si no es constante, se obtiene entonces el valor medio. †Si *x* es el desplazamiento, la velocidad instantánea está dada por

$$v = dx/dt$$

*Véase también* ecuación del movimiento.

**velocidades, razón de** *Véase* razón de distancias.

**Venn, diagramas de** Diagramas que se emplean para indicar las relaciones entre conjuntos. El conjunto universal *E* se representa como un rectángulo dentro del cual se indican otros conjuntos con círculos. Círculos que se cortan son conjuntos que tienen intersección. Círculos separados son conjuntos que carecen de intersección. Un círculo dentro de otro es un subconjunto. Un conjunto de elementos definido por algunas de estas relaciones se puede indicar por una zona rayada en el diagrama. *Véase también* conjunto.

**verdad, tablas de** En lógica, procedimiento mecánico (llamado a veces matriz de verdad) que se puede utilizar para definir ciertas operaciones lógicas y para hallar el valor de verdad de proposiciones o enunciados complejos que contengan combinaciones de otras más simples. Una tabla de verdad enumera en filas todas las posibles combinaciones de valores de verdad (V = 'verdadero', F = 'falso') de una proposición o enunciado, y dada una asignación inicial de verdad o falsedad a las partes constituyentes, asigna mecánicamente un valor al conjunto. Las definiciones por tabla de verdad de la conjunción, la disyunción, la negación y la implicación se dan en las respectivas palabras.
En la ilustración se da un ejemplo de una tabla de verdad para una proposición compuesta. La asignación de valores se hace de esta manera: con base en los valores de verdad de *P* y *Q* se dan valores a las proposiciones simples escribiéndolos bajo los signos ($\wedge$ en $P \wedge Q$, $\sim$ *en* $\sim P$). Valiéndose de éstos se pueden entonces asignar valores de verdad al conjunto total; en el ejemplo ésta es en efecto una disyunción compleja y los valores están escritos bajo el signo V.
Así, en el caso en que *P* es verdadera y *Q* es falsa, $P \wedge Q$ es falsa, $\sim P$ es falsa y por tanto el total sería falso. *Véase también* proposición, lógica simbólica.

| P | Q | (P ∧ Q) | V | ~P |
|---|---|---|---|---|
| V | V | V | V | V |
| V | F | F | F | F |
| F | V | F | V | V |
| F | F | F | V | V |

Ejemplo de tabla de verdad

**verdad, valor de** Verdad o falsedad de una proposición en lógica. Un enunciado o proposición verdaderos se indican con V y uno falso son F. En la lógica del ordenador se utilizan las cifras 1 y 0 para indicar los valores de verdad V y F. *Véase también* tablas de verdad.

**verificadora** *Véase* ficha.

**vértice** 1. Punto en el cual se encuentran rectas o planos en una figura, por ejemplo, la cúspide de un cono o pirámide o una esquina de un polígono o poliedro.
2. †Uno de los dos puntos en los cuales un eje de una cónica corta a la cónica. *Véase* elipse, hipérbola, parábola.

**vibración** (oscilación) Todo movimiento o variación que se repite regularmente en vaivén. Ejemplos son la oscilación de un péndulo, la vibración de una fuente sonora y la variación con el tiempo de los campos eléctrico y magnético en una onda electromagnética.

**virtual, trabajo** †Trabajo hecho si un sistema se desplaza infinitesimalmente de su posición. El trabajo virtual es cero si el sistema está en equilibrio.

**visual, unidad de representación** Terminal de ordenador con el cual se puede comunicar el usuario con el ordenador mediante un teclado semejante al de una máquina de escribir; esta entrada y también salida del ordenador aparece en una pantalla de televisión. Una unidad de representación visual puede operar como dispositivo de entrada o como dispositivo de salida. La información expuesta aparece en forma de palabras, números, etc. Una *representación gráfica* es un dispositivo semejante en el cual la información aparece como gráficos u otros dibujos o también como texto.

**volante** †Gran rueda pesada (con gran momento de inercia) utilizada en dispositivos mecánicos. La energía se emplea para hacer girar la rueda a gran velocidad; la inercia de la rueda mantiene el dispositivo en movimiento a velocidad constante, aunque haya fluctuaciones del par o momento de torsión. Un volante, pues, actúa como dispositivo de 'almacenamiento de energía'.

**volátil, memoria** *Véase* memoria.

**volt** Símbolo: V Unidad SI de potencial eléctrico, diferencia de potencial y f.e.m. que se define como la diferencia de potencial entre dos puntos de un circuito entre los cuales fluye una corriente constante de un amperio cuando la potencia disipada es un watt. Un volt es un joule por coulomb ($1\ V = 1\ J\ C^{-1}$).

**volumen** Símbolo: *V* Extensión del espacio ocupado por un sólido o limitado por una superficie cerrada, medida en unidades de longitud al cubo. El volumen de un paralelepípedo rectángulo es el producto de su longitud por su anchura, por su profundidad. La unidad SI de volumen es el metro cúbico ($m^3$).

**vulgares, logaritmos** Son los logaritmos de Briggs de base diez.

## W

**watt** Símbolo: W Unidad SI de potencia, definida como una potencia de un joule por segundo. $1\ W = 1\ J\ s^{-1}$.

**weber** Símbolo: Wb †Unidad SI de flujo magnético, igual al flujo magnético que bañando un circuito de una vuelta produce una f.e.m. de un volt cuando se reduce a cero a velocidad uniforme en un segundo. $1\ Wb = 1\ V\ s$.

## Y

**y** *Véase* conjunción.

**y, elemento** †*Véase* elemento lógico.

**yard** Unidad de longitud que hoy se define como 0,914 4 metro.

## Z

**zona** Parte de una esfera limitada por dos planos paralelos que cortan la esfera.

## Símbolos y Notación

| Aritmética y álgebra | |
|---|---|
| igual a | $=$ |
| diferente de | $\neq$ |
| identidad | $\equiv$ |
| aproximadamente igual a | $\approx$ |
| tiende a | $\rightarrow$ |
| proporcional a | $\propto$ |
| menor que | $<$ |
| mayor que | $>$ |
| menor o igual que | $\leqslant$ |
| mayor o igual que | $\geqslant$ |
| mucho menor que | $\ll$ |
| mucho mayor que | $\gg$ |
| más, positivo | $+$ |
| menos, negativo | $-$ |
| multiplicación | $a \cdot b$<br>$a.b$ |
| división | $a \div b$<br>$a/b$ |
| magnitud de *a* | $\|a\|$ |
| *a* factorial | $a!$ |
| logaritmo (en base *b*) | $\log_b a$ |
| logaritmo vulgar | $\log_{10} a$ |
| logaritmo natural | $\log_e a$<br>$\ln a$ |
| sumatoria | $\Sigma$ |
| multiplicatoria | $\Pi$ |

Símbolos y notación (continuación)

| Geometría y trigonometría | |
|---|---|
| ángulo | $\angle$ |
| triángulo | $\Delta$ |
| cuadrado | $\square$ |
| círculo | $\bigcirc$ |
| paralela a | $\parallel$ |
| perpendicular a | $\perp$ |
| congruente con | $\equiv$ |
| semejante a | $\sim$ |
| | |
| seno | sen |
| coseno | cos |
| tangente | tan |
| cotangente | cotan |
| secante | sec |
| cosecante | cosec |
| | |
| recíproca del seno | arc sen |
| etc. | etc. |
| | |
| coordenadas cartesianas | $(x, y, z)$ |
| coordenadas esféricas | $(r, \theta, \phi)$ |
| coordenadas cilíndricas | $(r, \theta, z)$ |
| parámetros o cosenos directores | $l, m, n$ |

Símbolos y notación (continuación)

| Conjuntos y lógica | |
|---|---|
| implica que | $\Rightarrow$ |
| es implicado por | $\Leftarrow$ |
| implica y es implicado por (si y sólo si) | $\Leftrightarrow$ |
| conjunto *a, b, c,...* | $\{a, b, c,...\}$ |
| es elemento de | $\in$ |
| no es elemento de | $\notin$ |
| tal que | : |
| número de elementos en el conjunto *S* | $n(S)$ |
| conjunto universal | E o $\mathcal{E}$ |
| conjunto vacío | $\phi$ |
| complemento de *S* | $S'$ |
| unión | $\cup$ |
| intersección | $\cap$ |
| es subconjunto de | $\subset$ |
| se corresponde biunívocamente con | $\leftrightarrow$ |
| *x* se aplica sobre *y* | $x \rightarrow y$ |
| conjunto de los números naturales | N |
| conjunto de los enteros | Z |
| conjunto de los números racionales | Q |
| conjunto de los números reales | R |
| conjunto de los números complejos | C |
| conjunción | $\wedge$ |
| disyunción | $\vee$ |
| negación | $\sim p$ o $\neg p$ |
| implicación | $\rightarrow$ o $\supset$ |
| bicondicional (equivalencia) | $\equiv$ o $\leftrightarrow$ |

Símbolos y notación (continuación)

| Cálculo | |
|---|---|
| incremento de $x$ | $\Delta x$, d$x$ |
| límite de función de $x$ cuando $x \to a$ | lim f($x$)<br>$x \to a$ |
| derivada de f($x$) | df($x$) dx, f′ ($x$) |
| segunda derivada<br>etc. | $d^2$ f($x$) / dx, f″($x$) |
| integral indefinida | ∫ f($x$) dx |
| integral definida de límites de $a$ y $b$ | $_b\int^a$ f($x$) dx |
| derivada parcial con respecto a $x$ | ∂f (x, y)/∂$x$ |

**Símbolos de cantidades físicas**

| Cantidad | Símbolo |
|---|---|
| aceleración | $a$ |
| ángulo | $\alpha$, etc. |
| aceleración angular | $\alpha$ |
| frecuencia angular $2\pi f$ | $\omega$ |
| momento angular | $L$ |
| velocidad angular | $\omega$ |
| área | $A$ |
| profundidad | $b$ |
| número de onda circular | $k$ |
| densidad | $\rho$ |
| diámetro | $d$ |
| distancia | $s$, $L$ |
| energía | $W$, $E$ |
| fuerza | $F$ |
| frecuencia | $f$, |
| altura | $h$ |
| energía cinética | $E_k$, $T$ |
| longitud | $l$ |
| masa | $m$ |
| momento de una fuerza | M |
| momento de inercia | I |
| momento (cantidad de movimiento) | $p$ |
| período | $T$ |
| energía potencial | $Ep$, V |
| potencia | $P$ |
| presión | $p$ |
| radio | $r$ |
| masa reducida $m_1 m_2/(m_1 + m_2)$ | $\mu$ |
| densidad relativa | $d$ |
| ángulo sólido | $\Omega$, $\omega$ |
| espesor | $d$ |
| tiempo | $t$ |
| momento de rotación o par de torsión | $T$ |
| velocidad | $v$ |
| volumen | $V$ |
| longitud de onda | $\lambda$ |
| número de onda | $\sigma$ |
| peso | $W$ |
| trabajo | $W$, $E$ |

## Areas y volúmenes

| Figura | | Area | |
|---|---|---|---|
| triángulo | lados $b$, $c$, ángulo $A$ | $^1/_2\, bc$ sen$A$ | |
| cuadrado | lado $a$ | $a^2$ | |
| rectángulo | lados $a$ y $b$ | $a \times b$ | |
| romboide | diagonales $c$ y $d$ | $^1/_2 c \times d$ | |
| paralelogramo | lados $a$ y $b$ distantes $c$ y $d$ de su opuesto | $a \times c = b \times d$ | |
| círculo | radio $r$<br>perímetro $2\pi r$ | $\pi r^2$ | |
| elipse | ejes $a$ y $b$<br>perímetro $2\pi\sqrt{[(a^2 + b^2)/2]}$ | $\pi ab$ | |
| | | Area de la superficie | Volumen |
| cilindro | radio $r$<br>altura $h$ | $2\pi r(h + r)$ | $\pi r^2 h$ |
| cono | radio de la base $r$<br>generatriz $l$<br>altura $h$ | $\pi rl$ | $\pi r^2 h/3$ |
| esfera | radio $r$ | $4\pi r^2$ | $4\pi r^3/3$ |

## Desarrollos en serie

$$\operatorname{sen} x = x/1! - x^3/3! + x^5/5! - x^7/7! + \ldots$$

$$\cos x = 1 - x^2/2! + x^4/4! - x^6/6! + \ldots$$

$$e^x = 1 + x/1! + x^2/2! + x^3/3! + \ldots$$

$$\operatorname{senh} x = x + x^3/3! + x^5/5! + x^7/7! + \ldots$$

$$\cosh x = 1 + x^2/2! + x^4/4! + x^6/6! + \ldots$$

$$\ln(1+x) = x - x^2/2 + x^3/3 - x^4/4 + \ldots |x| < 1$$

$$(1+x)^n = 1 + nx + n(n-1)x^2/2! + \ldots + (\ )x^r + \ldots |x| < 1$$

$$f(a+x) = f(a) + xf'(a) + (x^2/2!)f''(a) + (x^3/3!)f'''(a) + \ldots$$

$$f(x) = f(0) + xf'(0) + (x^2/2!)f''(0) + (x^3/3!)f'''(0) + \ldots$$

**Derivadas**

$x$ es una variable, $u$ es una función de $x$, $a$ y $n$ son constantes.

| Función | Derivada |
|---|---|
| $x$ | 1 |
| $ax$ | $a$ |
| $ax^n$ | $anx^{n-1}$ |
| $e^{ax}$ | $ae^{ax}$ |
| $\log_e x$ | $1/x$ |
| $\log_a x$ | $(1/x)\log_e a$ |
| $\cos x$ | $-\operatorname{sen} x$ |
| $\operatorname{sen} x$ | $\cos x$ |
| $\tan x$ | $\sec^2 x$ |
| $\operatorname{cotan} x$ | $-\operatorname{cosec}^2 x$ |

Derivadas (continuación)

| Función | Derivada |
|---|---|
| $\sec x$ | $\tan x . \sec x$ |
| $\operatorname{cosec} x$ | $-\operatorname{cotan} x, \operatorname{cosec} x$ |
| $\cos u$ | $-\operatorname{sen} u. (du/dx)$ |
| $\operatorname{sen} u$ | $\cos u. (du/dx)$ |
| $\tan u$ | $\sec^2 u. (du/dx)$ |
| $\log_e u$ | $(1/u)(du/dx)$ |
| $\operatorname{arc\,sen}(x/a)$ | $1/\sqrt{(a^2 - x^2)}$ |
| $\operatorname{arc\,cos}(x/a)$ | $-1/\sqrt{(a^2 - x^2)}$ |
| $\operatorname{arc\,tan}(x/a)$ | $a/(a^2 + x^2)$ |

## Integrales

$x$ es una variable, $a$ y $n$ son constantes. La constante de integración $C$ debe añadirse a cada integral.

| Función | Integral |
|---|---|
| $x^n$ | $x^{n+1}/(n+1)$ |
| $1/x$ | $\log_e x$ |
| $e^{ax}$ | $e^{ax}/a$ |
| $\log_e ax$ | $x\log_e ax - x$ |
| $\cos x$ | $\operatorname{sen} x$ |
| $\operatorname{sen} x$ | $-\cos x$ |
| $\tan x$ | $\log_e (\cos x)$ |
| $\operatorname{cotang} x$ | $\log_e (\operatorname{sen} x)$ |
| $\sec x$ | $\log_e (\sec x + \tan x)$ |
| $\operatorname{cosec} x$ | $\log_e (\operatorname{cosec} x - \cot x)$ |
| $1/\sqrt{(a^2 - x^2)}$ | $\operatorname{arc\,sen}(x/a)$ |
| $-1/\sqrt{(a^2 - x^2)}$ | $\operatorname{arc\,cos}(x/a)$ |

**Potencias y raíces**

## Constantes importantes

| | | |
|---|---|---|
| velocidad de la luz | $2.997\ 925 \times 10^{8}$ | $ms^{-1}$ |
| constante de Planck | $6.626\ 196 \times 10^{-34}$ | Js |
| constante de Boltzmann | $1.380\ 622 \times 10^{-23}$ | $JK^{-1}$ |
| constante de Avogadro | $6.022\ 169 \times 10^{23}$ | $mol^{-1}$ |
| masa del protón | $1.672\ 614 \times 10^{-27}$ | kg |
| masa del neutrón | $1.674\ 920 \times 10^{-27}$ | kg |
| masa del electrón | $9.109\ 558 \times 10^{-31}$ | kg |
| carga del protón o electrón | $\pm\ 1.602\ 191\ \Delta 7 \times 10^{-19}$ | C |
| carga específica del electrón | $-1.758\ 796 \times 10^{11}$ | $C\ kg^{-1}$ |
| volumen molar a TPN | $2.241\ 36 \times 10^{-2}$ | $m^{3}\ mol^{-1}$ |
| constante de Faraday | $9.648\ 670 \times 10^{4}$ | $C\ mol^{-1}$ |
| punto triple del agua | 273.16 | K |
| cero absoluto | –273.15 | °C |
| permisividad del vacío | $8.854\ 185\ 3 \times 10^{-12}$ | $Fm^{-1}$ |
| permeabilidad del vacío | $4\Pi \times 10^{-7}$ | $Hm^{-1}$ |
| constante de Stefan | $5.669\ 61 \times 10^{-8}$ | $Wm^{-2}K^{-4}$ |
| constante molar de los gases | 8.314 34 | $Jmol^{-1}K^{-1}$ |
| constante gravitacional | $6.673\ 2 \times 10^{-11}$ | $N\ m^{2} \Delta kg^{-2}$ |

| | |
|---|---|
| 1° | 0,0174 5329 radianes |
| 1′ | 0,0002 9089 radianes |
| 1″ | 0,0000 0485 radianes |
| 1 radian | 57,29578° |
| | 57°,17′45″ |
| $\pi$ | 3,1415 9265 |
| $\log_{10}\pi$ | 0,4971 4987 |
| $e$ | 2,7182 8183 |
| $\log_{10}e$ | 0,4342 9448 |
| $\log_{e}10$ | 2,3025 8509 |

**Dimensiones y unidades de algunas cantidades físicas**

| Cantidad | Dimensión | Unidad |
|---|---|---|
| masa | [M] | kg |
| longitud | [L] | m |
| tiempo | [T] | s |
| área | $[L^2]$ | $m^2$ |
| volumen | $[L^3]$ | $m^3$ |
| densidad | $[ML^{-3}]$ | $kg\ m^{-3}$ |
| aceleración | $[LT^{-2}]$ | $m\ s^{-2}$ |
| fuerza | $[MLT^{-2}]$ | N |
| presión | $[ML^{-1}T^{-2}]$ | Pa |
| momento | $[MLT^{-1}]$ | N s |
| pulsatancia | $[T^{-1}]$ | Hz |

## Alfabeto griego

| *Letras* | | *Nombre* |
|---|---|---|
| Α | α | alfa |
| Β | β | beta |
| Γ | γ | gama |
| Δ | δ | delta |
| Ε | ϵ | épsilon |
| Ζ | ζ | zeta |
| Η | η | eta |
| Θ | θ | theta |
| Ι | ι | iota |
| Κ | κ | kapa |
| Λ | λ | lambda |
| Μ | μ | my |
| Ν | ν | ny |
| Ξ | ξ | xi |
| Ο | ο | omicron |
| Π | π | pi |
| Ρ | ρ | ro |
| Σ | σ | sigma |
| Τ | τ | tau |
| | υ | ypsilon |
| Φ | ϕ | fi |
| Χ | χ | ji |
| Ψ | ψ | psi |
| Ω | ω | omega |

| $n$ | $n^2$ | $n^3$ | $\sqrt{n}$ | $\sqrt[3]{n}$ |
|---|---|---|---|---|
| 1 | 1 | 1 | 1,000 | 1,000 |
| 2 | 4 | 8 | 1,414 | 1,260 |
| 3 | 9 | 27 | 1,732 | 1,442 |
| 4 | 16 | 64 | 2,000 | 1,587 |
| 5 | 25 | 125 | 2,236 | 1,710 |
| 6 | 36 | 216 | 2,449 | 1,817 |
| 7 | 49 | 343 | 2,646 | 1,913 |
| 8 | 64 | 512 | 2,828 | 2,000 |
| 9 | 81 | 729 | 3,000 | 2,080 |
| 10 | 100 | 1.000 | 3,162 | 2,154 |
| 11 | 121 | 1.331 | 3,317 | 2,224 |
| 12 | 144 | 1.728 | 3,464 | 2,289 |
| 13 | 169 | 2.197 | 3,606 | 2,351 |
| 14 | 196 | 2.744 | 3,742 | 2,410 |
| 15 | 225 | 3.375 | 3,873 | 2,466 |
| 16 | 256 | 4.096 | 4,000 | 2,520 |
| 17 | 289 | 4.913 | 4,123 | 2,571 |
| 18 | 324 | 5.832 | 4,243 | 2,621 |
| 19 | 361 | 6.859 | 4,359 | 2,668 |
| 20 | 400 | 8.000 | 4,472 | 2,714 |
| 21 | 441 | 9.261 | 4,583 | 2,759 |
| 22 | 484 | 10.648 | 4,690 | 2,802 |
| 23 | 529 | 12.167 | 4,796 | 2,844 |
| 24 | 576 | 13.824 | 4,899 | 2,884 |
| 25 | 625 | 15.625 | 5,000 | 2,924 |
| 26 | 676 | 17.576 | 5,099 | 2,962 |
| 27 | 729 | 19.683 | 5,196 | 3,000 |
| 28 | 784 | 21.952 | 5,292 | 3,037 |
| 29 | 841 | 24.389 | 5,385 | 3,072 |
| 30 | 900 | 27.000 | 5,477 | 3,107 |

| $n$ | $n^2$ | $n^3$ | $\sqrt{n}$ | $\sqrt[3]{n}$ |
|---|---|---|---|---|
| 31 | 961 | 29.791 | 5,568 | 3,141 |
| 32 | 1.024 | 32.768 | 5,657 | 3,175 |
| 33 | 1.089 | 35.937 | 5,745 | 3,208 |
| 34 | 1.156 | 39.304 | 5,831 | 3,240 |
| 35 | 1.225 | 42.875 | 5,916 | 3,271 |
| 36 | 1.296 | 46.656 | 6,000 | 3,302 |
| 37 | 1.369 | 50.653 | 6,083 | 3,332 |
| 38 | 1.444 | 54.872 | 6,164 | 3,362 |
| 39 | 1.521 | 59.319 | 6,245 | 3,391 |
| 40 | 1.600 | 64.000 | 6,325 | 3,420 |
| 41 | 1.681 | 68.921 | 6,403 | 3,448 |
| 42 | 1.764 | 74.088 | 6,481 | 3,476 |
| 43 | 1.849 | 79.507 | 6,557 | 3,503 |
| 44 | 1.936 | 85.184 | 6,633 | 3,530 |
| 45 | 2.025 | 91.125 | 6,708 | 3,557 |
| 46 | 2.116 | 97.336 | 6,782 | 3,583 |
| 47 | 2.209 | 103.823 | 6,856 | 3,609 |
| 48 | 2.304 | 110.592 | 6,928 | 3,634 |
| 49 | 2.401 | 117.649 | 7,000 | 3,659 |
| 50 | 2.500 | 125.000 | 7,071 | 3,684 |
| 51 | 2.601 | 132.651 | 7,141 | 3,708 |
| 52 | 2.704 | 140.608 | 7,211 | 3,733 |
| 53 | 2.809 | 148.877 | 7,280 | 3,756 |
| 54 | 2.916 | 157.464 | 7,348 | 3,780 |
| 55 | 3.025 | 166.375 | 7,416 | 3,803 |
| 56 | 3.136 | 175.616 | 7,483 | 3,826 |
| 57 | 3.249 | 185.193 | 7,550 | 3,849 |
| 58 | 3.364 | 195.112 | 7,616 | 3,871 |
| 59 | 3.481 | 205.379 | 7,681 | 3,893 |
| 60 | 3.600 | 216.000 | 7,746 | 3,915 |
| 61 | 3.721 | 226.981 | 7,810 | 3,936 |
| 62 | 3.844 | 238.328 | 7,874 | 3,958 |
| 63 | 3.969 | 250.047 | 7,937 | 3,979 |
| 64 | 4.096 | 262.144 | 8,000 | 4,000 |
| 65 | 4.225 | 274.625 | 8,062 | 4,021 |

| $n$ | $n^2$ | $n^3$ | $\sqrt{n}$ | $\sqrt[3]{n}$ |
|---|---|---|---|---|
| 66 | 4.356 | 287.496 | 8,124 | 4,041 |
| 67 | 4.489 | 300.763 | 8,185 | 4,062 |
| 68 | 4.624 | 314.432 | 8,246 | 4,082 |
| 69 | 4.761 | 328.509 | 8,307 | 4,102 |
| 70 | 4.900 | 343.000 | 8,367 | 4,121 |
| 71 | 5.041 | 357.911 | 8,426 | 4,141 |
| 72 | 5.184 | 373.248 | 8,485 | 4,160 |
| 73 | 5.329 | 389.017 | 8,544 | 4,179 |
| 74 | 5.476 | 405.224 | 8,602 | 4,198 |
| 75 | 5.625 | 421.875 | 8,660 | 4,217 |
| 76 | 5.776 | 438.976 | 8,718 | 4,236 |
| 77 | 5.929 | 456.533 | 8,775 | 4,254 |
| 78 | 6.084 | 474.552 | 8,832 | 4,273 |
| 79 | 6.241 | 493.039 | 8,888 | 4,291 |
| 80 | 6.400 | 512.000 | 8,944 | 4,309 |
| 81 | 6.561 | 531.441 | 9,000 | 4,327 |
| 82 | 6.724 | 551.368 | 9,055 | 4,344 |
| 83 | 6.889 | 571.787 | 9,110 | 4,362 |
| 84 | 7.056 | 592.704 | 9,165 | 4,380 |
| 85 | 7.225 | 614.125 | 9,220 | 4,397 |
| 86 | 7.396 | 636.056 | 9,274 | 4,414 |
| 87 | 7.569 | 658.503 | 9,327 | 4,431 |
| 88 | 7.744 | 681.472 | 9,381 | 4,448 |
| 89 | 7.921 | 704.969 | 9,434 | 4,465 |
| 90 | 8.100 | 729.000 | 9,487 | 4,481 |
| 91 | 8.281 | 753.571 | 9,539 | 4,498 |
| 92 | 8.464 | 778.688 | 9,592 | 4,514 |
| 93 | 8.649 | 804.357 | 9,644 | 4,531 |
| 94 | 8.836 | 830.584 | 9,695 | 4,547 |
| 95 | 9.025 | 857.375 | 9,747 | 4,563 |
| 96 | 9.216 | 884.736 | 9,798 | 4,579 |
| 97 | 9.409 | 912.673 | 9,849 | 4,595 |
| 98 | 9.604 | 941.192 | 9,899 | 4,610 |
| 99 | 9.801 | 970.299 | 9,950 | 4,626 |
| 100 | 10.000 | 1.000.000 | 10,000 | 4,642 |